敏捷软件开发方法与实践

桑大勇　王　瑛　吴丽华　编著

U0379244

西安电子科技大学出版社

内 容 简 介

本书第 1 章阐述了敏捷软件开发方法出现的历史背景、敏捷宣言、敏捷原则及最新动态；第 2 章介绍了常见的敏捷软件开发方法及其相互间的简单比较；在第 3 章至第 5 章中，作者结合自己的敏捷项目开发经验，融合其他方法，介绍了敏捷软件交付模型以及部分敏捷项目管理和开发实践；第 6 章从组织变革实施模型的角度分析了软件开发组织(全企业或企业中的一些部门)如何进行敏捷转型；第 7 章介绍了在分布式开发环境和团队中如何采用敏捷实践。

本书的目标读者包括软件行业从业人员、高等院校软件工程专业本科生和研究生以及对敏捷软件开发感兴趣的教学研究人员。

图书在版编目（CIP）数据

敏捷软件开发方法与实践/桑大勇，王瑛，吴丽华编著.

—西安：西安电子科技大学出版社，2010.5(2018.7 重印)

ISBN 978-7-5606-2419-8

Ⅰ.① 敏… Ⅱ.① 桑… ② 王… ③ 吴… Ⅲ.① 软件开发 Ⅳ.TP311.52

中国版本图书馆 CIP 数据核字(2010)第 056311 号

策　　划　臧延新
责任编辑　樊新玲　臧延新
出版发行　西安电子科技大学出版社(西安市太白南路 2 号)
电　　话　(029)88242885　88201467　　邮　　编　710071
网　　址　www.xduph.com　　　　电子邮箱　xdupfxb001@163.com
经　　销　新华书店
印刷单位　虎彩印艺股份有限公司
版　　次　2010 年 5 月第 1 版　2018 年 7 月第 2 次印刷
开　　本　787 毫米×1092 毫米　1/16　印张　13.5
字　　数　300 千字
定　　价　35.00 元
ISBN 978-7-5606-2419-8/TP·1209
XDUP 2711001-2
如有印装问题可调换
本社图书封面为激光防伪覆膜，谨防盗版。

前　言

自 1968 年"软件危机"[Naur et al 1969]一词出现以来，软件产业从业者和学者一直在探讨如何将传统行业中的工程方法应用于软件行业，希望软件的开发过程以一种受控、可预测的方式进行，并因此出现了软件工程这一学科。40 多年来，软件从仅仅应用于国防军事和航空航天等高端领域，逐渐渗透到几乎所有的产业，甚至已经像水和空气一样成为人类日常生活和工作不可或缺的元素。相应地，软件开发领域相继出现了许多不同的开发过程和模型，从瀑布式模型、螺旋式模型，到 CMMI 软件能力成熟度评估和改进框架等。这些过程模型和框架无一例外地都是基于"完美的结果产生于精确控制的过程"这个理念，对软件开发生命周期中的计划与执行都十分重视，"按计划、不超预算、实现了预定的需求规格范围、产出物的质量可接受"，成了一种公认的、软件开发项目成功的标准。

对于最早利用计算机软件的国防军事和航空航天等复杂的、需要大量预先设计的应用领域来说，上述模型或项目成功标准依然成立。但是就数量上来说，在今天，更多的软件项目是服务于面对市场激烈竞争氛围的企业。能否快速响应市场的变化、调整自己的经营和管理方式，是决定一个企业能否生存和发展的根本因素，在这种情况下，已有的软件开发过程和模型就显得有些滞重，从而造成企业的信息化系统研发经常不能满足其日新月异的经营方式所需。为此，从 20 世纪 90 年代中后期开始，在企业应用软件开发的圈子里，陆续出现了一些轻量级的开发方法[Fowler 2004]，这些方法以企业业务价值最大化为目标，快速适应企业的业务变化，并尽量缩短企业信息系统从规划到初次投入使用的时间周期。在 2001 年的一次学术讨论会上，这些方法的创作者和拥护者们总结了这些方法的共性，发表了敏捷宣言，并将这些方法统一到"敏捷"这一面旗帜之下[Agilemanifesto 2001]。

最近十几年来，很多敏捷软件开发方法的成功案例，终于使之从"草根一族"渐渐走入了主流软件开发方法学的厅堂：CMM/CMMI 的核心发起单位——卡耐基-梅隆大学的SEI，也专门有研究报告，以论证敏捷方法和 CMMI 的兼容性和互补性[Glazer et al 2008]；兼并了著名的软件工程工具厂商 Rational 的业界大鳄 IBM，也宣称推出自己的敏捷软件开发解决方案[IBM 2009]。国内敏捷软件开发的起步虽然较欧美晚，但在经济全球化的今天，敏捷热潮也逐渐从国外传到国内，尤其是随着业界领导厂商之一的 ThoughtWorks 公司进入中国市场，以及一贯致力于敏捷方法推广的 IT 专业媒体网站 InfoQ 中文站的开通，使得敏捷方法在中国也正以燎原之势快速地传播。通过其官方网站不难看出，国内最大的软件企业华为公司也已经开始采用这种方法[Huawei 2009]。

众所周知，日本丰田汽车的精益制造方法[Krafcik 1988]，是对美国福特公司所发明的、曾经主宰汽车制造业的大批量、流水线生产方式的一种革命性的推进。精益的核心就是消除生产过程中的一切浪费，而敏捷软件开发方法由于大大减少了开发过程中在制品的数量及相关活动，加之所有的开发活动都是受客户的业务价值最大化驱动的，因此也极大地降低了不直接体现在最终产出物价值中的成本，与精益制造的想法不谋而合[Elssamadisy et al 2007]。

目前国内有关敏捷软件开发的书籍虽然也有一些，但多为译作或影印版本。作者衷心希望本书能有抛砖引玉之效果，引起中国软件业从业者和广大学者对敏捷软件开发给予更大的关注，并在不久的将来国内能够出现更多、更好的本土原创著作。受作者水平所限，本书中难免存在诸多不当之处，敬请读者向本书作者(sangdayong@gmail.com)指出。

本书由三位作者联合编著而成。海南师范大学信息与科学技术学院的吴丽华教授编写了本书的第 1 章，空军工程大学工程学院航空装备管理工程系的王瑛教授编写了本书的第 2 章，其余章节由桑大勇编写。

本书在完成的过程中得到了海南师范大学学术著作出版资助项目的支持；作者曾经向用友管理软件学院的李台元院长多次请教过企业信息化的方法论，对形成第 6 章有很大帮助。作者谨在此表示衷心的感谢。最后，还特别要感谢西安电子科技大学的蔡希尧教授，他对本书体系框架的形成给予了很多指导，提出了许多建设性的意见。

目　录

第 1 章　敏捷软件开发方法的历程

1.1　敏捷方法的出现

1.1.1　软件开发简史

软件对于我们今天的工作和生活来说，从某种意义上已经像空气和水一样，我们常常忽略它们的存在，直到偶然的机会当我们已经习以为常的软件突然失灵的时候才会发现，原来软件早就成为我们工作和生活中不可或缺的一部分了。电子计算机的历史本就不长，而软件重要性和地位的提高所经历的时间则更短。20 世纪 50 年代软件开始出现，但在 70 年代之前并没有引起重视，因为在新兴的计算机行业，软件此时所占的销售比重远低于计算机硬件。例如，1970 年美国所有软件公司的软件年度总销售额只有区区 5 亿美元，仅相当于当年计算机行业总销售额的 3.7%左右。然而，此后软件业进入了快速发展时期，美国软件公司的软件年度总销售额在 1979 年已达到 20 亿美元，1985 年达到 250 亿美元，而今天则已超过数千亿美元。

软件的诞生已经超过半个世纪，与软件急速提高的重要性相比，软件开发方法至今仍然远未成熟。软件开发者们依然经常在一个个濒临失败的软件项目中苦苦挣扎，即便开发者们内心深处知道这个世界上没有、而且永远也不可能有解决软件开发问题的"银弹[1]"[Brooks 1995]，可还是不断地将希望寄托在寻求新的开发方法上。图 1-1 大致列出了从 20 世纪 50 年代至今，软件开发方法的演变过程。图 1-1 不一定全面和准确，因为本书的目的不是研究软件开发方法的历史，而是试图让读者体会到，敏捷方法的出现是有其历史原因的，是在众多软件开发过程和项目实践的基础上应运而生的。

1. 编码和改错

20 世纪 50 年代，大型计算机相继在研究机构和大学的实验室出现。这些计算机主要用于工程和自然科学计算，其用户只是实验室内的少数几个人。这个阶段的软件开发模型基本上就是"编码和改错"[Boehm 1988]，主要包括两个步骤：① 书写少量代码；② 修改代码中存在的问题。也就是说，基本过程就是先写代码，然后再考虑需求、设计、测试、维护等这些东西。

---

[1]：见本书第 6 页"没有银弹"部分的解释。

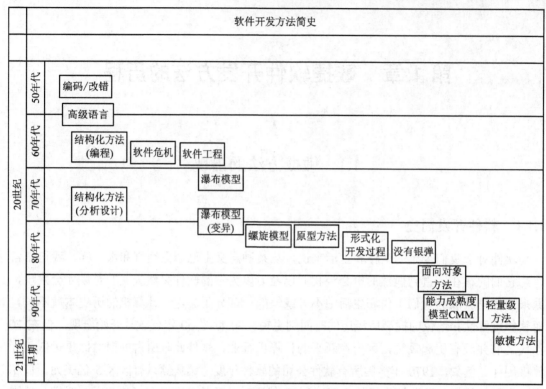

图 1-1   软件开发方法简史

2. 高级语言

20 世纪 50 年代，编程还是一项需要全身心投入、细致入微的复杂工作，程序员也十分钟爱书写出能够工作但极其晦涩难懂和诡异的代码；50 年代后期，计算机开始进入商业应用等公共领域，应用场合的增多意味着编制计算机程序的活动也渐渐增多，程序员成了一个新兴的职业。为了提高编码效率，作为形式化符号系统的高级编程语言(或称高级语言)开始出现。IBM 发布了第一个广为人知的高级语言 FORTRAN，随后 1958 年出现了 ALGOL，而在 1962 年美国国防部(Department of Defense，DoD)将 Cobol 作为商用编程语言发布。

3. 结构化方法

1965 年 Dijkstra 撰写了一篇著名的文章[Dijkstra 1972]，宣称编程不是一种工艺，而是一门学科；同年 Hoare 发表了一篇关于数据结构的重要论文[Hoare 1972]，这些论著深深地影响了 PASCAL 等新兴的结构化编程语言。结构化编程方法能更加容易地将软件系统划分成一个个独立的较小部分，让程序的正确性验证也变得容易起来。

结构化编程方法将程序划分成独立的组成部分，可以在一定程度上封装某一段程序的变化对其余部分的影响，即实现软件系统变化的局部性。后来，陆续出现了一些按顺序化阶段进行的软件开发过程(如瀑布模型)，为了对编码阶段之前各阶段(如分析和设计阶段)中所可能发生的变化进行封装，又出现了结构化分析与设计方法，如 DeMarco 的 SADT(结构化分析与设计技术)[DeMarco 1978]。

4. 软件危机

20 世纪 60 年代后期，随着计算机应用的日益广泛，许多软件开发项目出现了问题，如超过预算和预期交付时间，造成财产损失，有些项目甚至遭遇失去生命的严重后果[Leveson 1995]。软件开发界开始寻求降低开发风险、改善软件质量和开发生产力的办法。但研究表明[Lycett et al 2003]，仍然有 80% 的软件项目延迟交付且超出预算，另外有 40% 左右的项目失败或被废弃。即便那些已经交付的软件项目，可能也需要持续投入高昂的维护和打补丁的费用。

Standish 集团 2001 年的研究结果表明[Standish 2001]，软件项目的成功率只有 28%，其余项目要么失败，要么"受到质疑"(即超出预算、超出估计时间、发布的特性比最初确定的特性少等)。图 1-2 展示了各种软件项目所占的比例。因此，有些人坚持认为 20 世纪 60 年代出现的软件危机至今仍然存在。

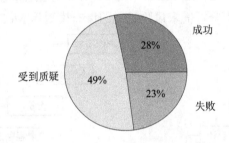

图 1-2　软件项目分类比例[Standish 2001]

5. 软件工程

自从 1968 年 NATO 的一次研讨会使用"软件工程"一词作为会议名称[Naur et al 1969]以后，这个词汇开始在业界频繁出现。那个时候使用这个"煽动性[2]"词汇的目的，是为了吸引人们注意软件开发中遇到的问题，并强烈地表达了一种观点：就像传统的各种工程学分支一样，软件制造也应当建立在理论基础和实践准则之上。之所以说"软件工程"是煽动性词汇，是因为在那次会议上并没有定义与这个词汇相关的任何关键概念，而只描述了一种目标。这种情况很长时间没有改观，例如 1990 年 IEEE 标准[IEEE 1990]对"软件工程"的解释也还只是一种目标，而不是一种定义。

软件工程

(1) 使用一种系统的、有准则可循的、量化的方法，开发、操作和维护软件，即把工程思想应用于软件。

(2) 有关(1)中所述方法的研究。

软件工程是为了解决软件危机问题，主要目的是降低开发风险，提高软件质量和开发生产率。但自那时起软件工程界就存在一种争论，即软件危机现在还是否存在？如果答案是"存在"，则说明软件开发不是一种工程学科，软件危机并没有如预期的那样得到解决；

---

[2]：文献[Naur et al 1969]中使用的英文原词是 provocative。

如果答案是"不存在",说明软件开发是一种工程,可构成这个工程学科的内容又是什么呢?这仍然是一个没有公认答案的问题。

6. 瀑布模型

瀑布模型指一种将软件项目的进展过程用一系列按顺序执行的阶段来划分的开发过程,因其过程形如瀑布而得名,如图 1-3[Royce 1970]所示。该模型由文档驱动,注重项目的计划和预测,阶段与阶段之间没有时间重叠。每个阶段结束时,通过对该阶段所产生的文档进行评审,来决定项目是否可以进入下一阶段,如果评审没有通过,则项目应当保持在当前阶段。

最初提出的瀑布模型如图 1-3(a)所示,其中包含了迭代的步骤。但或许是因为概念更加简单的缘故,图 1-3(b)所示的简化版本却在业界得到了更多的应用。相对于 Royce 的"纯瀑布"模型,后来还出现了一些"变异瀑布"模型,如带有重叠阶段的瀑布模型(Sashimi)、带有子项目的瀑布模型和带有降低需求风险机制的瀑布模型等[McConnel 1996]。

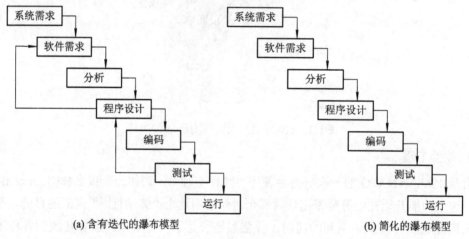

图 1-3　瀑布模型

尽管瀑布模型的缺点饱受批评,但至今仍被某些特定的软件项目管理层所垂青,其原因是瀑布模型易于解释,且让人感觉它是一种可控制、"按顺序、可预测、可靠、可度量、带有文档驱动的简单里程碑的"[Larman 2004]过程。

7. 螺旋模型

Boehm 对瀑布模型进行了改进,提出了螺旋模型[Boehm 1988],如图 1-4 所示。螺旋模型是一种面向风险管理的生命周期模型,其核心思想是用原型和其他手段将风险最小化。该模型将软件项目分割成一系列的、以迭代方式实施的迷你项目,而每个迷你项目用来应对一个或多个主要风险,直到所有的风险都被处理后,再进入瀑布式开发过程。如果某一迭代(即某一个迷你项目)识别出来的风险无法被克服,就可以及时决策(如终止项目),节约时间和资金。

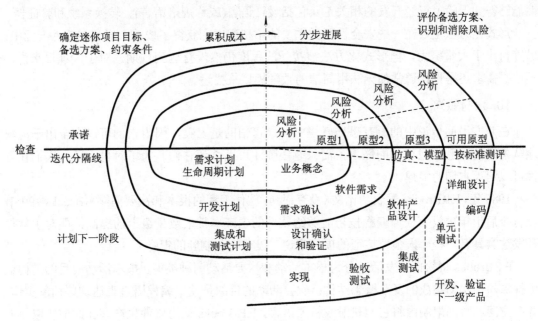

图 1-4　螺旋模型

这里所说的风险范围很广，可以是需求理解不透彻、架构理解不深刻、潜在的系统性能问题、底层技术问题等[McConnell 1996]。

8. 原型方法

原型方法[Boehm 1988]强调用户参与，如图 1-5[McConnell 1996]所示。开发人员使用应用生成器或专用的原型制作工具，从不同侧面就系统最重要的部分制作系统原型，然后给客户和最终用户展示，并与他们交流，以降低需求的不确定性。如果客户和最终用户对原型有不满意的地方，则他们可以与开发人员一起对原型进行精化，直到满意为止。一旦原型被接受，则要么将其作为最终产品的实现基础，要么将原型抛弃(即原型仅仅作为确认需求的工具)，开发人员使用另外的开发语言从头构建软件产品。

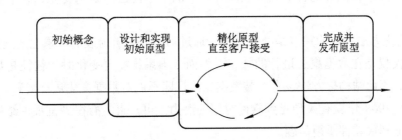

图 1-5　原型方法

9. 形式化开发过程

形式化开发过程通过自动化来增强软件的可信赖性，可用于软件规格的说明、转换和验证工作。形式化方法的拥护者们期望在理想情况下，一旦确定了形式化的系统需求，剩余的开发工作可以由一系列自动化的转换过程来完成，转换结果(所生成的软件系统)的正确性能够得到保障。已经开发的相关工具包括设计语言(或称规格语言)、转换系统和验证器。

形式化方法主要在一些安全性至关重要的小型程序上获得了成功。但是在软件产业中，尽管付出了大量努力，但形式化方法被接受的程度仍然没有达到预期。对于大项目来说，不论是需求还是设计通常都无法用简洁的数学模型来描述。

10. 没有银弹

在西方民间传说中的所有恐怖妖怪中，最可怕的是人狼，因为它们可以完全出乎意料地从熟悉的面孔变成可怕的怪物，而只有银弹才可以杀死它们。为了对付人狼，人们在寻找可以消灭它们的银弹。

1986 年，F.P.Brooks 发表了论文《没有银弹：软件工程的根本和次要问题》[Brooks 1995]，预言今后十年内没有任何编程技巧能够给软件的生产率带来数量级上的提高，即对于软件开发这类具有一些"人狼"特征的项目来说，没有克敌制胜的银弹。

F.P.Brooks 将软件开发活动分为根本活动和次要活动两种类型。根本活动的目的是构造由抽象软件实体构成的复杂概念结构；次要活动的目的是使用编程语言表达这些抽象实体，并在空间和时间限制内将它们映射成机器语言。F.P.Brooks 认为软件生产率在此前所取得的巨大进步来自对后天障碍的突破，例如硬件的限制、笨拙的编程语言、机器时间的缺乏等，而这些突破所提高的只是次要活动的效率。相对于根本活动而言，如果软件工程师在次要活动上花费的时间和精力达不到 90%，则即使将全部次要活动的时间缩减到零，也不会给生产率带来数量级(即 10 倍以上)的提高。

在这篇文章中，F.P.Brooks 还用自己的经验，证实了 Mills 很久以前就提出的一种观点[Mills 1971]，即不应当"构建"一个软件系统，而应当在可运行系统(即便功能还不完备)上进行增量开发。采用这种增量式开发方法，可以比采用严格的软件工程方法更加方便地构建更为复杂的系统。这个观点也被后来的敏捷软件开发方法所采用。

11. 面向对象方法

结构化方法没有很好地解决软件系统开发中的三个问题：易于变化、易于重用和易于演进：

(1) 结构化方法关注的重点是处理过程，通过功能分解所封装的对象也还是处理过程，而处理过程仅仅是在数据集上进行的加工。然而，当系统需要变化时，往往是数据和过程都需要变化。因此结构化方法没有封装数据结构，即不能对数据变化进行封装。

(2) 早在 1968 年就有人预见到软件重用的潜力，可一直没有得到重视，结构化方法也并没有很好地解决软件重用问题。

(3) 结构化方法中在不同的阶段使用不同的建模方式，这些方式之间没有自然的延续性，系统演进过程中每次进行阶段更替都要经过一种模型转换的过程。转换成本很高，也很难保证转换不失真。

面向对象方法与技术主要就是要解决上述三个问题：

(1) 面向对象方法关注的是对象，对象是数据和加工过程(或称操作)的统一体。这种方法用类来同时封装数据结构和数据加工过程的变化，用继承机制来封装问题领域中相似但不相同的概念间的部分属性变化，用多态机制封装多个规格相同的加工过程在实现上的变化。

(2) 通过类库或者应用程序框架实现程序代码，尤其是 GUI 代码的重用，通过设计模式实现面向对象设计的重用。

(3) 在分析、设计和编码阶段采用一致的概念模型和建模元素，从而使得从分析、设计到代码实现有可能完成无缝转换。

面向对象语言中很多概念的起源，可以追溯到 1967 年的 Simula 语言。Simula 中引入了类和继承；1972 年 Parnas Module 引入了信息隐藏；1974 年 CLU 引入了抽象数据类型；1981 年 Smalltalk-80 引入了类库，标志着面向对象编程语言(OOPL)的完善。

如同结构化方法一样，面向对象方法也是首先在程序设计中出现，然后才依次被延伸到设计和分析阶段。面向对象分析与设计始于 1986 年 G.Booch 提出的 OOD(面向对象设计)方法，后来又相继出现了 Shlaer/Mellor 方法(1988)、Coad/Yordon 方法(1991)、J.Rumbaugh 的 OMT 方法(1991)、I.Jacobson 的 OOSE 方法、GoF 的设计模式(1993—1994)、CBSE(基于组件的软件工程，1997)、UML(统一建模语言，1997)、MDA(模型驱动架构，2002)、UML2(2004)等。

12. 能力成熟度模型 CMM

到了 20 世纪 80 年代中期，软件开发似乎还是处于危机状态。在许多开发组织中，软件开发的进度、成本和产品总体质量仍然无法预测。美国联邦政府开始寻求一种对其软件承包商的能力和成熟度进行评估的办法，政府相信成熟的开发组织能够精确地预测软件开发的进度、成本和质量。1986 年软件工程研究所(Software Engineering Institute，SEI)开始开发一种过程能力框架作为能力评估方法，并对希望进行过程改进的组织提供帮助。SEI 这项工作的结果是 1993 年推出的软件能力成熟度模型(SW-CMM)，以及近 10 年后，即在 2002 年推出的能力成熟度集成模型(CMMI) [Chrissis 2003]。

CMMI 的发布，坚定地将软件开发同工程化产品生产归为一类[Chrissis 2003]。然而在 SEI 开发 CMMI 的同时，有人开始质疑软件工程能否达到人们所赋予它的目标，或者说开始质疑软件开发到底是不是一门工程学科[Mahoney 2004]。

13. 轻量级方法

随着许多小型组织内对软件需求的扩张，他们需要价格低廉的软件解决方案，从而促成了一些更加简单、快速、易用的软件开发方法的出现。从 20 世纪 90 年代中期开始，作为严格的软件工程方法的替代方法，这些方法开始引起业界的注意。这些新方法的共同特点是，通过面对面的交流和频繁的交付，来促成程序员团队与业务专家之间的紧密协作。

这些方法从原型方法进化而来。同传统的软件开发工程化过程相比，这些方法没有繁琐、沉重的过程管理负担，因此被统称为"轻量级方法"。传统的软件开发工程化过程相应地称做重量级方法或过程。为了提供日益增长的、数量巨大的小型软件系统，轻量级方法试图简化许多软件工程过程域，包括需求收集和可靠性测试[Wikipedia 2009a]。

14. 敏捷方法

2001 年 2 月，17 位知名的、发明或推崇轻量级方法的软件过程方法学家们，在参加一次旨在探索更好的软件开发方法的峰会时，发现这些"轻量级"方法之所以有效的原因，不是因为其过程简单，而是有一些共同的"敏捷"特征，于是便将这些方法统称为敏捷方法并成立了敏捷联盟。比较为人所知的敏捷软件开发方法，有极限编程(Extreme Programming，XP)、Scrum、特性驱动开发(Feature Driven Development，FDD)、动态系统开发方法(Dynamic System Development Method，DSDM)、适应性软件开发(Adaptive Software Development，ASD)、Crystal 和精益软件开发(Lean Software Development，LD)、敏捷统一过程(Agile Unified Process，AUP)等。本书将在第 2 章中对其中的一些方法进行简单的介绍。

"敏捷"的本意是指灵活的、有响应的，因而 Anderson 认为敏捷方法意味着"在永恒变化的环境中能够生存，并和成功相伴"[Anderson 2004]。Highsmith 则将敏捷定义为"为了在动荡的商务环境中获取利润而既能够创造变化，又能够响应变化的能力"[Highsmith 2002]。Cockburn 则补充说敏捷"是有效的和可机动的"[Cockburn 2002]。以上这些定义表明，敏捷的组织拥抱变化，行动灵活，并可在结构的刚性和柔韧性之间达到平衡。

1.1.2　敏捷方法是历史的必然

纵观软件开发方法的发展史，开发方法的演进遵循了一条从"计划和预测"发展到"反馈和适应"的历程，如图 1-6 所示。敏捷方法有时候被看做是计划驱动、讲求纪律的传统开发方法的对立面，这是一种误导，似乎敏捷方法就是没有计划、不讲纪律的方法。更为准确的区别是传统的方法更加靠近"预测性"一端，而敏捷方法更加靠近"适应性"一端[Boehm et al 2004]。

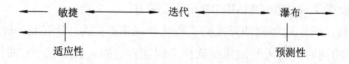

图 1-6　软件开发方法的持续演进过程

适应性方法关注的焦点是快速适应真实世界的变化。当项目的需要发生变化时，采用适应性方法的团队(以下简称适应性团队)也要做出变化。适应性团队很难准确地描述未来将要发生什么，将来的时间越远，适应性团队对其预测就越模糊。适应性团队能够准确汇报下一周要完成的任务，但只能知道下一个月计划要开发的特性，并不知道为此又需要完成哪些任务。如果问及他们六个月以后的那次发布包括什么内容，适应性团队可能只能讲出那次发布的目标描述、所期望实现的业务价值或预期发生的成本。

与此相反，预测性方法关注的焦点是对未来所进行的详细计划。采用预测性方法的团队(以下简称预测性团队)可以准确地告诉你在整个开发周期内所计划的特性和具体任务。预测性团队要想改变项目方向将非常困难，通常情况下项目计划已经根据最初的项目目标做过优化，一旦项目方向发生改变，会导致预测性团队不得不扔掉大部分已经完成的工作并重新再做。预测性团队经常会建立一个变更控制委员会，以保证只考虑实施那些最有价值的变更。

软件开发方法从预测性向适应性演进并不是偶然的，而是伴随着软件使用者的主体从国防等尖端领域向广泛的企业应用领域转变、人们对软件系统需求的认识提高以及面向对象技术的成熟和普及等过程而发生的。

今天，企业所面对的市场环境与过去的市场环境大不一样。过去，企业可以依靠相对稳定的业务模式，在相对稳定的商业环境中立足；而今天，由于经济的全球化，竞争对手对企业的业务模式、产品和服务的复制极其容易，因此企业必须不断地重新定义和细分市场，不断地寻找下一个差异化的高利润产品和服务。快速变化的市场，必然会使企业所用的软件产品面临不断适应市场的压力。

快速变化的市场也给企业带来了更多的选择，企业要不断地思考如何在业务上实现差异化发展，以保持自己的竞争优势。这类业务问题很难回答，也很难在将业务规划付诸实施、获取市场反馈之前进行预测。相应地，企业应用软件的用户和开发者必须更多地处理诸如软件系统应当包括哪些特性，不应当包括哪些特性这类问题，而在快速变化的市场环境下，用户和开发者若想对这些问题进行长周期的预测也是不可能的。软件开发方法就要像企业的市场战略一样，能够快速适应市场的外部环境和环境变化。

在变化的市场环境下，收集用户完整的、稳定不变的系统需求是不可能的。在一个系统投入运行之前，客户往往无法知道自己真正需要的是什么。从本质上讲，"在当今的经济形势下，基本商业因素快速地改变着软件特性的价值。眼下一组很好的需求，在六个月以后就不是好需求了" [Fowler 2004]。敏捷过程将程序代码和系统需求紧密地联系在一起，将系统需求视作流动和变化的需求。

1.2　敏捷联盟与敏捷宣言

2001 年 2 月，在由 J.Highsmith 和 R.C.Martin 发起的、本书第 8 页"敏捷方法"部分所提及的会议上，与会者发现大家的方法有很多相似之处，R.C.Martin 便希望会议能提出一份声明或宣言之类的文件，以便业界能在这些开发技术下联合起来[Martin 2004]。与会者最后决定用"敏捷"(Agile)一词来命名这类方法，并发布了敏捷宣言。后来为了推动敏捷方法的普及，这些与会者中的大部分参与建立了一个非营利组织——敏捷联盟。后来又陆续形成了敏捷的十二项原则，这些原则将在本书 1.3 节中介绍。

在敏捷联盟的官方网站上，可看到敏捷宣言的完整内容如下[Agilemanifesto 2001]：

我们正在通过亲自实践和帮助他人实践来揭示一种更好的开发软件的方法，通过这一工作我们得出如下价值结论：

- 个人与沟通　　胜过　　过程与工具
- 可工作软件　　胜过　　面面俱到的文档

- 客户协作　　　　胜过　　　合同谈判
- 响应变化　　　　胜过　　　遵循计划

也就是说，在右边这些内容具有价值的同时，我们认为左边这些内容的价值更大。

1.2.1　个人与沟通胜过过程与工具

即使给定同样的需求，两个团队也不能做出一模一样的软件，就是让同一个团队两次重复完成同一个项目，也不大可能交付同样的系统。软件的这一特性，确定了软件生产是一种具有单品特性的工艺品生产过程，不是标准化生产过程。工艺品生产的主体是人；不同主体之间的协作也不能用标准化生产的过程操作规范(文档)来完成，而是需要主体之间的交流与沟通。

敏捷方法非常强调个人与沟通的作用，认为与阅读和书写文档相比，人们面对面地进行交流可以更快地交换观点和相互回应。敏捷方法注重个人与沟通的另一个方面，体现在团队拥有做出技术决策的权力，让决策真正由熟悉项目实际情况的技术人员进行。如果决策由团队之外的某个领导进行，往往会陷入一种耗时严重的审批泥潭。

按照参考文献[Martin 2004]中的建议，在一个项目中，每一个成员必须都有和项目经理平等的地位。这并不是说每个技术人员都要承担项目经理的角色，项目经理仍然要承担搬开项目前进道路上的各种障碍的职能，但是项目经理必须能够在需要进行技术决策的时候，知道技术团队里的哪位专家能胜任并授权该专家进行全权决策。

组织必须建立技术团队和业务专家的多种沟通渠道，他们之间的沟通应当持续而且不受约束。决策授权、与管理者共担责任、同业务专家持续沟通，使得团队和个人能够在适应性环境中创造出具有创新性的成果。

工具在一定程度上可以帮助人提高工作效率。但如同每个项目都不相同一样，世界上也没有完全相同的两个团队。当工具和团队之间存在不协调的情况时，应当由工具适应团队(即根据团队的情况选用最适合的工具)，而不是让团队适应工具。作者[3]曾经看到过一个敏捷项目管理工具的宣传广告，大意是只要你的团队使用这个工具里的一系列流程和文档模板，你的团队便成功走上了敏捷之路。这种说法的可信度，相当于说，只要穿上世界短跑冠军的跑鞋，人人便可如世界冠军一般健步如飞。

1.2.2　可工作软件胜过面面俱到的文档

对于许多软件业的经理们来说，这是一种比较激进的观点，其背后隐藏着这样一条哲理：代码是文档中的关键部分。传统的"大量预先设计"(Big Design Up Front，BDUF)软件过程将需求之类的文档看作是关键文档，因为 BDUF 过程普遍认为，在书写任何代码之前收集客户的全部需求是可能的。

客户最终所需要的是可运行的软件，很多过程性技术文档(包括需求文档)都是在制品，

---

[3]：本书中"作者"一词有时表示本书的全部作者，有时表示某一位或两位作者，文中不特别加以区分。

都只是为最终获得可运行软件服务的。在同一地域工作的团队集中精力编写产品代码，而不是撰写需要高维护成本的文档，可以帮助团队提高生产率。而现场客户的紧密参与，又使得团队所开发出来的代码能够更好地反映客户的真实需求。

1.2.3 客户协作胜过合同谈判

客户协作胜过合同谈判，对于客户和供应商来说都是一种新型的商务方式。其中最重要的是，客户必须在项目设计(即编码)过程中充当参与者的角色。严格地说，客户应当有效地加入到开发团队之中，与开发者密切合作，从客户的角度批准相关决策，引导项目的进展方向。这种新型的商务方式会对项目的商务合同产生重大影响。传统方法中往往采用固定价格合同，开发团队产生稳定的(或希望其稳定的)一组需求，根据需求估计其实现成本并据此确定合同价格，然后开发团队利用预测性开发过程期望能达成预期的产出结果。而敏捷方法不使用预测性过程，也不事先收集稳定的需求，因此必须要有一种新式的、不以固定价格为基础的商务合同。

在敏捷方法中必须支持这样一种不同的业务模式，让客户可以根据实际工作的代码进行反馈并对项目进行变更，即让客户对项目的进展有更强的控制。在固定价格合同的情况下，显然很难做到这一点，开发团队将不得不花很多时间去管理需求变更文档，而这些时间原本可以用来编写系统代码。另一方面，从敏捷开发过程的角度看，如果客户不能在系统编码阶段紧密地参与到项目中来，项目的输出结果与客户所期望的结果就会有很大的偏差，这对于客户和开发者来说都是一种伤害。达成一种"客户协作胜过合同谈判"的商务环境，对于客户和供应商来说都是有利的。

1.2.4 响应变化胜过遵循计划

这一条宣言是让敏捷方法在当今市场环境下获得成功的关键因素之一。响应变化胜过遵循一种预测性的计划可不是经理们所喜欢的，这听起来很危险，很像是一种随意性编程的老路子。不过很多情况下，经理们的这种观念在逐渐转变，因为 BDUF 方法试图通过消除变化的方法来控制和降低成本，可这种做法并没有怎么成功过。今天经理们面临的挑战已经不是如何停止变更，而是如何更好地处理在整个项目过程中不可避免地要出现的变更。变更和偏差并不一定是犯错误的结果。"外部环境的变化会引起重要的变更，因为我们不能消除这些变更，所以我们唯一可行的策略是降低响应这些变更的成本。"[Highsmith et al 2001]

1.3 敏 捷 原 则

1.3.1 敏捷的十二项原则

敏捷的十二项原则如下[Martin 2003]：

(1) 团队的首要目标是通过更早地、持续地交付有价值的软件来满足客户的需求。首先，敏捷项目团队专注于完成和交付对客户来说有价值的特性，而不是完成一个个孤立的技术任务。其次，敏捷过程并不等到所有的客户需求都实现后才发布产品，而是在最重要(最有价值)的需求得到满足后便发布产品，提前让客户获得收益，从而提高项目的投资回报(ROI)。再次，一个可用的、尽管是很小的系统，如果能够尽早投入使用，客户也可以根据变更了的业务需求和实际使用情况，来及时要求改变一些系统功能。

(2) 欢迎需求变化，即使是在项目开发的晚期。敏捷过程适应变化的特性使得客户在竞争中更具优势。传统软件开发过程中，"最后一分钟的需求变更"往往是让项目经理痛苦不已的事情。然而在通常情况下，业务人员很难在一开始就清楚到底要求软件具备什么功能，他们往往在开发过程中才能逐步认识到什么功能是重要的，什么功能不是那么重要。最有价值的功能经常是要等到客户使用了系统之后才清晰起来。敏捷方法鼓励业务人员在开发过程中梳理他们的需求，在系统构建中把这些变化尽快地整合进去。后期的需求变化不再被认为是很大的风险，而是敏捷方法的一个很大的优势。

(3) 从几周到几个月间隔，频繁地交付可以工作的软件。较短的交付周期有更大的优势。频繁地交付可以工作的软件，实际上能够让客户对软件开发过程进行很深入和细微的控制。在每一个迭代阶段，客户都能检查开发进度，也能改变软件开发方向。这种开发方式能够更真实地反映出项目的实际状态，如果有什么糟糕事情发生的话，也能够更早地被发现，项目组仍然会有时间来解决问题。这种风险控制能力是迭代式开发的一个关键优点。

(4) 在项目过程中业务人员和开发人员必须每天协同工作。开发人员需要与应用领域的业务专家非常紧密地联系，这种联系的紧密程度远远超过了在一般软件开发项目中业务人员的介入程度。一方面，开发人员需要不断地获取业务知识，并将业务知识转化为程序代码；另一方面，技术人员是否按照业务人员的需求在工作，往往需要业务人员和技术人员一起讨论才能确定。如果需求和实现之间存在差异，在一般软件开发项目中需要很长时间才会被发现，从而造成成本和进度上的损失。

(5) 调动个人积极性，给团队成员提供所需的环境和支持，并相信他们完成任务的能力。敏捷过程强调"以人为本"的理念，这体现在两个方面：

① 让团队成员主动接受一个过程，而不是由管理人员给他们强加一个过程。强加的过程往往会遇到团队很大的阻力和抵制，尤其是在管理人员很久没有参加软件开发一线工作的情况下。接受一个过程需要一种"主动承诺"，这样，团队成员就能以更加积极的态度参与到开发过程中。

② 使开发人员有权作技术方面的所有决定，即开发人员和管理人员在一个软件项目的领导方面有着同等的地位。之所以强调开发人员的作用，一个重要的原因是与其他行业不同，IT 行业的技术变化速度非常快，今天的新技术可能几年后就过时了。管理人员即便以前对技术工作非常熟悉，也会很快落伍，因此必须信任和依靠团队中的开发人员。

(6) 面对面的交谈是最有效的项目组内及组间的信息传输方式。敏捷软件开发过程中强调沟通的重要性，而且客户与开发团队之间、开发团队成员之间的沟通总是优先采用面对面的交谈方式。敏捷团队有时也书写一些项目文档，尤其是那些面向最终用户的，诸如系统使用说明书之类的文档。而对于开发过程性文档(如需求规格说明、系统设计文档等)，并不产生作为规范的"正式"文档，即使有一些这方面的文档，其主要目的也只是为了交流，以便在不同项目组成员之间达成共识。

(7) 可工作的软件是衡量项目进展的主要依据。要经常性地、不断地生产出目标系统的工作版本，它们虽然功能不全，但已实现的功能必须忠实于最终系统的要求，还必须是经过全面集成和测试的产品。客户最终所需要的是可工作的软件，因此没有什么比一个整合并测试过的系统更能作为一个项目扎扎实实的成果。文档可能会隐藏所有的缺陷，未经测试的程序也可能隐藏许多缺陷，这些都会使项目团队或投资人对项目进展做出过于乐观的估计。但当用户实实在在地坐在系统前并使用它时，所有的问题都会暴露出来，如源码缺陷错误或者开发团队对需求理解有误等，客户方可要求开发团队对这些错误加以修正。

(8) 敏捷过程提倡开发是一个持续的过程。项目组织者、开发人员和客户应该维持稳定的项目进展速度。敏捷项目团队不提倡通过连续加班、透支未来体能的方式，以求得在项目开始时或某个阶段给客户以冲击性的印象。项目开发是一个长期的过程，不是短短几天的冲刺，敏捷项目团队自己会维持一个快而均衡的开发速度。

(9) 持续对技术和设计进行优化，使项目具有更高的敏捷性。所谓软件设计，从长远的观点来看，就是要做到很容易地变动软件。当设计开始变坏、很难适应变化时，项目团队需要对设计进行调整，使软件系统具有更高的敏捷性，即适应变化的能力。传统的软件开发方法中，为了提高软件对变化的适应能力，往往先预测可能发生的变化，然后对系统做预先设计，但由于企业业务需求的不可预测性，这种做法往往会造成过度设计，增加系统的复杂度，反而影响系统的敏捷性。敏捷软件开发强调不断地对系统进行技术优化，来适应不断出现的新变化。

(10) 尽量简化，不做目前不需要的工作，这是一条基本原则。足够就好，永远不要做非必要的工作。永远不要撰写对未来进行预测的文档，因为这些文档不可避免地会过时。另外文档数量越多，寻找所需信息的工作量也就越大，让信息保持更新的工作量也会越大。

(11) 最好的架构、需求和设计来自于一个自组织团队。在敏捷团队中没有专门对系统架构负全部责任的架构师和设计师，全体团队成员都有责任和权利对架构和设计贡献力量。同样，每个项目组成员都有义务通过沟通理解客户需求，即使是程序员，也要对不合理的需求提出质疑，并与客户协商。总之，一个人的智慧和力量是有限的，其思想也是不全面的。敏捷团队是一个自组织的团队，项目的责任不是落在某一个特定的人头上，而是落在整个团队头上。

(12) 项目组要定期总结回顾，思考如何让团队变得更加有效并做出相应调整。随着时间的推移，开发过程本身也可能发生变化。一个项目在开始时用一个适应性过程，几个月后可能就不再使用这个过程，开发团队会发现什么方式对他们的工作来说最好，然后改变过程，加以适应。自适应的第一步是经常对过程进行总结，总结哪些方面做得很好，需要继续发扬，而哪些方面做得不好，需要加以改进。敏捷开发强调让过程适应具体的团队和具体的项目，即每个项目团队不仅能够选择他们自己的过程，并且还能够随着项目的进行而调整所用的过程。

1.3.2　敏捷实践和原则与传统方法的比较

所谓传统的软件开发方法，泛指 20 世纪 50 年代以来被业界广泛采用的、以阶段式生命周期为特征的各种软件开发方法，这些方法中明确定义了软件系统从软件需求分析到测试的不同阶段，每个阶段都有特定的文档作为产出物，这些文档同时作为下一阶段的主要输入。

与传统方法相比，敏捷方法采用了不同的实践和原则。表 1-1 从不同维度对敏捷方法和传统方法进行了比较[Nerur et al 2005]。

表 1-1　传统方法和敏捷方法的对比

维度	传 统 方 法	敏 捷 方 法
基本假设	系统规格可完全确定，系统可预测、可遵循大范围的精细计划而构建	高质量、适应性软件，可由小的团队基于快速反馈和变化、遵从持续设计改进和测试原则而开发完成
控制	以过程为中心	以人为中心
管理风格	命令和控制	领导力和协作
知识管理	显式	隐式
角色指派	个人，倾向于专业化	自组织团队，鼓励角色互换
沟通	正式	非正式
客户的角色	重要	关键
项目的微循环	以任务或活动为主导	以产品特性为主导
开发模型	生命周期模型(瀑布、螺旋或一些变种)	演进式交付模型
所需的组织形式或结构	机械式(高度正规化的行政式)	有机式(灵活性强，员工参与管理，鼓励合作式的社会活动)
技术	没有限制	倾向于面向对象技术

1.4　敏捷方法动态

进入 2009 年以后，软件业基本达成了共识，即敏捷方法已经成为主流的软件开发方法。由于敏捷方法来自于开发实践活动，重视实践胜过重视理论，所以在方法论方面并没有什么突破性的进展。

本节介绍敏捷领导力运动和敏捷成熟度模型这两方面的内容，没有涵盖所有有关敏捷的新生事物，如没有介绍美国项目管理学会(Project Management Institute，PMI)引入 Agile

的情况[4]。如果读者已经是敏捷的实践者，或者已经有了一定的敏捷软件开发知识，则可直接阅读这些内容；否则，建议先阅读完第 2 章和第 3 章之后再阅读此节。

1.4.1 敏捷领导力运动

1. 敏捷项目领导力网络

敏捷项目领导力网络(Agile Project Leadership Network，APLN) [Ambler 2005]由一批发明、实践和传播快速、灵活、客户价值驱动的项目领导方法的人在 2004 年成立。与敏捷联盟非常相似，APLN 旨在为灵活、快速、客户价值驱动的项目管理提供愿景和技术。2001年敏捷联盟的成立被证明是 IT 界的分水岭，其后敏捷方法和技术像暴风骤雨般席卷软件开发行业；APLN 的成立也将被证明是项目管理界同等重要的分水岭事件。

1) 领导力胜过管理

APLN 的目的是训练项目领导人，而不是训练项目经理。Highsmith 认为"经理通过跟踪、计划等活动来掌握复杂度，而领导人通过创建一种创新和应对变化所必需的试验和学习环境来处理不确定性"。尽管管理和领导力都很重要，但敏捷项目团队需要的是能够帮助他们钻研和对付创新与不确定性的领导人。为了描述其愿景，APLN 也效仿敏捷联盟，定义了一系列价值观，包括项目管理相互依赖宣言(PM Declaration of Interdependence)和 APLN原则。敏捷实践者们看到这些价值观后一定会视之为理所当然，并会注意到其中的大部分特征早已被他们曾经共事过的、最好的项目经理和教练所体现出来。但是大部分的开发人员会告诉你，他们遇到过的许多"职业经理人"却并不是那样，这些人完全表现出他们所扮演角色的技术方面(即命令与控制)，丝毫不表现出任何人文因素(即鼓励和引导)。这是多么大的一个错误！成功的软件项目需要的是领导人，而不是经理。

2) 有原则性的领导力

许多开发人员对项目经理都持批评态度，而事实证明这些开发人员往往是正确的。许多经理更加热衷于在项目早期创建面面俱到的项目计划，然后试图"管理"这些计划，而不是真正去领导项目团队。这些项目难免会遇到麻烦，因为开发人员既不尊重也不信任这些经理。与之相反，项目领导人必须尽可能地让团队能有效工作，保护他们不受组织内部政治斗争的侵害，并获取必要的资源以促进工作的完成。这种思想清晰地反映在 APLN 的原则——采用激励人员和加强团队协作的策略——之中。M.Cohn 言简意赅地描述了这一概念："伟大的产品不是由一群各自只顾及自己那部分工作的专家所创造的，而是由一群分担产品成功之责任的团队成员所创造的。最大的羞耻是当一个项目失败时还有人说'但是我所做的那部分还能工作'。"

项目经理还必须要灵活，或者像 APLN 所描述的"必须管理不确定性并持续地校准变化了的状况"。我们知道需求会变化，优先级也会变化，而且更重要的是我们会边干边学。你是愿意死守一个建立在项目早期所能获得的、寥寥无几的信息基础之上的计划，还是更

---

[4]: 感兴趣的读者请参见 http://www.infoq.com/news/2009/07/pmi-agile。

愿意根据今天你所掌握的、大大改善了的信息而采取行动呢？处于敏捷前沿的专家们显然更喜欢后者。

2. 相互依赖宣言

2005 年，A.Cockburn 和 J.Highsmith 召集了总共 15 位敏捷项目管理和人员管理专家，推出了一个项目管理相互依赖宣言[DOI 2005]：

我们是高度成功地交付结果的项目领导人社区，为达此结果：

- 通过持续地进行我们关注点的评价流程，我们**增加投入回报**。
- 通过与客户经常性交互和分担所有权，我们**交付可靠的结果**。
- 我们**预料到不确定性**并通过迭代、预期和适应来管理它。
- 我们认识到个体是价值的根本来源，从而**释放创造力和创新**，并营造环境，让个体创造不同。
- 通过集体对结果负责和共同承担团队效力的责任，我们**提高绩效**。
- 通过采取特定于环境的策略、过程和实践，我们**改进效力和可靠性**。

"相互依赖宣言"这个标题有多重含义：项目团队成员是一个相互依赖的整体，而不是一组没有关联的个体；项目团队、客户和其他涉众也是相互依赖的，没有认识到这种相互依赖性的项目团队很少能够获得成功。

上述宣言中的加粗字体部分是六种价值观，它们也是一组相互依赖的价值观。尽管每一条都有其独特的重要性，但加在一起提供了一种现代的项目管理观，这种观点尤其是针对那些复杂和不确定的项目的。这六项宣言——价值、不确定性、客户、个体、团队和上下文(特定于环境)——构成了不可分割的整体。例如，如果没有客户对价值进行评价，团队就无法交付价值；如果不应用特定于环境的策略，团队就很难管理不确定性。

3. APLN 核心原则

伟大的项目领导人拥有八项共同的核心原则：

(1) 严格聚焦于价值；

(2) 特定于环境；

(3) 管理不确定性；

(4) 持续地校准变化了的状况；

(5) 满怀勇气地领导；

(6) 构建激励人的策略；

(7) 设计基于团队协作的策略；

(8) 通过立即和直接的反馈进行沟通。

1.4.2　敏捷成熟度模型

比较早提出敏捷成熟度模型(Agile Maturity Model，AMM)概念的人，是 ThoughtWorks 公司的 R.J.Pettit。2006 年 6 月，他在网上发表了一篇文章 "An 'Agile Maturity Model?'"

[Pettit 2006]，该文发表差不多仅一周后，敏捷大师级人物 S.W.Ambler 就以质疑的口吻在 InfoQ 上发了一个短短的帖子[Ambler 2006]。此后这个版本的 AMM[5]虽然在 ThoughtWorks 的少量客户和内部偶有使用，但因为 ThoughtWorks 的大多数人对 CMM/CMMI 都不以为然，所以 ThoughtWorks 并没有大力推广 AMM-TW2006，不过这个版本到现在还是能够在其公司网站上找到[Pettit 2008]的。

到了 2009 年春天，还是这位 S.W.Ambler 大师，一反两年多前的态度，推出了 IBM 版的敏捷过程成熟度模型(Agile Process Maturity Model，APMM)[Ambler 2009b][Franklin et al 2009]，并得到 IBM 的大力宣传。借着 Ambler 的威望和 IBM 的行业地位，此 APMM 一经推出，立即引起广泛的关注[Gaiennie 2009] [Martens 2009]。尤其广大的 CMM/CMMI 受害者(或者更准确地说是 CMM/CMMI 认证的受害者)反应激烈，认为一个 CMM/CMMI 已经足够，无需另一个×MM。

几个月后，ThoughtWorks 公司在网站上仍然保留着 AMM-TW2006 版本，同时，又用白皮书的形式公布了针对应用系统构建和发布的 AMM-TW2009[Humble et al 2009]版本，然而 ThoughtWorks 公司并没有说明这个版本与 AMM-TW2006 之间到底是什么关系，除了测试(Testing)在 AMM-TW2006 中也出现过以外，二者的差异的确较大。

还有一些其他公司和个人也来凑热闹，大搞自己的 AMM[Measey 2009][Campbell 2009] [Gujral et al 2008]。

就像 CMM/CMMI 一样，AMM 是好还是坏，并不完全甚至主要不取决于模型本身，而取决于模型使用者的目的和使用方式。使用模型的唯一目的，应该是为了帮助组织找到改进的方向而不是具体的方法，敏捷方法或过程需要组织自己通过回顾来实现持续改进。如果使用 AMM 的目的是追求符合某个"成熟度级别"，或者是寻求一颗实现完美敏捷开发过程的"银弹"，而完全忘记了敏捷背后的价值观和原则，其结果一定不会比错误地使用 CMM/CMMI 好。

本节中，作者将对 ThoughtWorks 的 AMM-TW2009 和 IBM 的 APMM 分别进行简单的介绍。

1. ThoughtWorks 敏捷成熟度模型[Humble et al 2009]

AMM-TW2009 认为，软件开发组织的理想状态，是能够实现软件构建和发布的全自动化。在任何时候，只要应用系统的代码、环境或者配置发生变化，很多过程或活动就能够自动地、流水线式地完成，如构建、测试、安装到生产环境、向最终用户发布等，即实现软件产品的一键式发布。

AMM-TW2009 将模型分为五个部分，分别针对不同的实践类别。

● 构建管理和持续集成(Build Management and Continuous Integration)：创建和维护一个自动化的过程，在应用发生变化后，能够自动构建、运行测试并向整个项目团队提供可视化的反馈信息。

---

[5]：为了与 ThoughtWorks 的其他 AMM 版本相区别，作者将其称为 AMM-TW2006。

- 环境(Environments)：包括应用系统运行所需的所有硬件、基础架构、网络、外部服务等，以及这些软硬件设施的配置。
- 发布管理(Release Management)：主要使用 Forrester 给出的定义："将软件部署到产品环境所需流程的定义、支持和加强手段"，还要考虑顺应环境的调整需要。
- 测试(Testing)：设计自动化测试或者手工探索测试及用户验收测试，以保证软件包含尽量少的缺陷，满足非功能性需求。
- 数据管理(Data Management)：此项工作通常(但不绝对)在关系数据库环境下进行，数据库是部署、发布和产品版本升级过程中经常会出问题的地方。

每种实践的成熟度可分为五级，从 Level −1 到 Level 3，如表 1-2 所示。以下是基于德明环(计划、执行、检查、采取措施)的模型使用步骤：

表 1-2 AMM-TW2009 的分级成熟度模型

实　践	构建管理和持续集成	环　境	发布管理	测　试	数据管理
Level 3 优化:过程改进	团队经常性地碰头，讨论继承问题并用自动化、更快的反馈和更好的可视性来加以解决	所有环境都能有效管理；环境全自动准备；只要可能就进行可视化	运营和交付团队经常性合作来管理风险、缩短交付周期	极少发生产品返工；尽快发现缺陷并立即修正	有从一个发布到另一个发布的反馈环，反馈数据库性能和部署过程
Level 2 量化:过程度量和控制	能收集构建过程的度量数据并使其可视化；不会坐视受破坏构建的存在	能够管理协同部署；有经过验证的发布和回滚流程	能够监控环境和应用健康状况并进行主动式管理；监控周期历时	跟踪质量度量数据和趋势；非功能性需求得以定义和度量	每次部署前都事先测试数据库升级和回滚；数据库性能得到监控和优化
Level 1 一致性:自动化过程运用于整个应用的生命周期	每次提交改变时就会自动构建和测试；能管理代码模块间的依赖性；重用脚本和工具	有按键式、全自动、自服务的软件部署流程；同一流程能够完成各种环境下的部署	定义并坚持执行变更管理和审批流程；符合规章制度要求	自动化单元和验收测试(由测试人员书写)；测试作为开发过程的一部分	数据库变更作为部署流程中的一部分得以自动进行
Level 0 可重复:过程得以文档化、部分自动化	规律性的自动构建和测试；可通过自动过程从源代码控制系统中重新创建任一构建版本	能够向某些环境中自动化部署；创建新环境的成本低；所有配置外部化和版本化	不经常发布，每次发布虽痛苦但可靠；从需求到发布只有有限的可跟踪性	书写自动化测试作为故事开发的一部分	每个应用版本有自己的自动化脚本，用来完成数据库的变更
Level −1 未定义[6]:过程不可重复，控制很弱，反应型	手工构建软件；没有产出工件管理和报告	手工的软件部署流程；特定于环境的二进制产品；环境手工准备	不经常和不可靠的发布	开发完成后手工测试	手工进行数据迁移，且没有版本控制

---

[6]：英文原文为 Regressive

(1) 参照模型，识别自己的组织目前所处的位置。组织在每个实践类别方面的当前位置(级别)可能有所不同。

(2) 选择要关注的实践。要考虑改进的成本和收益，然后确定改进实施方案，并设定判断改进是否成功的验收标准。

(3) 执行改进。

(4) 用改进验收标准检查改进是否达到所要求的效果。

(5) 重复上述步骤。逐步进行更多的改进，并逐步向整个组织推广这些改进措施。

2．IBM 敏捷过程成熟度模型[Ambler 2009b]

APMM 的目标是定义一个能将无数个敏捷过程都放进去的框架。图 1-7 展示了 APMM 的概貌、三个级别以及这些级别是如何逐级建立的。

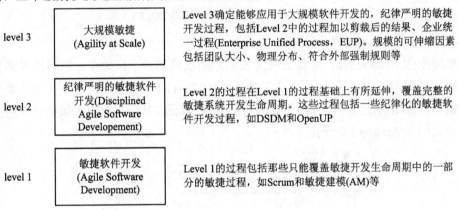

图 1-7　敏捷过程成熟度模型(APMM)

1) Level 1　敏捷软件开发

Level 1 中的敏捷方法，都只能涵盖软件开发生命周期中的一部分。这些方法包括 Scrum[7]、XP[8]、敏捷建模(Agile Modeling，AM)和敏捷数据(Agile Data，AD)等，都遵从敏捷宣言所表述的价值观与原则。

2) Level 2　纪律严明的敏捷软件开发

Level 2 中的敏捷过程对 Level 1 中的方法进行了扩展，能够覆盖完整的系统交付生命周期(System Development Life Cycle，SDLC)。纪律严明的敏捷软件开发是一种演进式(同时具备迭代式和增量式)方法，使用风险和价值驱动的生命周期，定时、经济、均匀地产生高质量软件。开发活动以高度协同和自组织方式进行，系统涉众积极参与以确保项目团队理解和实现涉众的变更需求。Level 2 中的敏捷过程包括 RUP、Open Unified Process(OpenUP)、DSDM[9] 和 FDD[10]等。

图 1-8 描述了完整的敏捷 SDLC 的概况。

---

[7]：参见本书 2.1 节。

[8]：参见本书 2.2 节。

[9]：参见本书 2.7 节。

[10]：参见本书 2.4 节。

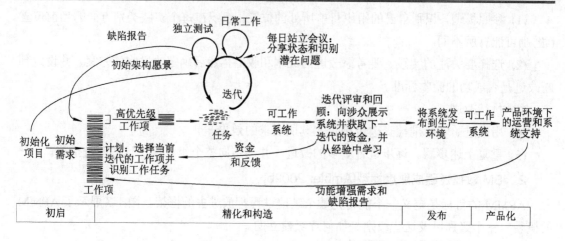

图 1-8　敏捷系统开发生命周期(SDLC)

3) Level 3　大规模敏捷

在敏捷刚刚出现的时候,敏捷方法开发的应用规模都较小。如今,很多组织都将敏捷战略应用到更为广泛的项目之中,而这正是 APMM Level 3 要解决的问题——显式处理纪律严明的敏捷开发团队在真实世界中所要面对的复杂度。图 1-9 简单列出了敏捷开发所要面对的八种伸缩因素(Scaling Factor)。

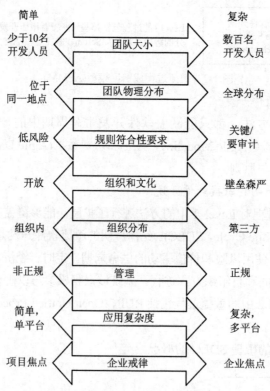

图 1-9　软件开发中的潜在伸缩因素

每种因素都有一个复杂度范围,而每个开发团队都会面对不同的组合情况,因而团队需要剪裁出特殊的一个过程、团队结构和工具环境来适应这种独特的情况。尽管采用更高级别过程中的策略后，APMM Level 1 的敏捷过程也能够处理复杂度的更高一些伸缩因素，但是只有当所有的伸缩因素都靠近图 1-9 左侧(低复杂度一侧)时，这些 Level 1 过程才能工作得最好。

Level 2 的敏捷过程通常假设一个或多个伸缩因素稍微大一些(即向右侧偏移一些)，而 Level 3 的敏捷过程则处理有一个或多个伸缩因素严重偏向右侧(即复杂度非常高)的项目。

谈到工具的选择，许多 Level 1，甚至有些 Level 2 的团队都会发现可以使用一些开源工具。但是当这些团队处于 Level 3 的境地后，很快就会发现需要采用更加复杂的工具。为了能够成功实施大规模敏捷，团队需要的工具要容易集成、能提供足够的项目控制用度量数据、支持分布式开发、增强不同团队成员之间的协作、为了满足开发规则而使尽量多的工作自动化等。

第 2 章 敏捷软件方法族

敏捷软件开发诞生十几年来，出现了不少敏捷软件开发方法，这些方法在第 1 章的"敏捷方法"部分已提及。本章中，作者将逐一对这些方法作简单的介绍。

统一软件开发过程(Rational Unified Process，RUP)也被一些学者作为一种敏捷软件开发方法，但因为其相关资料数不胜数，本书就不再赘述。

2.1 Scrum 方法

2.1.1 理论方法与经验方法

假设我们是生产汽车的企业，如果我们要让零部件生产及整车装配达到用户可接受的精度，我们必须定义一个流程，并用这个流程指导工人进行生产和装配。如果流程的执行结果不能达到客户接受的精度，我们可以调整流程，让其产出的结果回归到可接受的精度范围之内。这种为了能获得可接受的产品质量而确定一个可重复进行的生产过程，我们称之为"预定义过程控制"，或者叫"理论方法"。

如果由于中间活动的高度复杂性而导致无法预定义一种过程控制，即理论方法不可行，我们则不得不借助于一种称做"经验方法"的手段。每一种经验方法在具体实现时，都需要具备三个支撑性活动[Schwaber 2004]:

- 可视性。对于过程控制者来说，过程中影响输出的各个因素都必须真实、可见。经验方法中不能有欺骗，如果某个人说某个功能已经"完成"了，必须要明确这到底意味着什么。在软件开发中，如果一个功能已经"完成"，有些人认为这表示编码已经结束，经过了单元测试、构建和验收测试等，而有些人则可能认为这仅仅表示代码编写工作已经完成。如果大家对"完成"的含义没有达成共识，则可视性就无从谈起。

- 检查。检查者必须经常检查过程中的各个方面，以发现过程中所出现的不可接受之偏差。确定检查频率时，要考虑到检查活动本身对过程所造成的干扰和改变，另外检查者也必须具备必要的检查技能。

- 调整。如果检查者根据检查的结果判定过程的某些方面超出了可接受的误差范围，认为产生的最终产品也无法接受，检查者必须调整过程或所处理的原料输入。为了尽量减少偏差的进一步发生，调整工作必须尽快进行。

到底选择理论方法还是经验方法，Ogunnaike 和 Ray 认为这取决于人们对过程控制底层运作机制的掌握程度[Ogunnaike et al 1992]：

"如果一个领域中我们对过程控制底层运作机制有很好的理解，通常采用预定义建模方法(或称理论方法)。如果过程太过复杂而无法使用预定义方法，则经验方法是合适的选择。"

2.1.2　Scrum——经验式过程框架

K.Schwaber 从三个最重要的维度——需求、技术和人——来分析软件开发的复杂度，软件系统开发的复杂度评估图如图 2-1 所示。

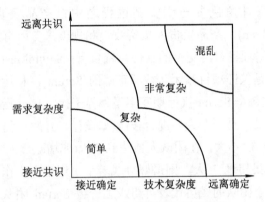

图 2-1　软件开发项目复杂度评估图

横轴表示技术复杂度，技术复杂度主要由技术的确定性来表征，技术确定性越低，则技术复杂度越高；纵轴表示需求复杂度，需求复杂度主要由不同涉众及开发团队之间是否就需求达成共识来表征，大家越远离达成共识，则需求复杂度越高。

K.Schwaber 认为，几乎所有的软件开发项目都处于"复杂"区域，如果一个项目不幸落入"混乱"区域，则该项目是无法直接进行开发的，必须首先想办法将其复杂度降低到"非常复杂"或以下区域才能继续进行开发工作。如果再考虑开发团队中不同人员在技能、工作态度等方面的差异以及人与人之间的合作问题，那么在今天就不存在不复杂的软件开发项目了[Schwaber 2004]。

对于复杂的软件开发项目，预定义过程控制方法或理论方法显然并不合适。Scrum 是由K.Schwaber 所创造的一种经验主义软件开发方法，采用每 24 小时的一次检查与每 30 天(每次迭代或 Sprint[1])的一次检查，Scrum 经验式过程框架如图 2-2 所示，其中产品 Backlog[2]为系统的需求列表。

Scrum 一词起源于橄榄球运动，指两支比赛队伍通过争球重新开始比赛[Koch 2005]。

---

[1]：Sprint 是 Scrum 中的一次迭代，其字面意思是"冲刺"。有些人认为这个词汇容易让人联想到 Scrum团队似乎需要不断地加班加点。本书中对 Sprint 不做翻译，但有时用"迭代"一词代替。每个 Sprint 采用固定时间长度，传统上是 30 天，不过近来受到其他敏捷方法的影响，Sprint 长度趋于缩短。

[2]：Backlog 的本意，是指企业中尚未完成交付的销售订单，代表了一种承诺的工作。Scrum 用这个词汇表示纳入产品范围的需求或系统特性。为了体现 Scrum 的特色，本书中直接用 Backlog 这个英文单词。

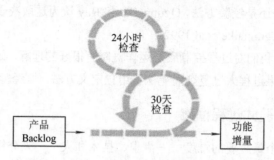

图 2-2   Scrum 经验式过程框架

Scrum 项目中有三种角色参与到实施过程之中：产品负责人(Product Owner)、ScrumMaster[3]和团队(Team)。产品负责人负责收集和规整来自所有系统涉众的需求，确定这些需求的优先级，并对项目最终交付的软件系统负责；ScrumMaster 与传统的项目经理有些类似，但其主要职责是保证项目和团队按照正确的 Scrum 流程运转，同时起教练和牧羊犬的作用(即保护团队在每个 Sprint 执行期间不受外界干扰)；团队指所有其他直接参与到项目实施过程的项目组成员，是一个具备混合技能(如设计、开发、测试等技能)的项目团队。

Scrum 团队的规模一般不大，在团队人数达到 7 人(或增减 2 人)前，其生产力会持续攀升[Schwaber 2004]。如果超过 7 人，则最好分成若干小组进行工作，每个小组是一个采用 Scrum 的小团队，每个小团队的成员代表再组成上一级 Scrum 团队。这种通过组合多个小团队再形成大的 Scrum 项目团队的方式，被称做多级 Scrum (Scrum of Scrums)，如图 2-3 所示。

图 2-3   大项目团队的多级 Scrum 结构

2.1.3   Scrum 流程与实践

Scrum 的流程如图 2-4 所示，每日 Scrum 会议、Sprint 评审会议和 Sprint 回顾会议构成了这一经验式过程控制方法的检查和调整环节。另外，Sprint 计划会议、每日 Scrum 会议、燃尽图、Sprint 评审会议则实现了经验式过程控制中的可视性。

Scrum 过程中定义了若干实践(Practice)，这些实践都是与项目管理相关的，Scrum 并不包括任何系统实现技术方面的实践。Scrum 的这一特点使其所适用的场合很广泛，且不受团

---

[3]：ScrumMaster 没有很好的中文翻译，本书中直接用英文单词。

队现状的限制，容易为任何团队所采用。这些实践的详细含义将在下文依次介绍。

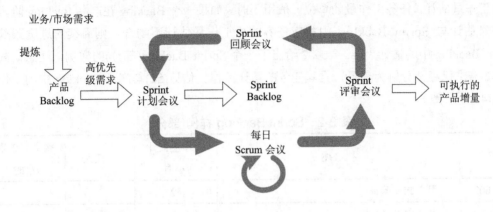

图 2-4   Scrum 流程示意图

1. 前期项目计划和产品 Backlog

Scrum 项目的前期要设定项目的愿景和总体目标。项目前期计划阶段，所有系统涉众可以提出各种业务用例、系统特性、已有功能增强要求或缺陷修正需求等，产品负责人据此确定产品 Backlog，作为项目所要完成的全部工作。项目实施期间，产品 Backlog 本质上就是一个待开发项目业务和技术特性的动态列表。表 2-1 展示了一个产品 Backlog 的样例(部分)，其中工作量估计由团队完成，计量单位一般用天或小时。

表 2-1   产品 Backlog 样例(部分)

编号	描　述	工作量估计/小时	调整因子	调整后工作量	优先级*
B-001	识别银行卡	20	0.2	24	1
B-002	用户 PIN 验证	40	0.2	48	1
B-003	取款	40	0.2	48	2
B-004	余额查询	10	0.2	12	3

注：* 优先级的数字越小，表示优先级越高。

2. Sprint 计划会议

每 30 天的一个 Sprint 从计划会议开始，由产品负责人、ScrumMaster 和团队参加。此会议一般限时 8 小时，由各为 4 小时的两个部分组成。第一个部分确定哪些产品 Backlog 将要在本次迭代中实现，第二个部分由团队将这些 Backlog 转化成 Sprint Backlog 并作出承诺。具体过程如下：

(1) 确定迭代中要实现的产品 Backlog。产品负责人准备好已经按优先级排序的产品 Backlog，逐个解释每个高优先级的需求。团队确定一个 Sprint 能够完成多少需求。在这个阶段，不对需求作太深入的讨论。

(2) 将产品 Backlog 转化成 Sprint Backlog。对于挑选出来的、将要在下一个 Sprint 中实现的需求，团队在产品负责人的帮助下了解需求细节，并将 Backlog 分解为完成该需求必须要执行的所有相关任务列表，分解后的需求我们称为 Sprint Backlog。每个任务都由团队来进行工作量估计，任务工作量的单位一般用小时。如果一个 Backlog 在产品 Backlog 阶段的工作量估计与 Sprint Backlog 中相应任务的总工作量估计不吻合，则后续的进度跟踪以 Sprint Backlog 中的估计为准。表 2-2 给出了一个 Sprint Backlog(部分)的样例，注意，其中 B-002 需求已经被分解为任务，且其任务的累计工作量估计(52)与产品 Backlog 中的工作量估计(40)不一致。

表 2-2　Sprint Backlog 样例(部分)

编号	描　述	工作量估计/小时	责任人	剩余工作量/小时
B-002	用户 PIN 验证	52		
B-002.10	设计数据表结构	8	LMY/WX	0
B-002.20	设计输入 PIN 的界面	8	JLL	4
B-002.25	设计密码校验错误后进行提示的界面	4	JLL	4
B-002.30	校验输入的密码与数据库中的密码	8	HX/ZSL	8
B.002.35	记录错误密码的当天累计连续输入次数	8	LMY/WX	8
B.002.40	对当天连续输入错误密码达到 10 次的，吞卡并记录	16	HX/ZSL	16

3. 自我指导和自我组织的团队

通常，对于所有敏捷软件团队来说，这一条都成立，而对于 Scrum 团队来说尤其应当如此。Scrum 团队被赋予高度自治的权力，以实现每个 Sprint 中所设定的目标。

4. 每日 Scrum 会议

这个实践是 Scrum 方法的特色。团队每天花 15 分钟在一起交换想法和信息、同步项目工作状态。每个团队成员用简短的语言回答三个问题：自上次每日 Scrum 会议以来你都做了些什么？下次每日 Scrum 会议前你计划做些什么？项目中遇到了什么困难或障碍？为了确保会议能够在 15 分钟内结束，任何需要进一步讨论的事情都将延迟到会议结束之后，由感兴趣的人一起再深入讨论。

这个会议要在每个工作日的同一时间和地点进行，所有人(包括产品负责人、ScrumMaster 和团队)都必须参加。ScrumMaster 是协调员，不能充当指挥员。其他涉众也可以旁观，但必须静默，不得发言。如果旁观的人太多，影响会议的正常进行，ScrumMaster 有权请他们离开。

5. 燃尽图(Burndown Chart)

用燃尽图可以跟踪每日的任务完成情况。图 2-5 是一个燃尽图示意图，其中纵坐标是本次 Sprint 中尚未完成任务的总工作量估计(折线上升表示当日返工量超过当日完工量)，横坐标是 Sprint 中的每个工作日日期。

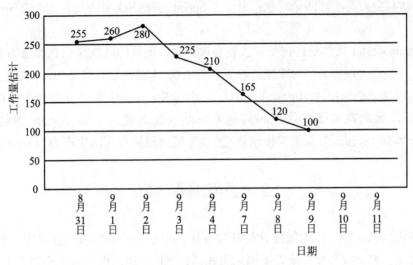

图 2-5　燃尽图示意图

6. ScrumMaster 防火墙

ScrumMaster 的一个重要职责就是保护团队免受外部干扰(如上级领导要求团队成员完成不在 Sprint Backlog 范围内的工作等)，即充当防火墙或牧羊犬的作用。

7. 每日构建

Scrum 要求至少每天要对项目中所有签入的代码进行一次集成和回归测试。

8. Sprint 评审会议

每个 Sprint 结束时要召开一个非正式的 Sprint 评审会议(通常不超过 4 小时)，团队向产品负责人及其他感兴趣的系统涉众展示本次迭代中所完成的工作，并一起确定下一步的工作方向和内容。经过展示后，本次 Sprint 完成的功能将成为可执行产品系统中的功能增量。评审会议要注意以下几点：

(1) 团队为会议做准备的时间应当不超过 1 小时；

(2) 不展示没有完成的需求；

(3) 在尽量接近生产环境的运行环境中进行展示；

(4) 涉众可对展示内容做出任意评价，团队应当详细记录这些评价；

(5) 涉众根据展示情况，可以提出新的需求，由产品负责人加入到产品 Backlog 中；

(6) 评审结束时，ScrumMaster 要宣布下次 Sprint 评审会议的时间和地点。

9. Sprint 回顾会议

下一次的 Sprint 迭代会议之前，ScrumMaster 要组织团队召开 Sprint 回顾(Retrospective)会议，作为开发过程检查和自我调整与改进的一次机会。这次会议不能超过 3 小时，同时要注意以下几点：

(1) ScrumMaster 和团队必须参加，产品负责人自愿参加，其余人员谢绝参加；

(2) 全体与会人员回答两个问题：上一个 Sprint 有哪些成功之处？下一个 Sprint 应做哪些改进？

(3) ScrumMaster 依然是协调员，负责会议记录，促进团队发现自我改进的办法。

Scrum 可能是"最古老"的敏捷方法了，在 2002 年时就已经有近 10 年的历史，并帮助各种各样的项目成功地交付[Highsmith 2002]。由于 Scrum 的独特点是聚焦于软件开发的项目管理方面，因此在实践中往往和其他方法结合起来使用，如 Scrum 的创始人之一 K.Schwaber 都说"Scrum 与极限编程结合在一起，可大幅提升团队生产力"[Schwaber 2004]。

2.2　极限编程方法

极限编程(XP)是最流行的敏捷软件开发方法，在已经公开发表的文献中，凡是涉及敏捷方法的文献，都会或多或少地以不同的方式讨论 XP 方法，而且对于许多人来说似乎 XP 方法就等同于敏捷方法。

极限编程是由 K.Beck 在其多年的 Smalltalk 编程经验的基础上所发展起来的一种以开发人员为中心的、适应性开发方法。1996 年，此方法成功应用于克莱斯勒的 C3 项目。K.Beck 在 1999 年出版了一本著作[Beck 1999]，详细介绍了 XP 方法，2004 年又修订出版了该书的第 2 版[Beck 2004]，对第 1 版的内容作了部分增删，且对第 1 版中的很多概念重新进行了阐述。本书中将用 XP 第 1 版和 XP 第 2 版来分别表示 K.Beck 在这两个版本中对 XP 的阐述。本节将先介绍 XP 第 1 版，然后介绍 XP 第 2 版(本书中简写为 XP2)的一些变化。

2.2.1　XP 的过程模型

如图 2-6 所示，极限编程方法的过程从收集用户故事[4]开始。用户故事的描述要非常简单，能够写在一张很小的卡片上，每个需求都要面向业务、可测试和工作量可估计。客户从所有故事中挑选出一些最有业务价值的故事，组成一次迭代中的需求并首先实现之。一次迭代通常持续 1～2 周，一次迭代中的所有故事通过测试后被放进最终产品。"每次迭代的目标就是将一些经过测试、已可发布的故事加入到产品中[Beck 1999a]"。编码工作通过结对编程来进行。图 2-6 中还引入了一个 Spike[5]的概念。

选择一组故事纳入短迭代计划、结对编程和集成到产品中的过程循环往复地进行，直到项目中的所有故事都完成，项目便随之结束。以短迭代为单位进行工作，可以快速获取反馈，项目也能够有机会适应在项目开发周期内所发生的需求变化。团队工作的焦点永远放在当前迭代上，无需为将来迭代中的需求预测做任何设计工作。XP 中迭代是过程的核心，而一次迭代中的工作过程如图 2-7 所示。

[4]：User Story，简称为故事(Story)，是一种相对于传统软件开发方法来说粒度更小的用户需求。
[5]：当项目需要探索一种技术方案或技术信息时所进行的小型的、独立的技术试验或研究。由于没有很贴切的中文词汇可以准确表达 Spike 的含义，故本书中直接使用英文。

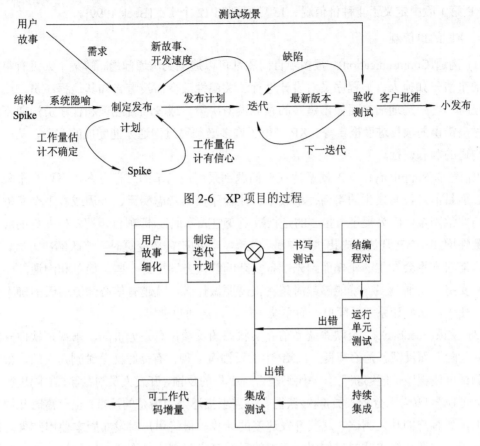

图 2-6　XP 项目的过程

图 2-7　XP 一次迭代的内部过程

测试在 XP 中扮演了重要的角色，通过日常性、经常性的单元级和系统级测试，项目团队可以获取反馈和信心，保证项目在不断进展，系统正在按照客户的需求被构建：

(1) 单元测试。每次迭代都必须进行单元测试，而且所有单元的测试代码都必须在产品代码之前完成。一次迭代中所有故事的实现代码都必须通过单元测试后方可进入最终产品。

(2) 验收测试。客户决定系统级的测试，思考如果一次迭代成功完成，则系统如何能够让他们满意。

XP 是高度纪律化的过程，为了获得项目成功，项目团队必须拥抱 XP 的价值观和原则。XP 的推动者建议，一个组织可以先在中小型项目上开始采用 XP 方法，而且在获得足够的 XP 使用经验之前，尽量采用全部 XP 过程的步骤和实践。

2.2.2　XP 的价值观、原则和实践

极限编程将其概念分为实践、价值观和原则三个层次。实践是具体的开发活动；价值观是一种根本理念，指导人们进行软件开发；原则用来连接价值观和实践[Fowler 2004]，"帮助我们在多种活动中进行选择，我们更喜欢选择能够更完整地符合这些原则的活动，同时每个原则都体现了某种价值观" [Beck 1999]。

XP 第 1 版中定义了 4 种价值观、15 项原则和 12 个实践[Beck 1999]。

1．XP 的价值观

(1) 沟通(Communication)。很多项目问题都可以追溯到沟通问题，即某个人没有将某个重要的事情告知他人。如程序员对设计进行了关键性改变而没有告知其他程序员，或者程序员没有和客户沟通清楚而做出错误的领域模型决策，或者项目经理和程序员沟通不准确从而做出错误的项目进度报告等。XP 采用了许多必须通过沟通才能完成的实践，从而保证正确沟通的顺利进行。

(2) 简单(Simplicity)。XP 对解决任何问题都采用最简单的可行方案，不要为未来可能发生、而目前还没有发生的事情付出成本。让程序员不考虑明天、下周或者下个月需要做的事情非常困难，因为程序员担心的是指数型变更成本曲线(即项目后期发生变更的成本会呈指数性增加)。XP 则认为先提供简单解决方案，在的确需要变更时再修改解决方案，比为未来可能根本不会发生的变化而预先准备复杂的解决方案更好一些。简单和沟通能够很好地相互支持：沟通越多，就能够越清楚真正需要做什么，就越有信心知道明天的确不会发生什么变化，从而让系统更简单；而系统越简单，沟通也越容易。

(3) 反馈(Feedback)。反映系统当前真实状态的反馈信息是无价的，乐观是软件开发中的主要危险，而反馈就是治病良方。XP 中的反馈有多种，有需时几分钟到几天的，如书写单元测试可使程序员能够获得有关代码是否可工作的反馈，开发人员对故事(需求)进行工作量估计可使客户(需求分析人员)能够获得有关需求描述是否清楚的反馈；也有需时几周到几个月的，如客户的功能测试、迭代开发速度的计算、最终用户对发布版本使用结果的反馈等。反馈、沟通和简单共同起作用，获得的反馈越多就越容易沟通。比如有人拿一个通不过的测试用例来证明你所写的一段代码有问题，比花上几天功夫、从设计美学的角度讨论你的代码有问题更有效。而越简单的系统越容易测试，也就越容易获取测试结果的反馈。

(4) 勇气(Courage)。即便你认真地遵从沟通、简单和反馈这 3 种价值观，有时候仍然需要勇气去做出困难与痛苦的抉择。例如在系统代码量已经比较大的时候，才发现存在一个基础架构设计上的缺陷，此时，必须要有勇气去修改这个缺陷，哪怕这种修改立即会引起半数的测试出现问题，需要花费好几天的时间重新通过。另一种需要勇气的情况，是不得不扔掉一些辛辛苦苦所书写的代码，比如在写了一段很长的、复杂的代码后，晚上回家灵光一闪，想到了更加简单的算法，你就要有勇气对前一天的代码进行修改，甚至扔掉那些代码，从头开始重新实现。

2．XP 的原则

以下是 XP 的几项基本原则：

(1) 快速反馈(Rapid Feedback)。尽快地获取对系统的反馈，理解这些反馈，并将从反馈中学习到的知识快速地应用到系统中。业务人员学习理解系统如何贡献最佳业务价值，并将学习结果在几天或几周后反馈回系统中，而不是几个月甚至几年后才反馈；程序员学习如何对系统进行最佳设计、实现和测试，并将学习结果在几秒钟或几分钟后反馈回系统中，而不是在几天、几周甚至几个月后才反馈。

(2) 寻求简单(Assume Simplicity)。面对任何问题，都要探寻是否有简单到近乎可笑的解决方案。在 98%的问题上都可以做到这一点，因此所节约的时间为解决另外 2%的问题提供了极大的资源。这一项是程序员最难接受的原则，因为他们已经被教导多年，要为未来而计划、为重用而设计。而 XP 则推崇只干好今天的事情，解决今天的问题，并相信自己未来在必要时增加解决方案复杂度的能力。

(3) 增量变化(Incremental Change)。解决问题时不要突然变化太大，这样往往不能奏效。要经过一系列的微小变化，然后积累到一种质变的效果。XP 中到处充满着增量变化：设计一次只改变一小点儿，计划一次只改变一小点儿，团队一次只改变一小点儿，甚至开发团队在转向 XP 方法时也必须小步小步地进行。

(4) 拥抱变化(Embracing Change)。应对变化的最佳策略，是先解决最迫切的问题，同时保留尽可能多的可选方案。

(5) 高质量的工作(Quality Work)。人人都喜欢干好工作，没人喜欢马马虎虎地干活。项目开发的四个变量(范围、成本、时间和质量)中，质量其实不是自由变量，因为如果因某个人的工作而造成整个项目的质量不能达到客户要求，客户就不会买单，甚至取消该项目。

K.Beck 还列出了一些不是很核心的原则，不过这些原则在一些特殊场合也很有帮助：

(1) 教会学习(Teach Learning)。授人以渔而不是授人以鱼。在有些问题上，我们有比较确定的观点；而在另一些问题上我们只能给出策略建议，还需要读者自己懂得如何学习，寻求自己的答案。

(2) 开始时少投入(Small Initial Investment)。项目开始时就拥有太多的资源，往往是项目走向灾难的原因；而略显紧张的预算能让人产生干好工作的勇气。

(3) 为获胜而工作(Play to Win)。"为获胜而工作"与"为不输而工作"有很大的差别。大部分软件开发项目团队都是在"为不输而工作"，他们写一大堆文档，开没完没了的会，每个人都按照教科书进行开发，其目的就是在项目结束时如果有问题也能够证明不是他们的错，因为他们已经严格遵守了开发过程。与此相反，"为获胜而工作"的团队只做有助于团队和项目成功的工作，不做其他毫无帮助的事情。

(4) 多做具体实验(Concrete Experiments)。如果不做测试而作出决策，就存在决策错误的可能。每当需要进行设计、需求等决策时，应当多做具体实验，不作未经测试的决定。

(5) 开放和诚实的沟通(Open, Honest Communication)。开发人员要能够解释其他人员技术决策的后果。如果看到别人的代码有问题，开发人员要能够直言相告。开发人员还要能自由地表达他们的恐惧并能获得支持，能够自由地告诉客户和管理人员有关项目开发的坏消息，而不用担心受到惩罚。

(6) 按直觉而不是反直觉工作(Work with People's Instincts, Not Against Them)。本能上讲，每个人都喜欢获胜、学习、与别人交流、成为团队的一员、被信任和干好工作，每个开发人员也都喜欢让所开发的软件能够工作。为此，要设计一个能够满足开发人员短期自我利益的开发过程，让开发人员按照直觉进行工作，因为这样的工作过程也自然能够符合团队的长期利益。

(7) 主动接受责任(Accepted Responsibility)。没有比被人指手画脚地命令干这干那更让人痛苦的了，尤其当所分派的工作不可能完成时。与此相反的做法是让开发人员主动接受责任，这并不表明开发人员所做的事情总是他们所乐意做的，但他们是团队的一员，如果团队决定某件事情是必须要做的，就必须有人挺身而出，不管这件事对于个人来说是多么的令人厌倦。

(8) 让 XP 适应自己(Local Adaption)。如果你决定采用 XP 方法，那就有责任将书中所学与自己的实际情况相结合，根据自己的具体情况，对 XP 进行适应性改变。

(9) 轻装旅行(Travel Light)。无论是谁，负重太多就会步履蹒跚。XP 团队要习惯于轻装上阵，只做能为客户产生价值的事情——测试和编码。三个关键词是少量(Few)、简单(Simple)和有价值(Valuable)。

(10) 真实地度量(Honest Measurement)。为了控制软件开发过程，我们必须进行度量。但度量的精度和层次不要超过度量工具的能力所及。另外，我们要选择与我们的工作方式紧密相关的度量体系(Metrics)，比如在 XP 过程中源代码行(Lines Of Code, LOC)就是没用的一种度量，因为随着更好的编程方法的掌握，实现同样功能所用的代码行数可能会逐渐减少。

3. XP 的实践

(1) 计划游戏(Planning Game)：结合业务上的优先级和技术上的工作量估计，快速确定下一发布版本的范围。随着时间的推移，根据项目真实情况调整和更新计划，计划就是在"需要完成什么"和"可能完成什么"之间对话后所达成的平衡结果。XP 强调由不同的人进行不同的决策，如业务人员(客户)确定"需要完成什么"(即确定系统需求范围、优先级、每个发布版本中应当实现哪些需求、版本发布日期)，而技术人员(开发团队)确定"可能完成什么"(如每个需求的工作量大小估计、业务决策的技术后果、开发团队的工作流程、需求的技术风险和详细实现的顺序安排等)。XP 中的计划工作，是由客户和开发团队协作、以多次迭代的方式完成的。

(2) 小发布(Small Releases)：快速地将简单系统作为产品发布，然后按照很短的周期发布一个个新的版本。每个版本要合乎情理，比如不能把一个业务特性做到一半就发布，在此前提下每个发布版本都应当尽量小，并且实现了最有价值的业务需求。即便是因为业务原因而不能频繁地向市场或客户发布版本时，软件开发团队也要尽量缩短发布周期，进行内部发布，以便快速获得反馈。

(3) 隐喻(Metaphor)：用一个简单的、团队内部达成共识的比喻描述整个系统的总体架构并指导所有开发工作。隐喻描述了所开发系统的整体概念，而用"故事"来描述详细的需求，隐喻和故事构成了系统的完整需求。

(4) 简单设计(Simple Design)：在任何时候，系统的设计都应当尽可能地简单，发现多余的复杂性就要想办法删除。程序员在进行设计时，应当只考虑当前需求(故事)的实现，不考虑未来可能要实现的需求，因为为未来而进行设计，往往会在将来导致更多的返工(Rework)。

(5) 测试：程序员不停地书写单元测试，这些测试必须随着开发的持续进行而没有错误地运行；客户书写测试来描述已经完成的特性。程序员在书写实现故事的代码之前，必须先写自动测试，在这些测试通过之前，故事不能算作编码完成。

(6) 重构(Refactoring)：程序员在不改变系统行为的情况下，改变系统的内部结构，以便消除重复、改进代码的沟通能力、简化代码或增加代码的灵活性。这个实践使程序员经常要思考：在已经完成的代码中，是否存在更简单的实现方式。重构保证了在更多故事被添加到系统中时，系统设计不会从简单设计变成不必要的复杂设计。

(7) 结对编程(Pair Programming)：所有的产品代码都是由两个程序员在同一台机器上写出来的。这一实践是 XP 中最独特的特性，它要求由一对开发人员共同完成设计、代码实现和单元测试工作。当一个程序员控制计算机时，另一个程序员应当思考如何保证技术质量，如设计是否简单、代码是否简洁、测试是否全面等。这一实践也被看做是一种极致的同行代码评审方法，因为任何产品代码都得到了持续的、实时的审查。

(8) 代码共有(Collective Ownership)：任何时候、任何人都可以修改系统中任何部分的代码，不论这段代码原来是由谁编写的。这与我们所习惯的、将每段程序的责任指派给指定的程序员的做法是完全不同的。

(9) 持续集成(Continuous Integration)：每对程序员完成一个故事后，只有当所有的测试都百分之百地通过时，该故事的实现代码才能够作为项目产品基线中的一部分，否则程序员必须修改其代码，然后再行集成。由于一个 XP 项目中有多对程序员同时工作，因此集成服务器每天可能需要连续工作。

(10) 每周 40 小时(40-hour Week)：为了让团队中的每个成员都能保持精力充沛和具有较高的工作效率，将每周工作不超过 40 小时作为一项规则。即便加班不可避免，同一个人也永远不要连续加班两周时间。

(11) 现场客户(On-site Customer)：团队内要有一个和开发团队一起工作的、能全职回答问题的真正的客户(代表)。作为项目的一位关键成员，客户代表要从客户的角度帮助项目获得进展。

(12) 编码标准(Coding Standards)：程序员应当按照一种统一的编码规则编写代码，这个规则应当强调团队成员之间可以通过源代码进行沟通交流。因为 XP 要求成员之间紧密协作，共同拥有代码，使用统一的编码标准是整个项目获得成功的必要条件。

R.Jeffries 模型[Jeffries 2001]中对 XP 的实践进行了归类，如图 2-8 所示。最外圈的实践属于统一团队(Whole Team)或组织一级，中间一圈的实践属于开发团队一级，而最内圈的实践属于开发者个体一级。

与[Beck 1999]中的 XP 实践相比，R.Jeffries 模型中的 XP 实践有了些许变化，如表 2-3 所示。

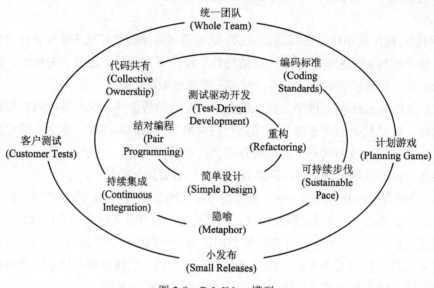

图 2-8　R Jeffries 模型

表 2-3　R Jeffries 模型中 XP 实践的变化

[Jeffries 2001]中的实践	描　述	[Beck 1999]中的实践
统一团队	开发团队和客户组成统一团队，关注业务价值，以小发布的方式，生产已经通过全部客户测试的软件	现场客户
测试驱动开发、客户测试		测试
可持续步伐		每周 40 小时

2.2.3　XP2 的一些变化

1. XP2 在价值观上的变化

XP2 中增加了一种价值观：

● 尊重(Respect)。所有与软件开发相关的人都具有同等的价值，没有任何人比其他人更有价值。软件开发的过程是同时增进人性和产品发展的过程，团队中每个人的贡献都需要受到尊重。尊重别人，尊重自己，感谢业务专家，尊重我们双方对项目成功的共同渴望。这个价值观是存在于 XP 原有的 4 种价值观(沟通、简单、反馈和勇气)的底层的东西。

2. XP2 在原则上的变化

XP2 中的原则是变化最彻底的部分，新版本中总共有 14 项原则，除了"主动接受责任"这一项外，其余的原则基本上都被重新定义了：

(1) 人性(Humanity)。软件是由人来开发的，软件开发过程应当符合人的需要，了解和避免人的弱点，利用人的长处。不了解软件开发参与者的人性需求的过程，会残忍地磨光他们的人性，导致很高的人力成本。

(2) 经济学(Economics)。总得有人为软件开发买单。软件开发没有脱离经济因素的、空洞的"技术成功"，必须要具有业务价值，满足业务目标和服务于业务需要。第一个影响软件开发的经济学概念是货币的时间价值属性，即今天 1 美元的价值要高于明天的 1 美元的价值。能够越早交付软件赚取金钱，或者越晚投入金钱，软件开发就越有价值，快速交付和增量式设计就是很好的例子。第二个影响软件开发的经济学概念是机会成本，即因为做一件事情而丧失别的机会。团队和软件都要保持在未来有更多种可能的选择。

(3) 双方受益(Mutual Benefit)。软件开发中的每项活动都应当使所有相关的人受益。双方受益是 XP 最重要的原则，也是最难遵循的。总有一些解决方案对一方有利却损害了另一方，尤其当情况危急时这些方案显得很诱人。例如过多的软件内部文档就违反了这项原则，书写文档的人会因此显著降低开发速度，而未来可能有某个未知的人会通过读这些文档而受益。这些方案的结果是净损失，因为会损害被我们视为非常有价值的工作关系。

(4) 自相似性(Self-Similarity)。地质学上的分形特性，指的是在大自然中有很多局部形态和整体形态相似的地质构造，如英国的一小段海岸线与整个英国的海岸线在形状上没有明显差别。大自然一旦发现某个形状有用，就会尽可能地多用。这一原理也适用于软件开发：尽量尝试将一种结构复制并应用到新的上下文中，即使新的上下文和原来使用的地方都不在一个层级上。例如编写产品代码的节奏是先写一个失败的测试，然后书写代码让测试通过；每一周(迭代)列出想实现的用户故事，用(集成)测试描述这些故事，然后用整个迭代的时间让这些测试通过。自相似性并不能保证永远都生效，有时候特定的上下文中的确需要一种独特的解决方案。

(5) 改进(Improvement)。软件开发中"完美"是动词、不是形容词，就像中国有句俗话叫做"没有最好、只有更好"。XP 通过循环改进让软件开发日趋完美：尽己所能干好今天的事情，然后努力弄清如何在明天能够干得更好。即立即动手并获得结果，逐渐精化并改进成果，如"每季度一个周期"、"增量式设计"等实践都体现了这个原则。

(6) 多样性(Diversity)。如果软件开发团队中的每个人都一样，你可能会感觉舒服，但团队未必高效。团队需要将持不同技能、态度和观点的人集中起来才能看到更多的问题和不足，并能够想出多种不同的办法来解决问题。冲突是伴随多样性出现的、不可避免的问题，团队要抱着"解决问题有了更多可选方法"的态度对待这种冲突，而不能有"我们相互讨厌对方，项目没法进展下去"的想法。

(7) 反射(Reflection)。好的团队不仅能完成工作，还能够思考他们是如何完成工作的，为什么要那样完成工作。他们分析成功或失败的原因，不试图隐藏错误，而是暴露错误，通过错误学到东西。完美的团队和项目不是误打误撞而获得的，每周一个周期和每季度一个周期这两个实践中都留有团队进行反射的时间，结对编程、持续集成等也是如此。反射还不仅限于这些正式时机，在团队一起进餐等与软件开发无关的活动中也能够进行反射。

(8) 流(Flow)。通过同时并行进行开发活动，使软件开发过程可以稳定地交付有价值的软件流。传统软件开发过程就像传统产业中的离散制造(如装配飞机)一样，习惯于一大块、一大块地交付软件，块越大，风险越高。XP 则像传统产业中的流程制造(如酿制啤酒)，例如每日构建就是面向流的实践。

(9) 机会(Opportunity)。将每个问题都视作一次改变的机会。软件开发过程中难免会出现问题，"生存"哲学的信奉者会仅仅满足于解决问题，而"完美"哲学的信奉者会视问题为一次学习和改进的机会，会花上更多的时间去考虑。比如你是否无法制定准确的长期计划？那就用每季度一个周期的实践来不断精化长期计划。一个人独自工作是否会犯太多错误？那就结对编程吧。将每个问题都转化成个人成长、加深友谊和改进软件的一次机会。

(10) 冗余(Redundancy)。XP 中的许多实践都有相互冗余的作用，存在的问题即便不能通过一个环节或用一种方法解决，也会在其他环节或通过其他方法解决。如缺陷是软件开发中最关键的问题之一，会破坏团队内部的信任。而结对编程、持续集成、坐在一起、真正客户的参与以及每日部署等实践，都可能会发现并消灭缺陷。团队不能只采用一种实践就期望能够捕获所有错误，最好采取冗余实践。

(11) 失败(Failure)。如果在找成功的办法时遇到困难，那就找失败的办法。假设实现一个故事有三种办法，如果你知道哪种最好，那就按那个方法实现好了；如果不知道哪一种能行，那就都试一遍，即便都失败了，也一定会学到有价值的东西。如果失败能够揭示知识，则失败就不是浪费。这不是在为失败辩解，但当你的确不知道该如何做时，冒失败的风险或许就是通向成功的最短、最确定无疑的道路。

(12) 质量(Quality)。牺牲质量不是有效的过程控制手段，不可用人为控制质量的方式来换取其他项目指标。低质量的项目不会进展得更快，追求高质量也不会让项目进度变慢。恰恰相反，追求高质量的结果往往是更快的交付，而降低质量标准往往导致延迟、更加不可预测的交付。质量不仅仅是衡量项目成果的经济性指标，项目组成员更需要精神上的满足——为完成高质量的工作而自豪。

(13) 婴儿步幅(Baby Steps)。大踏步地实现大的变化总是很诱人，然而道路苦长、时间苦短，一下子就进行重大改动往往很危险。每次需要在正确的方向上采取尽可能少的、看得见的改变，不用担心这样变化起来太缓慢，因为团队可以像跳跃似的、快速完成许多次小的变化。婴儿步幅式的变化，其总体成本要大大低于从失败的大幅变化中回滚所造成的浪费。先测试式编程这一实践就是婴儿步幅式变化的一种体现。

(14) 主动接受责任。这是唯一与 XP 第 1 版相同的原则。

3. XP2 在实践上的变化

XP2 中增加了一些实践，也对 XP 中的一些实践进行了删改，表 2-4 所示。

表 2-4　XP2 中实践的变化

XP 中的实践	XP2 中的实践	XP2 实践描述
(隐含)*	坐在一起(Sit Together)	在足以容纳整个团队的开放式空间中工作。可以在团队空间附近再设置一些个人空间，或者限定工作时间段，来满足团队成员个人的私密性需要
现场客户	统一团队(Whole Team)	
(隐含)	充满信息的工作空间(Informative Workspace)	让工作空间充满与项目相关的信息。任何对项目感兴趣的人走进工作空间，在 15 秒内就能掌握项目的总体状况，如果看得再仔细点，就能获知更多细节(如发现的问题或未来的风险等)
每周 40 小时	充满活力的工作(Energized Work)	
(隐含)	用户故事	客户可看见的功能单位，用于每季度计划和每周计划。一旦故事写成，就要估计其实现所必需的开发工作量
(隐含)	每周一个周期(Weekly Cycle)	一次计划一周的工作。每周开始时开一次会，进行下列工作： (1) 评审截止目前的项目进展，包括上周计划进度和实际进度的匹配情况； (2) 让客户挑选本周要做的用户故事； (3) 将故事分解为任务，项目成员认领任务并估计任务的工作量
小发布	每季度一个周期(Quarterly Cycle)	
(隐含)	缓冲裕量(Slack)	做计划时，要包括一些小任务，一旦进度落后，这些任务可放弃不做。在不信任的环境里，履行承诺非常重要，非常有助于重建关系
(隐含)	十分钟构建(Ten-Minute Build)	在 10 分钟内自动构建整个系统、运行所有测试。耗时超过 10 分钟的构建，运行频率要低很多，从而错过了反馈的机会
测试	先测试式编程(Test-First Programming)	
简单设计	增量式设计(Incremental Design)	

XP 中的实践	XP2 中的实践	XP2 实践描述
(隐含)	真正客户的参与 (Real Customer Involvement)	团队中要吸纳客户中一位生活和工作将受到目标系统影响的人作为成员。更关注注愿景的客户可参加每季度和每周的计划工作。客户参与的目的是将有需求的人和能满足需求的人放在一起，以减少浪费
(隐含)	增量式部署 (Incremental Deployment)	当替换遗留系统时，在项目早期就开始接替老系统的部分工作。找到可立即处理的一小块功能或数据集，完成后部署并替换。当然，得付出一些保险费，需要新旧两个系统并行运行，还要培训用户同时使用两套程序
	团队延续性 (Team Continuity)	保持有效的团队作为整体一起工作。大组织中往往喜欢将人抽象成物品或可插拔的编程单元，但软件价值不仅仅是由人员的技能所创造的，还与人员之间的关系、人员共同的努力有关。不能忽略人际关系和相互信任的价值
	收缩团队 (Shrinking Teams)	当 XP 团队的能力提升后，通过逐步减少团队人数来保持工作负荷(开发速度)不变，释放出来的人可组成新的团队；如果一个团队的剩余人数太少，可与另一个类似情况的团队合并
(隐含)	根本原因分析 (Root-Cause Analysis)	每次发现缺陷后，要消除缺陷，并找出造成缺陷的原因。目的不仅仅是避免这一缺陷再次发生，还要让整个团队不要再犯同类错误
代码共有	共享代码(Shared Code)	
(隐含)	代码和测试(Code and Tests)	只把代码和测试作为项目的永久制品进行维护，通过代码和测试生成其他所需文档
(隐含)	单一代码库 (Single Code Base)	一个项目应当只有一个代码主线，可以创建临时分支，但不要让该分支存在的时间超过几个小时。软件开发中的多代码主线是巨大的浪费源，如果甲在当前部署版本上修正了一个缺陷，则甲还得修改所有已经发布版本的代码以及当前开发分支；如果乙发现甲的修改破坏了乙正在工作的部分，则后续的工作将很复杂
(隐含)	每日部署(Daily Deployment)	每晚将新软件添加到产品中，产品和程序员桌面版本之间无论存在什么差别，都会是一种风险。与部署软件不同步的程序员，作决定时将冒着尚无准确反馈的风险
(隐含)	范围可协商合同 (Negotiated Scope Contract)	软件开发合同中将时间、成本和质量固定，但系统的精确需求范围可协商

续表二

XP 中的实践	XP2 中的实践	XP2 实践描述
	按使用付费(Pay-Per-Use)	XP 开发过程中，传统做法是每当发布一个版本(或按照预定的付款周期)后让客户支付开发费用，没有与发布产品的使用状况(即产品的真实业务价值)挂钩。按使用付费是将发布后系统的使用量与客户向开发商支付的费用关联。不过，Kent Beck 自己在网上讨论时也承认操作起来有很多难处(如客户无法估计支付周期、对其现金流分析造成困难等)
编码标准	(隐含)	
隐喻	(隐含)	
计划游戏	(隐含)	
重构	(隐含)	

注：* 隐含虽然没有作为独立、显式的实践提出来，但实际上也隐含在方法过程或别的实践中了。

另外，XP2 将实践分成了基本实践(Primary Practices)和导出实践(Corollary Practices)两类，如表 2-5 所示。基本实践是可独立使用的，即便单独使用也可带来即时的改进；导出实践只有在掌握了基本实践后才可能容易使用。XP2 不再坚持所有实践都必须同时采用，尽管同时采用的效果具有放大效应[Beck 2004]。

表 2-5　XP2 中实践的分类

基本实践	坐在一起、统一团队、充满信息的工作空间、充满活力的工作、结对编程、用户故事、每周周期、每季度一个周期、缓冲裕量、十分钟构建、持续集成、先测试式编程、增量设计
导出实践	真正客户的参与、增量式部署、团队连续性、收缩团队、根本原因分析、共享代码、代码和测试、单一代码库、每日部署、范围协商合同、按使用付费

2.3　Crystal 方法

Crystal(水晶)方法族是 A.Cockburn 创建的，重点关注人与人的沟通，根据具体需要进行调整配置，并可依据要实现项目的苛刻程度而灵活变化[Cockburn 2002]。"Crystal 的核心哲学是软件开发可以看做发明和沟通的协作游戏，首要目标是交付有用、可工作的软件，次要目标是初始化下一次游戏。这一哲学有两大结论：一是不同的项目需要用不同的方式执行，二是人们所需建模和沟通的量只要足够让其一起将游戏向前推动即可。[Cockburn 2002]"

项目组可先选择一个方法作为起始点，然后根据需要不断调整方法。影响方法选择的因素有三个：沟通负荷(依赖于项目组人员数量)、系统的关键水平和项目的优先级(由投放市场的时间、降低企业成本、法律要求等因素确定)，如图 2-9 所示。图 2-9 中的 X 轴表示项目组的员工数量，Y 轴表示系统的关键水平，Z 轴表示项目优先级。

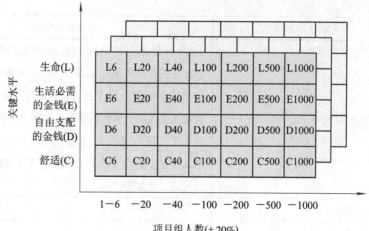

图 2-9　Crystal 方法族[Highsmith 2002]

关键水平表示一旦项目失败，客户将要损失的是什么。Crystal 将关键水平分为四类：

- 舒适度；
- 自由支配的金钱；
- 生活必需的金钱；
- 生命。

第一级的项目失败，客户将损失"舒适度"；而第四级的项目失败，客户可能会有生命损失。自然，第一级的项目可用不太严格的 Crystal 方法，而第四级的项目必须使用非常严格的过程。

对应于不同规模(成员数量)的项目，Crystal 方法有不同的变体。就像水晶具有不同的颜色一样，每种 Crystal 方法也可以用颜色来表示。Crystal 定义了清澈(Clear)、黄色(Yellow)、橙色(Orange)、红色(Red)和蓝色(Blue)等五种颜色，项目组人数越多，就越需要重量级的方法，方法的颜色就越深。换句话说，颜色越浅，方法越敏捷。

清澈 Crystal 设计用于 D6 或以下的小项目(不超过 6 名开发人员)，但加强沟通和测试活动后，也可用于 E8/D10 级别的项目。清澈 Crystal 只能用于处在同一个办公空间的团队。

橙色 Crystal 设计用于中等规模的项目，总人数在 10～40 人之间(D40 级别)，项目历时在 1～2 年。使用了验证—测试过程后，橙色 Crystal 也可用于 E50 级别的项目[Cockburn 2002]。橙色 Crystal 方法将项目团队分成几个跨职能的小组，但同样不支持分布式开发环境。

Crystal 方法族有一些共同的策略标准(Policy Standard)[Abrahamsson 2002]：

- 增量式交付；
- 用基于软件交付和主要决策的里程碑来跟踪项目进度，而不用书写的文档跟踪；
- 直接用户的参与；
- 功能的自动回归测试；
- 每个发布的用户展示与评审；
- 每次增量开始时及过程中的产品和方法调整工作会。

尽管每种 Crystal 过程都共享上述标准，但执行的严格程度取决于具体项目和项目所选取的过程。例如，不太关键的项目建议采用 2 个月作为增量交付时间，而关键项目所使用的严格过程其增量交付时间可延长，但最长不超过 4 个月。一个项目是由多个增量组成的，如图 2-10 所示。Crystal 过程中定义了每个增量所包含的项目开发活动(或称实践)。

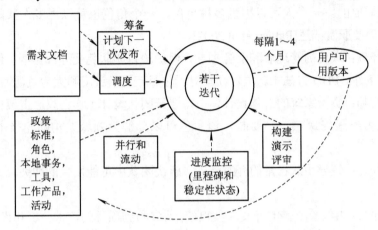

图 2-10　一次橙色 Crystal 增量：敏捷软件开发方法[Abrahamsson 2002]

在一次增量的筹备阶段，开发团队要完成计划和调度，并挑选本次增量中要完成的需求。每个增量可包括若干次迭代，每次迭代周期内要完成构建、演示和评审等活动。迭代受到监控，而团队交付物用来度量迭代的稳定性和项目进展情况。每次迭代中根据项目的关键水平设定 1～3 次用户演示与评审，项目关键水平越高，演示与评审的频度越大。每次迭代结束时进行开发方法调整，根据团队掌握的最新知识和项目变化情况改进过程。除了方法调整会议以外，一次增量的开始和中途还有若干次团队自我改进的反射会议(Reflection Workshop)。

Crystal 方法族具有适应性和敏捷性。适应性体现在针对不同特征的项目提供了不同的过程方案；敏捷性则体现在每个增量结束时能够提交可工作的产品，并且团队利用学到的知识对开发过程进行改变。另外，Crystal 方法通过用户演示与评审来加强客户的参与程度，并基于阶段性产出结果进行后续决策，并不强制遵循在项目早期所制定的计划。

2.4　特性驱动开发方法

特征驱动开发方法(FDD)在敏捷方法中比较独特，因为它并没有完整地覆盖一个软件开发过程，而只强调开发周期中的设计和构建过程。不过 FDD 方法可以与其他软件开发活动一起使用，而且不限定使用哪种特定的过程模型。FDD 之所以被认为是一种敏捷方法，有两个原因：一是因为它按迭代、增量式地构建系统功能特性；二是它接受功能特性列表和项目计划的改变。

2.4.1　FDD 中的角色和职责

FDD 将项目参与者分为 3 类角色：关键角色(Key Role)、支持角色(Supporting Role)和附加角色(Additional Role)。6 个关键角色分别是项目经理、主架构师(Chief Architect)、开发经理、主程序员(Chief Programmer)、类所有者和领域专家;5 个支持角色是发布经理、语言律师/语言权威(Language Lawyer/Language Guru)、构建工程师、工具员(Toolsmith)和系统管理员; 3 个附加角色是测试人员、部署人员和技术文档制作人(Technical Writer),附加角色是所有项目都需要的。一个人可以担当多种角色,一个角色也可以由多人共同担当。下面是每个角色的简要职责描述[Palmer et al 2002]。

(1) 项目经理:项目的管理者和财务领导,保护项目团队免受外部影响,保证团队能够有合适的工作条件。FDD 方法中,项目经理对于项目范围、进度和人力资源有最高话语权。

(2) 主架构师:负责系统的总体设计,主持召开团队设计工作会议。主架构师还负责对所有设计问题做出最终决定。必要时,该角色可以分解为领域架构师和技术架构师两个角色。

(3) 开发经理:领导团队日常的开发活动,解决团队中可能发生的冲突。该角色还负责解决资源问题。

(4) 主程序员:由经验丰富的开发人员担任,要参与到项目的需求分析和设计工作之中,带领小团队完成新特性的分析、设计和开发工作。主程序员还负责从特性集里选择下一迭代要开发的特性,识别类并指派类的所有者,与其他主程序员合作解决技术和资源问题,并向发布经理汇报所负责小团队的每周进度等。

(5) 类所有者:在主程序员的指导下,完成设计、编码、测试和文档撰写工作,并全权负责所分派的类。类所有者组成特性团队(Feature Team),每次迭代中所选取的特性在实现时涉及到哪个类,此类的类所有者就在该迭代中加入特性团队。

(6) 领域专家:可由用户、投资人、业务分析师其中之一承担,也可由多人一起承担。领域专家负责系统的需求,并负责将需求知识传授给开发人员,以保证开发人员能够交付合格的系统。

(7) 领域经理:负责领导所有的领域专家,解决不同领域专家在系统需求方面所存在的观点不一致问题。

(8) 发布经理:查看主程序员提供的进度报告,举办项目进展短会,发布经理来控制过程进度,并负责向项目经理报告项目进度。

(9) 语言律师/语言权威:负责特定的编程语言或技术。该角色对于采用新技术的项目团队尤其重要。

(10) 构建工程师:负责搭建、维护构建环境,运行构建过程。具体工作包括版本控制系统管理和文档发布任务。

(11) 工具员:为项目开发、测试和数据转换团队构造小工具,同时可能负责项目所需的数据库和网站的搭建与维护工作。

(12) 系统管理员:负责配置与管理服务器、工作站网络、开发与测试环境,并处理相关故障。还可能要参与到所开发系统的产品部署工作之中。

(13) 测试人员:负责验证所开发系统是否满足客户需求。可能是一个独立的测试团队,也可能是项目团队中的一部分。

(14) 部署人员：参与新发布的部署，负责现有数据的格式转换。可能是一个独立的部署团队，也可能是项目团队中的一部分。

(15) 技术文档制作人：准备产品所需的用户文档。可能是一个独立的文档团队，也可能是项目团队中的一部分。

2.4.2　FDD 开发过程

FDD 开发方法由五个顺序的过程组成，如图 2-11 所示[Highsmith 2002]。与其他敏捷方法不同，FDD 宣称可以用来开发关键性应用。

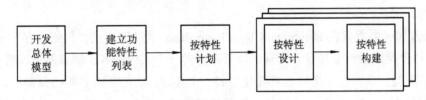

图 2-11　FDD 开发过程

FDD 的五个过程含义如下[Palmer et al 2002]：

1. 开发总体模型(Develop an Overall Model)

本过程开始后，领域专家已经知道待建系统的范围、上下文和需求。此时项目中可能已经存在需求文档(如用例或功能规格说明)，但是 FDD 并不明确定义如何收集和管理需求。领域专家进行一次"演练(Walkthrough)"，将待开发系统的高层描述告知主架构师和团队成员。

领域专家会将总的应用领域分为若干个不同的子领域(或称范围，Domain Area)，并针对每一个子领域进行一次更为详细的演练。每次详细演练后，开发团队一边分小组建立子领域的对象模型、讨论并确定对象模型，一边构建一个系统的总体模型。

2. 建立功能特性列表(Build a Features List)

演练、对象模型和已有的需求文档，为构建完整的待开发系统功能列表提供了很好的基础。在功能特性列表中按照子领域罗列出客户认为有价值的功能，一个个功能分组将构成所谓的系统主特性集(Major Feature Set)。主特性集进而会被划分成特性集，每个特性集表示特定子领域内的不同活动。用户和投资人将对功能特性列表的有效性和完整性进行审核。

3. 按特性计划(Plan by Feature)

项目团队建立一个高层计划，将特性集按照优先级和相互依赖性顺序排列，并指派给主程序员。如果"开发一个总体模型"阶段识别出来了某些类，则要将这些类分派给开发人员(类所有者)个人。项目团队还可能要确定特性集的主要里程碑和时间计划。

4. 按特性设计(Design by Feature)和按特性构建(Build by Feature)

由相关类所有者组成的特性团队，从本次增量特性集中挑选一小组特性并实现。本过程是一种迭代过程。可以由多个特性团队并行开发各自的特性集，每次迭代成功结束后，已经完成的特性将提升到主构建中。

FDD 方法由以下八个实践来定义[Palmer et al 2002]：

(1) 领域对象建模(Domain Object Modeling)。FDD 项目的第一个步骤是为要交付的系统建立一个相当详细的对象模型，尽量将涉众的假设和需求在对象模型中加以表现。这个对象模型不是静态的，随着项目团队了解了更多的细节，纠正了理解上的偏差，或者客户更新了需求，该领域对象模型在一个增量式过程中将不断地演化。

(2) 按特性开发。FDD 中的开发工作是按一个特性接一个特性进行的，而不是按照对象模型中所定义的对象类逐个实现。每个特性都比较小，可以在几个小时或几天内开发完毕，最多不超过 2 周。

(3) 个人拥有类所有权(Individual Class Ownership)。与 XP 中的"代码共有"实践不同，FDD 坚持每个类都由一个开发者拥有，该开发者对一个类的深入了解有助于以最有效的方式来维护这个类。当开发一个特性需要使用到一个类时，类的所有者都必须参与。

(4) 特性团队。在 FDD 中，特性团队是为了实现一个特定的特性而专门成立的团队，一旦特性开发完毕并通过验证，特性团队即告解散。每个特性团队由特性所有者领导，成员包括所有涉及类的所有者。因此，在 FDD 项目中可能存在多个特性团队并行工作，这些团队每天或每周成立或者解散。

(5) 检查。FDD 团队执行严格的检查机制，检查不仅是为了发现缺陷，而且也是为了强化编码标准，保证团队成员对各个类都有深入的了解。

(6) 有规律的构建计划。与其他敏捷方法一样，FDD 鼓励通过经常性的构建将新特性加入到系统基线中，构建的频率通常为每天或每周。

(7) 配置管理。FDD 强调配置管理的重要性，因为在添加各种特性时要进行经常性构建。

(8) 结果的可视性和报告。在各种敏捷方法中，FDD 使用一种独特的跟踪和报告机制，该机制基于特性列表和加权里程碑来计算项目进展指标。加权里程碑包括领域演练、设计、编码和构建，项目组用介于 0 和 1 之间的一个值来估计一个特性中每个里程碑的完成情况(0 表示尚未开始工作，1 表示已经完成)。这样，特性的完成权重为特性中所有四个里程碑完成状况之和(0 到 4 之间)，而项目的进展指标(0 到 4 之间)为项目所有特性完成权重之和除以项目总的特性数量。

2.5　精益软件开发

精益软件开发(LD)的创作者是 Poppendieck 夫妇，他们将起源于丰田汽车公司的精益制造原理应用于软件开发过程之中[Poppendieck et al 2003]。

实际上，LD 并不是一种开发方法，而是软件开发项目可以使用的一系列原则和工具，这些原理和工具可以让软件开发项目更加精益。LD 包括 7 项精益原则，这些原则体现在 22

个精益软件开发工具之中。这 7 项精益原则已经引起了传统产业中制造和研发的革命，精益软件开发则向软件专业人员展示如何利用这些原则，以便软件开发项目能够在软件质量、成本节约、开发速度和业务价值上取得突破。

2.5.1　丰田生产系统与精益生产

1. 丰田生产系统

20 世纪 40 年代后期，日本丰田公司开始生产汽车。二战后的日本经济困难，人们只能买得起便宜的汽车。大批量生产模式可以降低汽车的制造成本，可日本的市场很小，不可能消费成千上万辆同一型号的汽车。丰田公司必须找到一条既能针对小市场进行小批量生产，又能像大批量生产那样降低成本的道路。

面对这个困境，丰田开始从全新的角度来思考制造、物流和新产品研发活动，并逐步形成丰田生产系统(Toyota Production System, TPS)这一新型的生产方式。丰田生产系统的根本思想是精益原则，即消除浪费，并对浪费的概念重新进行了定义："一切不能为客户创造价值的事物都是浪费。"TPS 将库存、多余的工序、过量生产、多余的移动、等待、多余的动作、不良品等定义为制造过程中的 7 种浪费[Shingo 1981]。

与传统的生产方式相比，丰田生产系统有以下不同：

(1) 视库存为浪费。传统的生产方式将适当的库存作为应对供应、设备和需求不确定性的缓冲机制，以保证生产和销售的连续性。丰田生产系统将一切库存都视为浪费：待用的零部件是浪费，制造出的东西没有立即用来满足需求也是浪费。另外，丰田生产系统认为库存掩盖了生产系统中的缺陷，因此，坚持在保证生产的前提下对零库存的追求，通过不断降低库存以消灭库存"浪费"，同时暴露出生产过程中的矛盾并加以改进或解决。

(2) 精简过程控制。在传统大批量生产中，强调高度的专业分工，每个员工的工作内容少而固定，很容易造成员工责任感的缺失和对工作的厌倦，同时也容易造成不同工种工作负荷的不均衡和待工。丰田生产系统认为生产线上的物料位置移动是浪费，员工等待是浪费，多余的加工步骤也是浪费。强调一名员工可以承担几种不同的工作，以平衡工作负荷。

(3) 追求零缺陷。在传统的大批量生产中，为了保持生产连续，要平衡质量检验成本和质量不合格品成本，因此将一定的次品率视作生产中不可避免的结果。产品缺陷当然也是浪费，丰田生产系统认为可以做到让生产者自己来保证产品质量的绝对可靠，同时不破坏生产的连续性。

(4) 对员工的分权与信任。传统的大批量生产往往采用等级严格的职能型组织结构，将人视为附属于特定岗位的"设备"。丰田生产系统则主张进行分权，给一线员工高度的决策权，以横向型(团队式)组织形式进行生产，强调团队内部的协作。

(5) 将研发视为浪费。丰田将浪费的概念推广到产品研发过程中。当一个研发项目开始后，其目标是尽快地完成项目，因为所有研发工作并没有直接给客户带来价值，只有当新研发的汽车从生产线上下线并交付到客户手里，才是有价值的。从某种意义上讲，在研项目就是与车间和仓库里的库存一样的浪费。

2. 精益生产及其特征

美国麻省理工学院(MIT)根据其在"国际汽车项目"研究中，基于对丰田生产系统的研究和总结，于1990年提出了精益生产的制造模式，其核心是追求消灭包括库存在内的一切"浪费"，并围绕此目标开发了一系列具体方法。精益生产作为一种从环境到管理目标都全新的管理思想，并在实践中取得成功，并非简单地应用了一两种新的管理手段，而是一套与企业环境、文化以及管理方法高度融合的管理体系。

精益生产的主要特征为：对外以客户为"上帝"，对内以"人"为中心，在组织结构上以"精简"为手段，在工作方法上采用混合职能团队(Teamwork)和并行工程(Concurrent Engineering)，在供货方式上采用即时供货(Just In Time, JIT)，在最终目标方面追求零缺陷。

(1) 以客户为上帝。产品面向客户，与客户保持密切联系，将客户纳入到产品开发过程中。以多变的产品、尽可能短的交货期来满足客户的需求。产品的适销性，适宜的价格，优良的质量，快的交货速度，优质的服务，是面向客户的基本内容。

(2) 以人为中心。人是一切企业活动的主体，应当以人为中心，大力推行独立自主的小组化团队工作方式。充分发挥一线员工的积极性和创造性，使他们积极为改进产品质量献计献策，使他们真正成为"零缺陷"生产的主力军。

(3) 以精简为手段。在组织结构方面，去掉一切多余的环节和人员。采用柔性制造设备，减少非直接生产工人的数量。另外，采用JIT和看板方式管理物流，大幅度减少库存，甚至实现零库存。

(4) 混合职能团队。企业各部门组成多职能的设计组，对产品开发和生产具有很强的指导和集成能力。混合职能团队全面负责一个产品型号的开发和生产，并根据实际情况调整原有的设计和计划。

(5) 并行工程。在产品的设计开发期间，将概念设计、结构设计、工艺设计、最终需求等结合起来，保证以最快的速度、按要求的质量完成；各项工作由与此相关的项目小组完成，在进程中，小组成员各自安排自身的工作，但可以定期或随时反馈信息，并对出现的问题进行协调解决，同时依靠适当的信息系统工具来协调整个项目的进行；利用现代CIM技术，在产品的研制与开发期间，辅助项目进程的并行化。

(6) JIT工作方式。在合适的时间、合适的地点，将合适的料品交付给合适的对象。这种方式可以保证最小的库存和最少的在制品数量。JIT需要与供应商建立起良好的合作关系，相互信任、相互支持、共享利益。

(7) 零缺陷工作目标。强调质量是生产出来而非检验出来的，由生产中的质量管理来保证最终质量，生产过程中对质量的检验与控制在每一道工序都要进行。重在培养每位员工的质量意识，在每一道工序进行时注意质量的检测与控制，保证质量问题能被及时发现。如果员工在生产过程中发现质量问题，根据情况可以立即停止生产，直至解决问题，从而保证不出现对不合格品的无效加工。

2.5.2　精益软件开发原则和工具

1. 原则 1　消除浪费(Eliminate Waste)

一个已经开发的组件，如果没人用就是浪费；一个开发过程收集了成册的需求文档却没人阅读、被尘封起来，也是浪费；软件开发人员编写不能立即被他人使用的功能特性还是浪费；软件开发中将在制产品从一群人的手中移交到另一群人的手中依然是浪费。理想的软件开发项目状况，是开发团队能够找出客户所期望的东西并完全根据这个期望立即进行开发交付，所有阻碍快速满足客户需要的行为都是浪费。

消除浪费是最根本的精益原则，其他原则都是从这个原则延伸出来的。实现精益软件开发的第一步是能够发现浪费；第二步是挖掘出浪费的最大根源并消灭这些根源；第三步是从剩下的浪费根源中找出最大的根源并消除；第四步是如此循环往复地做下去。一段时间以后，即便那些一开始被视作不可或缺的浪费活动，也将逐步地被消除。

精益软件开发用"看到浪费(Seeing Waste)"和"价值流映射(Value Stream Mapping, VSM)"两种工具来体现"消除浪费"这项原则。

[工具 1]　看到浪费

丰田生产系统认为是浪费的活动，在软件开发过程中也以不同的形式存在着。表 2-6 列出了精益生产中的七种浪费在软件开发领域的映射结果。

表 2-6　七种浪费在软件开发领域的映射

精益生产中的浪费	软件开发中的映射	描　　述
库存	部分完成的工作	部分完成的工作有被废弃的可能，而且会影响其他需要完成的开发工作。但最大的问题是无法知道部分完成的工作最终能否可用，成堆的需求和设计文档、大段甚至已经通过单元测试的代码，这些东西没有被集成到整个工作环境之前，的确无法知道将会出现什么问题以及最终能否解决业务问题 部分完成的工作占用了开发资源，可以视作一种投资。如果这部分工作结果以后根本没有被加入到产品中，这一大笔投资就得作为失败的投资而一笔勾销。因此部分完成的工作会带来巨大的财务风险，减少部分完成的工作既能降低风险又能减少浪费
多余的工序	文档工作	文档工作消耗资源、延长响应时间、隐藏了质量问题，文档还会老化和作废。没人在意和阅读的文档不会增值，即便这些文档是按照某个开发过程或者开发合同的要求所必须交付的 检验一个文档是否有价值，可以看是否有人在等着使用它。如果不得不书写能够给客户带来些许价值的文档，也请记住三条规则：尽量短小，保持高层次性，提供线下文档

续表一

精益生产中的浪费	软件开发中的映射	描　　述
过量生产	多余的功能特性	很多开发人员认为，在系统中添加一些额外的、"或许有时会用到"的功能特性似乎是个好主意，至少是没有坏处的。但事实恰恰相反，这是严重的浪费。系统中的每一行代码都必须在整个系统的生命周期内得到维护，这都会增加系统的复杂性，成为一个潜在的失败点。如果代码不是当前就能用上的，要忍住添加它的欲望 　　据 Standish Group 对现有软件系统的抽样调查、统计与分析后在 XP2002 会议上公布的结果[Fowler 2002]，平均一个系统中"总是"被使用的功能特性占 7%，"经常"被使用的占 13%，即总共只有 20% 的功能常常有人用到。其余 80% 的特性中，"有时"用到的占 16%，"极少"用到的占 19%，而"永不会"用到的高达 45%
多余的移动	任务切换	软件开发人员在不同的任务之间切换时，要花费大量的时间才能将思想重新聚焦到新的工作中。将同一个人同时分派到多个项目，将会导致更多的任务切换和中断，因此是一种浪费。假设有两个项目，每个项目都需要一个人做 2 周。如果依次启动这两个项目，则分别在 2 周和 4 周后完成。如果同时启动这两个项目呢？首先，2 周后没有任何项目能完成；其次，这两个项目也不能在 4 周后都完成，或许需近 5 周的时间[Goldratt 1997]
等待	等待信息或等待事件发生	项目启动延迟，人员到位时间延迟，需求文档过于精细所造成的延迟，等待评审和批准造成的延迟，测试和交付的延迟等，都是很大的浪费。延迟会让客户不能尽快地通过可运行系统实现其价值 　　敏捷中的"延迟决策"是指在不得不做出决策的最后时刻，再根据当时的情况进行决策，从而能够最大限度地利用已知的、真实的信息。这里的延迟与上述的延迟概念不同，恰恰只有在决策后能够快速实现的前提下，才可能真正做到延迟决策
多余的动作	多余的动作	当开发人员遇到问题时，能否得到周围的人的帮助解决技术问题？能否立刻找到客户或客户代表解答业务问题？如果答案是"否"，开发人员就需要中断自己的开发工作，花很多时间去寻找答案，这样就会造成很大的浪费 　　软件开发中的各种工件会在不同职能岗位的人员之间转移，如分析师将需求移交给设计师，设计师将设计文档移交给程序员，程序员将代码移交给测试人员等。每次移交都会产生浪费，因为文档没有包含，也不能包含接受者所需的全部信息，很多知识都保留在创作者的脑海里，并没有移交给工件的接受者。这些工件转移活动也是巨大的浪费

续表二

精益生产中的浪费	软件开发中的映射	描　　　述
不良品	缺陷	缺陷所造成的浪费体现在两个方面：缺陷的影响以及在缺陷被发现之前所流逝的时间。即使是关键缺陷，如果在 3 分钟内便被捕获，也不会造成很大的浪费；而很小的缺陷如果几周时间内都没有被发现，也可能会造成很大的浪费。降低因缺陷造成损失的办法是尽量早发现，如采取立即测试、经常集成、尽快发布到产品中等措施

[工具 2]　价值流映射(VSM)

价值流是一个产品生产过程中所经历的全部活动的集合，包括增值活动和非增值活动。整个生产过程开始于原材料，结束于客户[Rother et al 1999]。这些活动考察整个供应链中的信息流和物流，VSM 的最终目的是识别价值流中的各种浪费，并采取行动消除这些浪费。

软件开发过程分析中，也可以用 VSM 来发现其中的浪费。当客户的要求达到时，我们可以用流程图跟踪其后续响应过程中的全部活动，直至该要求被满足(完成)。然后在图的下方画一条时间轴，并在轴上标出每一个活动的完成时间和前期等待时间，最后可统计出增值活动所花费的总时间、非增值活动所花费的总时间以及总的等待时间。

图 2-12 是一个示例，反映了一个传统软件开发项目的价值流映射[Poppendieck et al 2003]。从该图中可以看出，此项目在一年之内得以发布，但其中只有 1/3 的时间(即总共 17.5 周多一点的工作时间)花在增值活动中。管理团队每 12 周对项目进行一次评审，所以一个客户请求平均要等待 6 周时间才能获得评审通过，纳入项目开发计划。然后该请求要竞争资源，体现在图中的分析、设计、编码和测试活动之前都有等待时间。客户签收十分缓慢，平均要花一两个月时间，其原因可能是客户觉得这项工作有高风险，一旦签收，就再无影响团队实现客户所需的机会了。设计评审要花 3 周准备时间，而由于开发人员正在另外的项目中，评审后又要花上 3 周才能开始编码。测试时间较短，说明项目后期出现的问题不多。但测试完成后项目团队花了几乎 6 周时间才部署完毕。

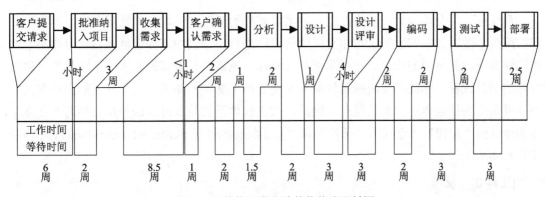

图 2-12　传统开发方法的价值流影射图

假设实施上个项目的组织决定向敏捷方法转型，项目团队在分析了当前的价值流映射图之后，准备进行如下改进：

(1) 审批过程加快。管理团队同意每周碰面一次，对新的客户要求做出是否接受的决定。

(2) 重点处理能够立即满足的客户要求。管理团队确定将快速响应客户的要求作为团队的首要工作，因此只批准能够立即处理的客户要求，而其他客户要求要么通过增加项目人手来满足，要么通过分包来满足。

(3) 加强项目人员的可用性管理。项目一经批准，早期设计团队在 1 周内就要能够到位，所有项目在 3 周内就要指定全职的分析师和开发人员。

(4) 将设计评审作为设计阶段内的活动。这样就可以减少设计评审所造成的延迟。

(5) 部署计划提前进行。利用增量式开发方法，进行经常性的部署。

经过上述改进以后，开发过程的价值流映射图如图 2-13 所示[Poppendieck et al 2003]，可以看出客户请求从提出到部署上线的周期从 1 年降低到 17 周左右，而且花在增值活动上的时间所占比例大幅度提高到 83% 左右(14.2 周/17 周)。

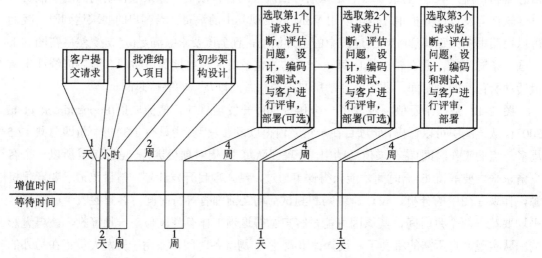

图 2-13　精益软件开发方法的价值流影射图

2. 原则 2　加强学习(Amplify Learning)

开发是一种发现活动，而生产是一种消除差异的活动。开发就像发明菜谱，而生产就像按照菜谱做菜。菜谱发明工作由有经验的厨师进行，他们知道如何能够做出可口菜肴，也能够充分调配可用的作料。不过即便是大厨师，也需要反复试做几次，不断调整，通过持续的学习过程，才能开发出味道鲜美而又便于按单烹制的菜谱。软件开发的团队很大，要开发出来的结果也远比菜谱复杂，因此，改进软件开发的最好方法是加强学习。加强学习的原则由"反馈"、"迭代"、"同步"和"基于集合的开发(Set-based Development)"四种工具来体现。

[工具 3]　反馈

学习型软件开发过程，实际上就是通过不断比较和反馈，在直接客户的业务需求、开发人员的设计意图和产品系统的实际能力这三者之间实现完全匹配，如图 2-14 所示。

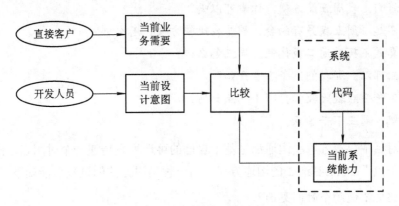

图 2-14　学习型软件开发过程示意

所谓直接客户(Immediate Customer)，是指那些急于使用软件开发结果的人。开发人员必须找到直接客户，并为这些客户提供经常性的反馈通道。当开发过程中出现问题时，首先确认反馈通道有效，即要让每个开发人员都知道谁是其直接客户，然后要在出现问题的领域提高反馈频率。

[工具 4]　迭代

从软件工程思想领袖的建议、大量大型项目的成功经验，到标准委员会的推荐，都说明只有增量式迭代开发方法才能成功[Larman et al 2003]。迭代开发的简单规则如下：

- 业务人员指定优先级。由业务人员确定哪些特性应当优先发布到市场，同时遵循"可发布到市场的特性最少化(Minimum Marketable Features，MMF)"的原则，即为了尽快将产品推向市场，只做推向市场所必备的特性，从而早日获取现金收入，实现项目的盈利。
- 开发团队确定工作量，选择和承诺迭代目标。
- 使用短时间盒。开发团队需采用短而固定的迭代周期。当团队无法在预定的迭代周期内完成所计划的功能特性时，要放弃一些功能特性，以满足迭代截止日期，而不是延长迭代时间。
- 按承诺发布。开发团队要完成每个迭代的承诺，逐步建立自信心。
- 创造业务价值。每次迭代结束时，所有产品代码要处于可发布状态。

[工具 5]　同步

如果项目中有多个团队参与，通常用功能特性来进行分工。这样做的问题之一，是不同的特性有可能需要使用一段共同的程序代码。传统的整合方法是让每个模块只有一个开发人员负责，但大多数敏捷方法建议团队共同拥有代码的所有权，此时就需要进行代码同步工作。

[工具 6]　基于集合的开发

假设你要和客户约定一次会面的时间，有两种沟通方法。第一种方法的进程可能如下：

你：我们能不能约个时间见面？

客户：好啊。我周五最方便，你看可以吗？

你：对不起，周五我另有约会。周二我比较方便，怎么样？

客户：真是不巧，周二我休假。周三怎么样？

你：周三可以。那我们下午 3 点开始？

客户：下午 3 点我比较忙。下午 5 点如何？

你：好吧。周三下午 5 点。

上面的对话中，双方每次沟通都是基于自己的可选方案传递一个时间点，信息量较低，称之为"基于点"(Point-Based)的沟通方式。另一种沟通方法的进程可能如下：

你：我们能不能约个时间见面？

客户：好啊。我周一、周二休假，周三到周五都可以。每天我上午 9 点到 11 点和下午 2 点到 4 点期间事务比较多。

你：那么下周三下午 5 点我们会面，如何？

客户：好的。

这次客户第一次就给你传达了一个时间集合(实际上是客户的约束条件)，这样你就很容易获知一个可用时间的交集，从而快速达成协议。这种方式叫做"基于集合"的沟通方式。所谓基于集合的开发，就是指在软件开发过程中进行沟通时，不要基于各自的选择，而要基于各自的约束条件，从而用少量的数据携带大量的信息。

3. 原则 3　尽量晚做决定(Decide As Late As Possible)

市场经济中面对不确定性的时候，如果未来还很遥远，难以预测，大多数投资者会避免过早做出决定、将自己捆绑在某一种选择上。延迟决策很有价值，因为决策将会基于更多的事实，而不仅仅基于早期的预测。在一个不断进化的、复杂的软件系统中，保持设计选择的开放性比过早承诺更有价值，关键是要在系统中构建一种在未来能够变化的能力。这个原则由"选择性思考(Options Thinking)"、"最后负责时刻(The Last Responsible Moment)"和"做出决策(Making Decisions)"这三种工具来支持。

[工具 7]　选择性思考

即保持可选择性开放，等到获得了更多的信息之后再做出决策。传统软件开发方法倾向于在项目早期就做出详细决策，如固化客户需求、指定技术框架等。这种方法期望软件架构在整个软件的生命周期内稳定，结果是软件系统随着时间的推移日益脆弱。现实情况是技术和业务环境都处在快速变化的过程中，因此软件也会相应地变化。据统计，有 60%～70% 的软件开发工作量是在软件产品首次发布之后进行的。

敏捷开发过程可以认为是一种创造更多可选项的过程，决策被延迟到对客户的需求有更清晰的理解、技术设计经历了更多的成熟时间的时候。敏捷方法也进行计划，但是计划的目的是为了保留更多的选择，加强系统响应变化的灵活性。更多的选择让项目团队能够在学习的基础上进行基于事实的决策。

[工具 8]　最后负责时刻

最后负责时刻，指如果此时再不决策，将失去决策选择权，而项目只能按照一种默认的、往往不是最好的方式继续下去。延迟决策的思想就是任何决策都最好能够推迟到最后负责时刻进行，这样可以获取更多的数据、事实和信息来辅助决策。下面是一些在最后负责时刻进行决策的方法：

(1) 共享部分完成的设计信息。不要等设计全部完成后再行公布，好的设计也是不断发现和探索的结果，需要多次重复地试验。

(2) 养成吸收变化的意识，封装变化。通过利用一些类似面向对象中的常用技术，将可能的相关变化封装在一起。另外要了解领域知识。

(3) 避免多余的功能特性。在不能确定是否需要某个特性之前，延迟加入该特性。额外的特性会增加系统复杂度，降低系统适应变化的灵活性。

(4) 发展快速响应的能力。响应速度越慢，需要的响应时间就越长，决策提前期就越长，即决策就不得不更早做出。

(5) 提高何时需要决策的判断力。像可用性设计、系统分层和组件包等这类架构概念适合于在项目早期确定，而具体的组件和代码实现适合于后期确定。必须对何时需要做出何种决策有敏锐的感知。

[工具 9]　做出决策

决策必须建立在精益原则之上，并优先按照经验积累所形成的直觉进行决策。另外，精益方法强调分权。为了保持自底向上的决策快速、有效，必须制定一些简单的规则，便于每个项目成员都能做出一致的决策。表 2-7 中列出了判断一段代码是否支持延迟决策的简单规则。

表 2-7　编码延迟决策的简单规则

简单规则	描　　　述
封装变化	• 将可能一起发生变化的代码封装到同一个模块中 • 了解领域知识
避免重复	• 不要做重复的工作 • 同一逻辑写一次，且只写一次 • 永远不要拷贝/粘贴
分离关注点	• 一个模块应当只有一个职责 • 一个模块应当只有一个可引起变化的原因
延迟实现	• 不为未来需求写代码 • 维护和代码变更的成本很大

4. 原则 4　尽快发布(Deliver As Fast As Possible)

快速软件开发具有很多优势。没有速度，就不能延迟决策；没有速度，也不能获取可靠的反馈。设计、实现、反馈和改进构成了软件开发中探索与发现的周期，这个周期的长短对于项目团队学习的影响至关重要，周期越短，能学到的东西就越多。快速开发能够让客户获得当前所需，而不是很久以前所需的功能，同时也能让客户见到更多的结果后再进行决策。最重要的一条是，快速开发能够让开发过程价值流中增值活动的比例提高，符合精益思想中消除浪费这一根本原则。尽快发布的原则由"拉式机制(Pull Systems)"、"排队论(Queuing Theory)"和"延迟的成本(Cost of Delay)"三种工具支撑。

[工具 10]　拉式机制

最成功的传统企业是那些能够快速、可靠、可重复响应客户需求的企业，成功的软件项目也应当能够快速、可靠、可重复地将客户要求转换到部署的软件产品中，转换速度的快慢能够度量项目开发组织的能力。能够快速响应客户需求的传统企业中，所有的计划与执行都要由客户的需求"拉动"，而不是基于对客户需求的预测来制定计划并用计划"推动"企业的生产。要提高将客户要求转换到软件产品中的速度，需要遵循以下原则：

(1) 用客户的需求拉动开发过程，不要用开发计划推动开发过程；

(2) 用可视化工作空间和自组织团队，使开发工作实现自我导引；

(3) 依赖于本地的项目状况和团队成员的承诺来实现过程控制，如看板(用户故事墙)、每日 Scrum 会议等；

(4) 一小块一小块地开发，限定在制品的数量。

[工具 11]　排队论

软件开发过程中，往往有很多待实现的需求、待测试的代码等。按照精益思想，所有等待都是一种浪费。排队论有助于减少这类浪费。为了减少排队等待时间，可采取如下办法：

(1) 稳定新任务的到达速度，如采用固定周期的迭代开发；

(2) 稳定的服务速度，如功能特性编码结束后立即进行测试；

(3) 小的工作包，如完成每个功能特性后都立即进行集成；

(4) 增加队列的缓冲区长度，如增加迭代计划中的缓冲量以及降低人员利用率，不能将开发团队的工作负荷设定为高达 90%；

(5) 消除瓶颈，如团队成员要掌握多种技能，当某种工作成为瓶颈后每个人都能顶上去。

[工具 12]　延迟的成本

系统延迟交付的成本，不仅仅包含延迟期间的开发费用，还要考虑到机会成本，即如果按时交付系统，则在延迟期间原本可以赚得的运营利润。假设一个项目每天的开发成本为 5000 美元，如果按时交付系统，则每个月可以为企业赚取 21 万美元。如果该项目延迟 10 天交付，则延迟的成本为

$$5000 \times 10 + \frac{210\,000}{30} \times 10 = 120\,000(美元)$$

5. 原则 5　向团队授权(Empower The Team)

顶尖的执行力来自对细节的正确把握，而没有人比实际完成工作的人更了解工作的细节了。敏捷团队能够了解项目的技术细节，如果具备了必要的专业知识并有一个领导人引导，他们能够做出比其他任何人都要好的技术决策。由于决策要延迟而执行速度又要快，如果采用集中式决策则绝无可能，因此精益软件开发将技术决策权下放到开发团队。本原则由"自我决定(Self-determination)"、"动机(Motivation)"、"领导力(Leadership)"和"专业知识(Expertise)"四种工具来体现。

[工具 13]　自我决定

传统开发方法中，由项目经理或者专门的过程改进小组来负责项目执行过程的改进。很多组织的过程改进程序都遭遇失败，不论是采用 CMM、ISO9000、全面质量管理(TQM)、6-西格玛，还是精益生产。

通用电气公司(GE)发明了一种制度，让中层管理者和在生产第一线的、最了解工作细节的工人一起开会，认真倾听工人们提出的各种改进建议并确定是否接受。一旦接受，则经理们要确保这些建议确实得到执行。软件开发也是如此，一线开发人员最清楚在工作中哪些东西会妨碍开发工作的顺利进行，因此开发团队成员是改进开发过程、消除浪费的最佳人选。

[工具 14]　动机

大量的证据表明，人们极其关心做事的目标，需要归属感和安全感，并能够感受到自己对工作的胜任以及工作所取得的进展。我们的根本动机来自于我们所做的工作、对自己的工作技能以及自己能够给客户提供帮助的自豪感。

- 目标。明确的目标可以让工作充满激情、让我们全神贯注。有很多办法可以帮助团队获得并保持明确的目标：从一个清晰的、吸引人的目标开始；确保目标是可达到的；让团队直接接触客户；让团队自己做出承诺；经理的职能转变成为团队提供支持和解决资源冲突；让对目标心存疑虑者远离团队，有一大堆理由认为目标不可能达到的人是团队固守目标的最大敌人。

- 归属感。成功的团队中，每个人都清楚地知道团队的目标，为目标的达成做出自己的承诺。团队成员间相互尊重、坦诚相待。成功与失败都由团队这个整体来承担，团队内部成员之间是紧密合作而不是相互竞争。如果在团队内搞竞争和对比，则一部分成员会是赢家，而其他人则会学会保护自己，这对团队是一种伤害。

- 安全感。人不可能不犯错误，尤其是当团队成员被赋予高度的自主决策权后。这要求组织对团队及其成员要有很大的宽容，允许他们在按照自己的方式完成工作时犯错误。他们只要具有足够的专业技能和良好的学习态度，就会慢慢消除错误的影响，从错误中学习到很多东西。

- 工作胜任感。人要相信自己能够做好工作，并希望能够加入到一项自己认为能成功的工作中。成为成功团队的一员会让人倍感鼓舞，而如果认为团队失败的命运不可避免，则会让人斗志全无。人的工作胜任感来自所掌握的知识和技能，来自他人的积极性反馈以及完成了极其困难的挑战，领导者要信任和授权团队成员，并提供必要的引导和资源使其走向成功。

- 工作进展感。即便是充满动力的团队，如果感受不到自己已经完成了一些工作，也无法长期积极地工作。感受到工作进展对于团队来说是一种肯定和动力，采用迭代式开发就是让团队能反复地感知工作正在获得进展。每当团队工作达到重要的阶段性目标后，都要进行庆祝，以便强化工作进展感。

[工具 15]　领导力

软件开发项目的成功，既需要项目管理技能，也需要技术管理技能。而项目经理的受教育背景往往使其缺乏足够的技术管理技能。另外，自组织、分权的软件开发团队中，项目经理的角色需要从管理者向领导人转变。1990 年，J.P.Kotter 撰文对经理和领导人进行了比较，如表 2-8 所示[Kotter 1990]。

表 2-8　经理和领导人的比较

经理-应对复杂性	领导人-应对变化
计划和预算	设定方向
组织和人员配置	协同成员
跟踪和控制	提升成员动机

敏捷软件开发中的项目经理要承担的是领导人的角色，而不是传统软件开发过程中的经理角色。

[工具 16]　专业知识

软件开发需要多种技能与知识，既要有不同专业的技术技能(如数据库、界面、嵌入式代码、中间件等)，又要有业务领域的知识。开发组织为了获得竞争优势，必须在组织内部形成掌握专业知识的群体，具备竞争对手不可比拟的技能和知识。

为了培养掌握专业知识的群体，传统的软件开发企业往往采取按职能组成部门的方式，每个部门对应一种组织所需的核心专业能力。由部门负责招聘和培训员工，建立标准规范并发展超越竞争对手的专业技能与知识。当需要完成一个增值项目时，由各职能部门提供员工，由项目领导人领导。这种组织结构是一种矩阵式结构，对于员工来说处于多头(职能部门领导人和项目领导人)领导之下，难以协调。实际上，还是有很多成功的企业采用矩阵式结构，这得益于两类经理能够以协作的方式看待各自的职责：职能经理将自己视作导师，招聘、辅导本部门员工按照既定标准发展特定的专业技能；项目团队领导人视自己为导演，组建团队，明细团队目标，让团队自组织地进行工作，注重激发每个个体的工作动机。

6. 原则 6　内建产品完整性(Build Integrity In)

产品完整性表示产品从整体上符合客户的预期，包括感知完整性(Perceived Integrity,

或称外部完整性)和概念完整性(Conceptual Integrity，或称内部完整性)两个方面。感知完整性指产品在功能、可用性、可靠性和经济性等方面达到平衡并让客户满意；概念完整性指系统的不同核心概念能够组成一个可平稳工作的整体。感知完整性可用市场份额来粗略地度量，而概念完整性是创造感知完整性的关键因素。软件产品还需要另一种完整性——必须维持软件产品的长期有用，客户通常期望软件能够逐步进化、适应未来。具有高度完整性的软件产品往往有明晰的架构、较高的可用性和目标符合度、可维护性、适应性和可扩展性。研究表明，产品完整性来自睿智的领导、相关的专业知识、有效的沟通和健全的纪律。本原则由"感知完整性"、"概念完整性"、"重构"和"测试"等四种工具支撑。

[工具 17]　感知完整性

从客户角度所看到或感知到的产品完整性，由日常的大多是低层的开发决策所形成。那些能够持久获得感知完整性的开发组织，都使用各种办法让技术人员在进行详细设计决策时要时刻顾及客户价值。如日本的汽车制造厂中会设置一名总工，总工明了一款车的目标客户群对车的希望和愿景。在生产过程中，该总工要花大量的时间在生产线上与工程师交谈，让他们在进行权衡和折中决策时能够知道客户的关注点。

传统软件开发方法中的分阶段开发方法在项目早期基本上没有考虑产品的感知完整性，原因是客户和开发人员之间没有多少信息可相互交流。下面的办法有助于建立感知完整性：

(1) 较小的系统要由单一团队开发，团队能够立即接洽可判断产品完整性的客户方代表。团队应当使用短迭代，并将迭代开发结果展示给看到系统就能够判断其完整性的客户群体，以便获取有助于提高产品完整性的反馈。

(2) 客户测试能够提供客户和开发人员的沟通良机。

(3) 复杂系统要用客户能够理解的、程序员不经细化就可使用的语言和若干模型来表示。

(4) 大型系统需要有一个主开发人员，充当类似于日本汽车制造厂的总工角色。此主开发人员要能够深入理解客户需要并具备很强的技术能力，其作用是在团队成员设计时进行协调，让设计人员深谙客户的兴趣和利益所在。

[工具 18]　概念完整性

概念完整性体现在不同的组件从逻辑上讲能够相互匹配并能很好地协同工作，系统体系架构在灵活性、可维护性、效率和响应性能方面达到有效平衡，即系统概念完整性是由有效的软件系统体系架构提供的。如一台复杂的机器，由成百上千名工程师进行了成千上万次细节技术决策和折中后制作出的数百种零部件组装而成。获得概念完整性的关键，是当需要决策时工程师之间沟通机制的有效性。

软件开发中，能否通过有效的沟通机制将项目团队变成一个统一的整体，是影响软件产品概念有效性的关键因素。图 2-15 描述了哪些因素会对软件产品团队的整体性造成影响。

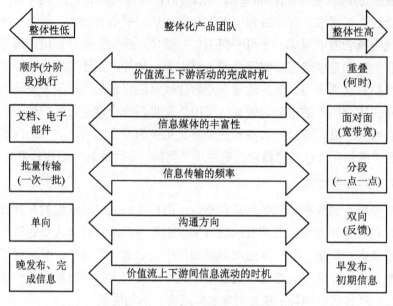

图 2-15　软件产品团队的整体性

[工具 19]　重构

在本书第 32 页"XP 的实践"部分已经介绍过重构的概念。重构对软件系统的完整性有着重要意义，可以保持体系架构的健康。重构使软件系统的体系架构在客户不断提出新功能特性需求的情况下，仍然可以持续、健康地扩展，从而使系统的概念完整性得以长期保持。

另外，重构的原则与一个概念完整性良好的系统之特点相吻合：简单、清晰、适合预定的用途、没有重复、没有额外的功能特性等。一旦系统开始失去这些特点，则说明到了该进行重构的时候了。

[工具 20]　测试

软件开发中，测试用于确保系统所做与客户所想是一致的、设计意图与代码执行结果是一致的，从而保证产品的完整性。前一种情况可称做客户测试，而后一种情况可称做开发人员测试。这两类测试都应当贯穿于项目开发的全过程，而不是仅仅局限在特定的开发阶段。

软件开发过程中，测试承担着多种中枢作用。首先，测试用例可以明白无误地沟通系统应当完成什么业务工作及如何完成；其次，测试可以提供反馈，让开发人员了解系统是否如预期那样工作；再次，测试给开发人员搭建了一个脚手架，使他们能够随时对系统进行修改，因此是诸如"最后负责时刻"、"基于集合的开发"、"重构"等工具行之有效的基础和前提。

7. 原则 7　着眼于整体(See The Whole)

复杂软件系统的开发需要各种不同领域的专业知识，而每个领域的专家有一种自然的倾向，即在系统中追求自己那部分性能的最优化而往往忽略了整个系统的最优化。如果员工的工作绩效考核基于每个人对目标系统的贡献大小来衡量，则每个人追求个人工作内容的局部最优化的趋势会更加明显。另一方面，如果两个组织通过合约来相互约束，则每个组织都自然地想让自己的绩效最大化，此时要想获得整体最优，则其难度会呈指数增长。"着眼于整体"原则就是要解决这些过度追求局部最优的问题，由"度量"和"合约"两种工具支持。

[工具 21]　度量

传统软件开发方法中，度量是按照自顶向下、基于分解的方式进行的，如果要度量开发过程中的活动和产物，通常采用如下方法：

(1) 将开发过程抽象成顺序的阶段，使每个阶段都进行标准化，然后度量过程执行的绩效。

(2) 创建详细的系统规格说明或开发计划，然后依据过程执行情况与计划的差异来度量绩效，发现偏差。

(3) 任务分解。将大的任务分解成若干小任务，然后基于每个小任务进行度量。

这些方法都将度量的焦点放在一个阶段或小任务，同时将度量的结果与个人绩效挂钩，如从发现的每一个缺陷跟踪到是谁引入了这个缺陷，并作为考核相关程序员的依据。为了让度量的结果更好，人们容易追求局部最优，同时对于合作的积极性不高。

精益开发方法不但对高层聚合后的整体数据进行度量，而且度量结果不作为个体的绩效考核数据。如跟踪一个功能特性或者一次迭代中发现的全部缺陷，而不是某个特定的缺陷。由于这些缺陷可能出自不同的开发人员之手，所以跟踪结果自然不能作为单个开发人员的绩效考核数据。聚合度量可以将工作重点从问责转变为寻找产生差错的根本原因，然后整个团队齐心协力加以改正，因此鼓励不同的个体进行合作。

[工具 22]　合约

两个经济实体进行合作时，其利益主体不同是造成合作困难的主要原因。每个实体都希望追求自身利益的最大化，同时知道对方的目的也是如此。为了限制对方因追求利益而可能对自己的利益造成损害，双方往往都要签署一个合约。

有证据表明，如果两个存在供求关系的经济实体可以紧密协作，集成到一个管理系统进行管理，则成本可以降低至少 25%，甚至常常可降低 30% 以上。因此，精益和敏捷软件开发方法都强调与客户的高度合作。在各种各样的合约类型中，项目范围开放的合约[Beck et al 1999]更有利于双方的协作，例如以下这几种合约：

(1) 按时间付费合约。采用并行开发方式，高优先级的特性首先开发和投入运行。每个迭代的交付代码都集成到最终系统中，因此，客户可以很容易地通过限制最终产品的范围来控制成本。

(2) 多阶段合约。项目签署一个主合约，然后每次迭代的执行都使用单独的工作订单，工作订单中约定迭代的工作范围和其他条款。多阶段合约也要求并行开发、高优先级特性先完成、迭代代码的集成。

(3) 目标成本合约。从双方选派一线工作人员，给定一个目标成本，让一线工作人员解决一个特定的问题。一线工作人员可自由限定项目范围，在给定目标成本内得出解决方案。

(4) 收益共享合约。如果计划将开发成果投入市场，获取利润，双方可签署风险共担、收益共享的合约，这样为了获取共同利益，双方会依据市场需要调整项目工作内容。

2.6　适应性软件开发

J.Highsmith 发明的适应性软件开发(ASD)并没有定义任何与过程相关的细节，如里程碑、方法和交付物，都不是 ASD 所讨论的特别元素。ASD 将重点放在如何利用起源于复杂适应系统(如混沌理论)的一些思想来提供开发适应性系统的基础，可以作为敏捷和适应性开发过程的起点。

ASD 的核心是一种假设，即假定软件开发的输出是不可预测的，因此，制定计划是一种悖论，在快速变化和不可预测的商业环境中不可能进行成功的计划[Highsmith 1997]。[Highsmith 2002]将 ASD 定义为一个复杂适应性系统，由代理(Agent，即团队成员和项目涉众)、环境(过程、组织、技术)和结果输出(软件产品)构成。

ASD用动态的适应性生命周期模型代替了静态的进化式生命周期模型，如图 2-16 所示。

图 2-16　进化式生命周期模型与适应性生命周期模型

(1) 推断(Speculation)。给团队以探索的空间，弄清楚不能确定的事情，同时不要惧怕偏离计划。这并不是说计划没有用处，只是计划过于脆弱。使用推断的团队知道复杂问题具有不确定性，承认自己并不是对任何事情都很清楚，鼓励探索和试验。

(2) 协作(Collaboration)。复杂应用不是一次性构造而成的，而是逐步演化而成的。开发复杂应用需要搜集海量信息并加以分析和应用，远不是任何一个人所能完成的，团队成员的协作技能极为重要。

(3) 学习(Learning)。承认自己是可能犯错误的，学习是走向成功的关键环节。我们必须不断地测试自己的知识，采用诸如项目回顾等有助于学习的实践。

ASD 的适应性生命周期覆盖了五个步骤，如图 2-17 所示[Koch 2005]。每个项目在开始时执行一次"项目初始化(Project Initiation)"步骤；每个项目在结束时执行一次"最后回答问题和发布(Final Q/A & Release)"步骤；中间的三个步骤——"制定适应性周期计划(Adaptive Cycle Planning)"、"功能特性并行开发(Concurrent Feature Development)"、"质量审查(Quality Review)"——构成了学习循环或适应性循环[Koch 2005]。

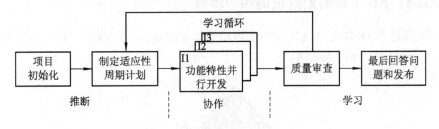

图 2-17　ASD 项目生命周期及步骤

ASD 项目生命周期具有六个基本特征：

(1) 聚焦于使命。尽管项目开始时需求可能比较模糊，但项目的指导性总体使命的描述必须牢固而清晰。每个适应性开发周期都必须是成功地朝着项目的使命前进。如果没有清晰而牢固的项目使命，则不断进行的迭代将变成毫无目标的振荡。

(2) 基于特性。ASD 关注获取结果，而不关注完成任务。结果由应用系统的特性来标识，因此 ASD 关注特性的构建。

(3) 迭代式。经历多次学习循环被 ASD 视为成功的关键，许多特性在被客户接受之前可能已经演化了许多次迭代。

(4) 固定时限。将迭代和项目的交付时限固定，开发团队为了满足这个固定的时限，在每次迭代中可能会多开发一些功能，也可能会少开发一些功能。固定时限实际上关注的不是时间，而是强迫项目团队要集中精力，不断做出艰苦的折中决策。在快速变化的不确定性环境中，必须阶段性地完成系统功能并交付。

(5) 风险驱动。ASD 项目先关注最高风险的需求，用全部三个组件(推断、协作和学习)来降低风险。就像[Boehm 1988]中所介绍的螺旋开发模型一样，ASD 的每次迭代计划也由风险分析驱动。

(6) 容纳变化。ASD 设计用来在每个周期中容纳变化，不将变化视作问题，而将变化视作 ASD 体现竞争优势的机会。Highsmith 将 ASD 称为"面向变化的生命周期"[Highsmith 2002]。

2.7　动态系统开发方法

动态系统开发方法(DSDM)是一种基于快速应用开发(Rapid Application Development, RAD)的开发方法框架。20 世纪 90 年代 DSDM 在英国出现，2007 年升级为通用的敏捷项目交付框架。这个方法将项目划分为三大阶段：项目前(Pre-project)、项目生命周期(Project Life-cycle)和项目后(Post-project)。项目前阶段识别备选项目、确认项目资金、确保项目立项；项目生命周期阶段完成信息系统构建所经过的各种步骤；项目后阶段确保信息系统有效运行，包括按照 DSDM 原则来进行系统维护、功能增强、修改缺陷等工作。

2.7.1　DSDM 项目生命周期阶段的四个步骤

图 2-18 描述了 DSDM 项目生命周期阶段的步骤(Step)，该过程由四个步骤构成，被形象地称为"3 块比萨饼和 1 块奶酪"。

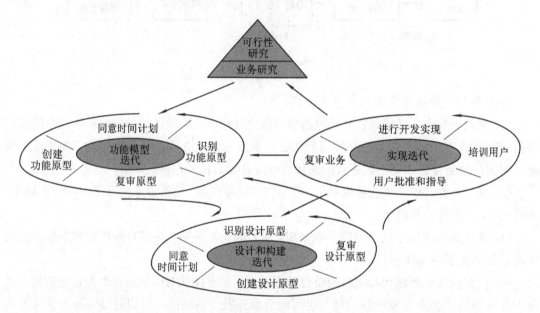

图 2-18　DSDM 项目生命周期阶段的过程图[Stapleton 1997]

1. 可行性研究步骤

在可行性研究步骤中，通过各种讨论会来确定项目是否可行，如项目是否适合使用 DSDM、最大的风险是什么等，交付物是可行性研究报告和可行性原型。

业务研究步骤是可行性研究步骤的延伸，分析将受到影响的业务流程、将要涉及的用户组及其需要和希望，主要的工作方式还是讨论会。工作成果将形成需求列表，列表中的需求已经排定优先级。项目组按照需求优先级来制定项目开发计划，作为整个项目过程的指导。项目计划采用固定时间盒，以确保按期交付。

2. 功能模型迭代步骤

将上一个步骤识别出来的需求转化成功能模型和功能原型，然后由不同的用户组对所开发的原型进行评审。为了保证质量，测试工作贯穿整个阶段。此阶段还会根据工作结果更新需求列表。

3. 设计和构建迭代步骤

这一步骤的关注重点，是集成前一步骤开发的功能组件，同时处理非功能性需求。这一步骤可以进一步划分为识别设计原型、批准时间计划、创建设计原型和设计原型评审四个子步骤，交付物包括设计原型和用户文档。

4. 实现迭代步骤

这一步骤实现并交付给用户一个经过测试的系统，培训最终用户，评估系统上线对业务的影响(如是否满足项目开始时所设定的业务目标等)。

2.7.2　DSDM 的原则

DSDM 建立在以下原则的基础上[Stapleton 1997][Stapleton 2003]：

(1) 积极的用户参与十分必要。与其他敏捷方法类似，DSDM 也要求目标用户在所有迭代开发期间都参与到开发工作之中，以便于项目团队获取来自客户的观点和看法。

(2) 必须授权 DSDM 开发团队做出决策。因为团队与目标用户一起工作，开发团队必须有权利进行日常的决策工作，尤其是在开发产品时。当然，一些特定的工作如成本控制，则依然由经理来决定。

(3) 经常性交付产品。与其他敏捷方法不同，DSDM 不要求每次迭代结束时都能有可发布的工作产品，但每次迭代末要能够让产品获得具体的进步，有一定的工件产出，即能够切实看到项目在前进。

(4) 适用于业务目标是交付物的根本性验收准则。与预先设计方法相反，DSDM 在顺应变化的业务场景来调整交付物方面很有效。

(5) 迭代式、增量式开发是达成准确的业务解决方案的必备条件。迭代和增量式开发对用户来说是最好的方法，用户使用此方法能够验证团队正在做的事情，调整和更新自己所需要的功能。

(6) 所有开发期间的变更都是可逆的。因为 DSDM 方法允许使用"试验-出错"开发方式，发布的产品版本必须可回退，开发团队可采用新的方法重新进行开发。

(7) 需求基线要处于高抽象层级。DSDM 方法认识到系统需要一个总体的、高层次的目标定义，细节层次的需求留待项目组和用户在开发过程中再行讨论和确定。

(8) 测试被集成到整个开发生命周期之中。与其他敏捷方法相似，每一项任务完成后都要测试，每一个步骤都有大量的质量保证活动，从而保证项目的进展是获得验证的。

(9) 在所有项目涉众间采用一种合作和协作的方法至关重要。为了获得项目的成功，DSDM 原则必须被所有项目涉众所接受，因为在 DSDM 方法中这些涉众要扮演合作者和协作者的角色。

2.8　敏捷统一过程

敏捷统一过程(AUP)[Ambler 2005a]是由 S.W.Ambler 开发的、IBM Rational 统一过程(RUP)的一个简化版本，采用与 RUP 兼容的一些敏捷技术和概念来开发业务应用软件。AUP

所使用的敏捷技术包括测试驱动开发(TDD)、敏捷模型驱动开发(Agile Model Driven Development, AMDD)、敏捷变更管理和数据库重构等。

图 2-19 描述了 AUP 的生命周期。与 RUP 一样，AUP 的生命周期总体上是由初启阶段(Inception)、精化阶段(Elaboration)、构造阶段(Construction)和移交阶段(Transition)四个连续的阶段组成(图中横轴)，而各种规程(Discipline，图中纵轴)是按照迭代的方式实施的，随着时间的推移交付多个增量发布。图中的 I1 表示初启阶段的第 1 次迭代；E1 表示精化阶段的第 1 次迭代；C1、C2、…、Cn 表示构建阶段的第 1、2、…、n 次迭代；T1、T2 表示移交阶段的第 1 和第 2 次迭代。

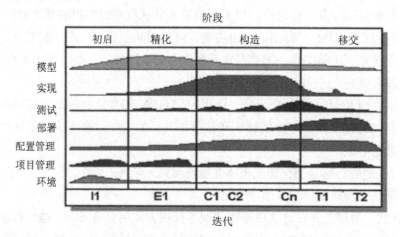

图 2-19　敏捷统一过程(AUP)生命周期[Ambler 2005a]

2.8.1　AUP 的四个总体阶段

1. 初启阶段

本阶段的目标是识别项目的初始范围和目标系统的潜在体系架构，并获得项目启动经费和项目涉众对项目目标的首肯。初启阶段的主要活动包括：

(1) 定义项目范围。在较高层次上定义系统应当做什么，不应当做什么，建立项目团队的工作边界。往往用高层功能特性列表和(或)用例列表来表示。

(2) 估计成本和时间计划。在较高层次上估计项目的成本和时间进度。估计结果一般会用于后续各个阶段中的每次迭代，而在精化阶段中的早期迭代会再进行一些专门的估计。这个活动并不是要固定整个项目的计划，此时的计划对于近期的工作估计精度较高，对于远期的工作估计精度较低，远期工作的计划随着时间的推移将逐步细化。

(3) 定义风险。此时第一次定义项目的风险，AUP 中风险管理十分重要。定义的风险是一个动态列表，随着风险不断地被识别、消除、避免、物化和处理，风险列表也在不断变化。风险驱动着项目的管理，而高优先级的风险将比低优先级的风险在更早的迭代中处理。

(4) 确定项目可行性。项目必须在技术上、操作上和业务上具有合理性。换句话说，项目团队必须有能力构建系统，系统部署后必须有人能够运营它，运营该系统必须有经济价值。没有可行性的项目应当终止。

(5) 准备项目环境。项目环境包括项目团队的工作空间、所需的人力资源、项目近期所需要的软硬件资源、项目未来所需要的软硬件清单等。

项目要想跨过初启阶段，团队项目就必须通过生命周期目标(Life Cycle Objectives, LCO)这一里程碑。LCO 的主要内容是团队是否充分理解了项目的工作范围，项目涉众是否愿意资助本项目。如果团队通过 LCO 里程碑，则项目进入精化阶段，否则，项目必须重新制定目标或被取消。

2. 精化阶段

精化阶段的主要目标是验证待开发系统的架构，确保团队能够实际开发出满足需求的系统。最好的办法是构建一个端到端的系统骨架(称做"架构原型")，这个"原型"不是抛弃型原型，而是高质量的可工作软件，已经实现了一些高技术风险的用例，并能够证明系统在技术上可行。

要注意，在这个阶段系统需求尚未完全确定，需求的详细程度仅够理解架构风险，团队仅对需求范围有所了解，能够进行后续开发计划的制定。这一阶段识别架构风险并对风险排定优先级，但只处理重要的风险。对风险的处理可能采取几种不同的方式：深入研究其他类似系统，建立独立的测试套件，建立可工作的原型等。

这个阶段中，开发团队还要为后续的构造阶段做准备。当团队把握系统架构后，即可购买软硬件和工具并开始搭建构造环境。从项目管理的角度来说，所有的项目成员都要到位，沟通和协作计划也要最终确定(对于分布在不同地方的团队来说尤为重要)。

项目要越过精化阶段，团队必须通过生命周期架构(Life Cycle Architecture, LCA)里程碑。LCA 里程碑的主要内容，是看团队是否展示出了一个端到端、可工作的原型系统，以判断团队是否有能力构建最终系统，同时项目涉众是否准备继续资助项目。如果团队通过 LCA 里程碑，则项目进入构造阶段，否则，项目必须重新制定目标或被取消。

3. 构造阶段

构造阶段的焦点是开发系统并达到可进行产品发布前(Pre-production)测试的程度。前一阶段中需求已经识别，系统架构基线已经建立，这一阶段的工作重点转移到理解需求和排定需求优先级、对解决方案进行集中建模(建模风暴，Model Storming)、编码和软件测试。如果需要，也可以在内部或外部部署系统的早期发布版本，获取用户的反馈。

项目要越过构造阶段，团队必须通过初始操作能力(Initial Operational Capability，IOC)里程碑。IOC 里程碑的主要内容，是看系统的当前版本是否已经可以移到产品发布前进行环境测试、系统测试和验收测试。如果团队通过 IOC 里程碑，则项目进入构建阶段，否则，项目必须重新制定目标或被取消。

4. 移交阶段

移交阶段的重点是将系统部署到产品环境。这一阶段可能要进行广泛的产品测试(包括β测试)。产品的改错和调优也在这个阶段进行。

移交阶段所需的时间和工作量随项目的不同而不同。打包软件产品需要产品和文档的制作与分发工作;内部系统部署起来一般要比外部系统简单一些;高可视化系统可能需要在小用户群内进行大量的β测试以后才能向大众发布;全新的系统可能需要采购和安装硬件,而既有系统的升级往往需要数据转换(迁移)和与现有用户群体的沟通协调。每个系统都有所不同。

项目要越过移交阶段,团队必须通过产品发布(Product Release,PR)里程碑。PR 里程碑的主要内容是看系统能否安全、有效地部署到生产环境。如果团队不能通过 PR 里程碑,则项目必须重新制定目标或被取消。

2.8.2 AUP 规程及在各阶段的工作

规程定义了开发团队成员进行构建、验证和交付工作软件以满足项目涉众需要的活动,这些活动以迭代的方式反复进行。与 RUP 不同,AUP 只定义了七个规程,而且与 RUP 的规程有差别。AUP 中的模型规程涵盖了 RUP 的业务建模、需求、分析与设计三个规程,尽管模型仍然是很重要的 AUP 规程,但不再像在 RUP 中那样主导开发进程。项目团队要保持敏捷,只创建够用、够好的模型与文档。另外,AUP 中的配置管理规程代替了 RUP 中的配置与变更管理规程,敏捷开发中变更管理活动往往是需求管理活动的一部分,在 AUP 中隶属于模型规程范畴。

1. AUP 的七个规程

- 模型。理解组织的业务、项目所涉及的问题域并识别出一个可行的解决方案。
- 实现。将模型转换成可执行代码,并进行基本的测试(尤其是单元测试)。
- 测试。为保证产品质量而进行客观评估,包括发现缺陷、验证系统按照所设计方式工作、确认需求得到了满足。
- 部署。制定系统的交付计划,执行交付计划,让最终用户能够访问系统。
- 配置管理。管理对项目工件的访问,不仅包括跟踪不同的工件版本,还包括控制和管理版本变更。
- 项目管理。指导项目中所发生的所有活动,包括管理风险、指导项目成员(如分配任务、跟踪进度等)、协调项目范围之外的人员和系统,确保目标系统能够在预算内准时交付。
- 环境。对所有其他工作提供支持,如保证合适的过程、标准与指导、工具(软硬件等)在团队需要的时候能到位。

2. AUP 规程在各阶段内的主要活动

AUP 的七个规程在四个不同项目阶段内的主要活动如表 2-9 所示。

表 2-9　AUP 规程在各阶段内的主要活动

	初启阶段	精化阶段	构造阶段	移交阶段
模型	(1) 初始、高层需求建模 (2) 初始、高层架构建模	(1) 识别技术风险 (2) 架构建模 (3) 建立用户界面原型	(1) 分析建模风暴 (2) 设计建模风暴 (3) 撰写关键设计决策文档	(1) 建模风暴 (2) 确定最终系统总体文档
实现	(1) 建立技术原型 (2) 建立用户界面原型	证明系统架构	(1) 先进行测试 (2) 持续构建 (3) 演化领域逻辑 (4) 演化用户界面 (5) 演化数据模型 (6) 开发与既有软件的接口(针对软件升级) (7) 书写数据转换脚本(针对软件升级)	修复缺陷
测试	(1) 制定初始测试计划 (2) 复审初始项目管理工作产品 (3) 复审初始模型	(1) 验证系统架构 (2) 演进测试模型	(1) 测试产出的软件 (2) 演化测试模型	(1) 验证系统 (2) 验证文档 (3) 确定最终测试模型
部署	(1) 识别潜在的发布时间窗口 (2) 开始制定高层部署计划	更新部署计划	(1) 开发系统的安装/卸载脚本 (2) 撰写发布说明 (3) 撰写初始文档 (4) 更新发布计划 (5) 将系统部署到产品发布前的环境	(1) 确定最终部署程序包 (2) 确定最终文档 (3) 发表部署申明 (4) 培训人员 (5) 将系统部署到产品环境中
配置管理	(1) 建立配置管理环境 (2) 将所有工作产品置于配置管理控制之下	将所有工作产品置于配置管理控制之下		
项目管理	(1) 开始组建团队 (2) 与项目涉众建立关系 (3) 确定项目的可行性 (4) 为整个项目开发高层时间计划 (5) 为下一个迭代制定详细的迭代计划 (6) 管理风险 (7) 获得项目涉众的支持与资金 (8) 关闭初启阶段	(1) 组建团队 (2) 保护团队 (3) 获取支援 (4) 管理风险 (5) 更新项目计划 (6) 关闭精化阶段	(1) 管理团队 (2) 管理风险 (3) 更新项目计划 (4) 关闭构造阶段	(1) 管理团队 (2) 关闭移交阶段 (3) 启动下一个项目周期
环境	(1) 建立工作环境 (2) 识别项目类别	(1) 改进工作环境 (2) 裁剪过程资料	(1) 为团队提供支持 (2) 改进工作环境 (3) 建立培训环境	(1) 建立系统运营和(或)支持环境 (2) 项目组成员卸载不再需要的软件，并将软件许可归还公司

2.8.3 增量式发布

AUP 采用多次产品发布的方式，通常在每次迭代结束时交付一个开发版本。所谓开发版本，就是一个可进行产品发布前测试的版本，一旦通过产品发布前的质量保证、测试和部署流程，该版本就具备可发布到生产环境的能力。不过出于业务方面的考虑，生产环境并不会正式发布每一个开发版本，如图 2-20 所示。AUP 相应地将迭代区分为开发发布迭代及产品发布迭代这两种迭代，前一种迭代会将系统部署到质量保证和(或)产品演示环境，而后一种迭代会将系统部署到产品环境。这种迭代的区分是对 RUP 的重要改进。

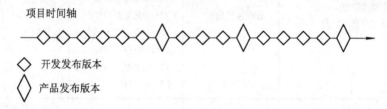

图 2-20 AUP 的增量式发布

由于要准备大量的基础设施，加上团队在成立之初尚未协调成具有高度凝聚力的整体，所以第一个产品的发布往往需要较长的时间，而后续的产品发布时间间隔会短一些。

2.8.4 AUP 的原则

- 项目团队知道他们在干什么。团队成员不会去阅读详细的开发过程文档，但他们不时地会需要一些高层的指导和培训。AUP 产品提供了许多详细信息，但仅供参考，并不强迫照搬。
- 简单性。任何事情都用寥寥数页文档就能精确描述，而不需要成百上千页。
- 敏捷性。AUP 符合敏捷联盟所提倡的价值观与原则。
- 聚焦于高价值活动。项目团队将注意力放在真正有价值的活动上，而不是放在项目中可能发生的每一件事情上。
- 工具无关性。采用 AUP 时可以使用任何工具集，推荐采用适合于项目所需的简单工具。
- 根据自身需要裁剪 AUP。AUP 很容易裁剪，用任何 HTML 编辑工具都行，不需要购买特殊工具，也不需要参加专门的课程学习。

2.9 各种敏捷方法的简单总结

表 2-10 中，列出了前面几节中所介绍的各种方法的出现时期、概要描述、关键属性和显著特点。从全球最新的敏捷项目调查结果来看，使用最多的方法是 Scrum，其次是 XP，再次是综合使用 Scrum 和 XP。而从趋势上看，综合使用 Scrum 和 XP 的项目所占比例上升

得比较快，本书作者所参加过的项目基本上也都是采用这种方法。

表 2-10　各种敏捷方法的简单总结

方法	出现时期	概 要 描 述	关键属性	显著特点
Scrum	20 世纪 90 年代早期	用经验式过程控制来专门处理无法预先计划的项目管理，反馈循环是核心元素。软件由自组织团队增量式开发，始于计划，终于评审会议。产品负责人确定每个迭代中要完成的特性，团队成员每天通过站立会议同步工作状态。由专门的 ScrumMaster 负责消除阻碍团队有效工作的因素	• 每次迭代30天开发过程 (Sprint) • 每天 15 分钟项目组全体会议 (每日 Scrum 会议)	Sprint 评审会议——向客户展示 Sprint 开发成果，为下一次迭代打好基础
XP	20 世纪 90 年代后期	注重最佳开发实践。XP 第一版定义了十二个实践：计划游戏、小发布、隐喻、简单设计、测试、重构、结对编程、代码共有、持续集成、每周 40 小时、现场客户、编码标准；XP2 将实践分为基本实践(坐在一起、统一团队、充满信息的工作空间、充满活力的工作、结对编程、用户故事、每周一个周期、每季度一个周期、缓冲裕量、十分钟构建、持续集成、先测试式编程、增量设计)和导出实践(真正客户的参与、增量式部署、团队连续性、收缩团队、根本原因分析、共享代码、代码和测试、单一代码库、每日部署、范围协商合同、按使用付费)	• 结对编程 • 小发布 • 现场客户 • 重构——为改进响应能力而对软件持续进行再设计	建议所有项目成员在同一间没有隔断的房间内工作
FDD	1997—1998	结合了模型驱动开发和敏捷开发，强调初始对象模型。将工作按照功能特性分割，以迭代方式设计、开发各个特性	• 建立特性列表,按特性进行计划、设计和构建 • 团队关注结果、遵循简单和最小的过程	注重预先设计和计划
DSDM	20 世纪 90 年代早期到中期	将项目划分为三个大的阶段：项目前、项目生命周期和项目后。背后有九项原则：用户参与、向项目团队授权、频繁交付、满足当前业务需要、迭代和增量式开发、允许变化回滚、项目早期确定高层项目范围、全生命周期进行测试、充足而有效的沟通	• 频繁交付产品 • 迭代和增量开发,集中于准确的业务解决方案	不仅适用于软件开发，而且也适用于所有系统开发

方法	出现时期	概 要 描 述	关键属性	显著特点
ASD	20 世纪 90 年代中期	认为在快速变化和不可预测的商业环境中要用适应性生命周期模型替代基于计划的进化式生命周期模型	• 适应性生命周期：推断、协作、学习 • 使命驱动、基于组件、迭代式、风险驱动、容忍变化	时间盒概念：每个周期都在预定的时间区间内完成
Crystal	20 世纪 90 年代后期	适用于不同大小的项目团队和不同项目关键水平的方法族，最敏捷(颜色最淡)的方法适合于小团队、非关键项目，强调团队的沟通	• 1~4 个月的增量周期 • 通过反射会议进行自适应	关注人、社区、沟通，过程是次要的
LD	21 世纪早期	将精益生产(特别是丰田生产系统)的原理应用于软件开发，由七项原则组成：消除浪费、加强学习、尽量晚做决定、尽快发布、向团队授权、内建产品完整性、着眼于整体	• 消除浪费 • 快速创造客户可见价值 • 只建造必要的功能	宁要今天 80% 的解决方案，不要明天 100% 的解决方案
AUP	21 世纪早期	基于 IBM RUP 过程的敏捷版本，如 RUP 一样采取四个顺序的阶段(初启、精化、构造、移交)来定义整个项目周期，每个阶段中可以有多次迭代。另外定义了贯穿于整个项目周期中的七种规程(模型、实现、测试、部署、配置管理、项目管理、环境)，每个阶段、每次迭代中，这些规程都或多或少需要进行一些活动，不过这些规程的活动在整个项目生命周期中的强度并不均衡	• 定义项目阶段 • 强调建模 • AUP 可裁剪	区分开发发布版本和产品发布版本

　　本书中的后续章节所介绍的敏捷项目管理实践与开发实践，以作者所参与过的敏捷项目为基础，并根据作者的理解与体会融合了一些其他的敏捷实践。敏捷与其说是一种方法或者方法族，不如说是一种指导思想、文化和价值观。为了表示强调和作为提醒，我们重申第 1 章所说的"价值观就是敏捷宣言，而指导原则就是敏捷宣言背后的十二条原则"。就像任何一个敏捷方法中的实践一样，本书中的所有实践只是被许多人所采用过的、事实证明有效的实践，采用这些实践并不表示就是在使用敏捷软件开发方法，反之亦然。是否采用了敏捷方法，根本的判据在于是否遵从敏捷软件开发的价值观，所采取的行动是否符合敏捷软件开发的指导原则。

第 3 章　敏捷项目交付模型

3.1　敏捷软件交付模型

敏捷软件项目的生命周期，大体上分为项目规划、项目启动、迭代开发与发布三个阶段，其中迭代开发与发布阶段又可分为迭代开发、用户验收测试(User Acceptance Test，UAT)和发布三个小阶段，如图 3-1 所示。

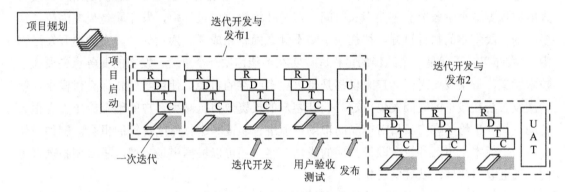

图 3-1　敏捷软件交付模型

各个阶段都有期望达成的不同目标：

(1) 项目规划阶段。类似于传统开发过程中的项目可行性论证和早期需求收集阶段，主要的目的是要在客户的关键涉众之间，就即将开发的软件系统要达成的战略目标、业务愿景和初始项目需求(功能范围和非功能性需求)等达成共识，并在此基础上进行关键技术架构设计与决策、项目工作量与成本估计、项目的初始发布计划制定等工作。客户根据此阶段的结果，决定是否继续进行项目实施。

(2) 项目启动阶段。当项目启动后、进入正式开发前，要准备项目所需的各种资源，如项目团队组建、开发过程中要用到的软件工具和环境准备、硬件设施准备、开发场地布置等。对于关键的、架构级别的技术风险，也可在此阶段进行 Spike。另外，为了使此后的迭代开发阶段能够进行，往往第 1 次迭代的详细需求分析工作也在这个阶段开始进行。

(3) 迭代开发与发布阶段。根据目标系统的正式发布版本将这一阶段分成多次重复的过程，而每次过程基本上就是一次目标系统的增量在开发环境中实现，并从开发环境到生产环境的迁移。

① 迭代开发。每次迭代是一个固定时间盒(固定时间周期)的、在开发环境和内部测试

环境上完成系统增量开发的过程，增值流程大体上由需求分析活动(图 3-1 中的"R")、设计实现活动(图 3-1 中的"D")、集成测试活动(图 3-1 中的"T")和客户测试(Customer Test)活动(图 3-1 中的"C")组成，辅助流程主要是项目管理活动。每次迭代后都是将本次迭代的开发结果(系统功能增量)集成到一个可运行的系统之中，虽然这个系统版本还停留在开发和集成测试环境内，但已经处于准可发布状态。这种一点一点地、增量式交付成品的办法，就像日本寿司(Sushi)的做法，所以敏捷软件交付模型又被形象地称为"寿司交付"。

② 用户验收测试。在重要的、正式发布版本迁移到生产系统之前，客户往往会进行集中式的用户验收测试，根据项目不同，用户验收测试阶段可能会历时 1～3 个开发迭代周期的时长。此阶段的意义在于：一是让更多的客户代表从系统最终运营的角度进行测试；二是对最终用户进行系统使用和升级培训；三是从项目发布计划与管理的角度看，这也是一种发布缓冲(Slack)，给项目团队按期完成发布留些余地。

③ 发布。在传统软件开发过程中，发布往往是一个混乱，甚至令人恐惧的阶段，没有人能够预测这个阶段究竟需要多长时间。但是在敏捷交付过程中，发布就是反复演练了很多次的一段脚本的执行过程，往往在不知不觉之间就完成了。换句话说，在敏捷开发过程中，"发布"几乎就是一个纯粹的里程碑，实在不能称做一个阶段。发布的业务意义要大于技术意义，每个发布对于客户来说都是带来更多收益的机会。使用敏捷软件交付模型，第一次发布会在较早的时间发生，这对提升客户的投资效益、减少客户的现金流压力有很大帮助，另外也给了客户早日对产品的市场价值进行验证和进行后续决策的机会。例如，如果第一个版本上市后并没有取得预期的成功，客户还可以根据市场反馈，早日调整项目走向，甚至取消项目，以减少浪费。

本章的后续章节将介绍敏捷软件交付过程中的每个阶段，以及每个阶段需要进行的项目开发与管理工作。一些项目的管理实践将在下一章详细介绍。

3.2　项目规划

3.2.1　本阶段工作概述

客户企业需要开发一个信息系统时，往往有很多不同层次、不同岗位、不同专业的涉众，如有企业高层管理人员、中层业务管理人员、最终系统用户，还有企业 IT 部门的人员，更有系统开发方不同角色的人员等。他们每个人对于要构建的系统的目标和愿景都有自己不同的理解，如果不能在项目早期就此达成共识，很可能会造成所交付系统只能满足部分涉众的期望，因此不同涉众之间的沟通至关重要。但是，因为他们的工作领域不同，使用的工作语言不同，所以沟通起来非常困难。为了统一不同涉众对目标和愿景的理解，达成共识，并用这个共识的目标和愿景全程指导后续的项目实施工作，系统开发方可在客户现场主导，并与客户紧密合作来进行这部分工作。

　　项目规划阶段大体上可采取如下几个步骤,要注意这些步骤不是严格的顺序化步骤,很多工作可能都是同时由不同角色的团队成员在做,并在团队内部不断地进行沟通和同步、演进式地得出最终的阶段成果。

　　(1) 工作启动。系统开发方和客户组建混合工作团队,举行项目规划工作启动会议,使团队内就项目规划要达成的目的和工作方法达成共识。工作团队的规模和组成往往视项目不同而有所差别,但一般参与的角色如表 3-1 所示。

表 3-1　项目规划阶段工作团队的典型组成和职责分工

来　源	角　色	主　要　职　责	参与强度
系统开发方	开发方项目经理及协调人	负责整个阶段的工作流程、团队成员和各种工作活动的协调	全程
	资深需求分析人员/质量分析(QA[1])人员	组织需求挖掘活动、描述业务模型、与客户方沟通需求,制作原型验证需求,保证需求的可验证性	全程
	资深技术人员	配合需求分析人员挖掘非功能性需求,描述目标系统关键技术框架,进行必要的技术 Spike	全程
	客户经理/主管	维护与客户的关系,为工作团队提供支持	启动会议、成果展示
客户方	客户方项目经理	协调客户方资源	全程
	IT 或开发人员	配合系统开发方技术人员工作	全程
	最终用户代表	描述与沟通需求,确认人机交互原型	全程
	业务领域专家	澄清业务规则、回答业务问题	启动会议、成果展示、必要的讨论会
	高层决策者(项目投资人)	审核工作成果、进行项目决策(如指标权衡滑块)	启动会议、成果展示、必要的讨论会
	更多最终用户	协助描述业务流程与需求、评审原型	必要的讨论会

---

[1]: 英文缩写为 QA。传统软件开发过程中其含义为 Quality Assurance,即质量保证,但在敏捷过程中质量是全生命周期都需要考虑的问题,必须在项目开始就将质量工作嵌入开发过程,因此这里的 QA 表示 Quality Analysis 即质量分析。

(2) 统一不同涉众的目标和愿景。这一工作往往需要经过多次的循环往复，可以采取类似于 Scrum 的方式，每日进行站立会议，同步团队工作进度，每周或定期进行成果展示。基本的工作内容和顺序如下：

　① 确定系统的主要角色对目标系统的愿景；

　② 确定当前(As-is)业务流程模型和痛苦点；

　③ 确定解决痛苦点的办法和目标(To-be)业务流程模型，并制作低保真度(Lo-fi)人机交互模型来验证目标业务流程模型。

(3) 确定项目初始范围。根据(2)中所确定的目标系统业务流程模型和系统原型，确定系统的初始功能性需求和非功能性需求(Non-functional Requirement，NFR)，评估需求的工作量和优先级。初始功能性需求用初始用户故事列表(Master Story List, MSL)描述。

(4) 制定不同目标的权衡滑块。客户方高层决策者做出不同项目目标的权衡滑块(Trade-off Sliders)[Rasmusson 2006]，以便今后在项目必须做出折中和取舍时有所依据。传统的项目管理中要控制项目的成本、进度、范围和质量。[Poppendieck et al 2003]中指出："敏捷方法告诉我们，客户不能要求所有软件开发变量(成本、进度、范围、质量)都达到指定的标准，如果时间进度和成本变量固定的话，工作的范围或者范围的定义必须只能在高抽象层面确定，具体的功能特性内容应当可以协商……"。另外项目的关键涉众或投资人还希望目标系统能够满足一些非功能性需求(如性能、与其他系统的可集成性等)，在项目规划阶段可以创建一个包含了所有项目涉众认为可能是高优先级的控制因素(注意不能包括质量)和项目目标，然后和客户一起讨论确定当这些目标不能同时被满足时如何权衡和折中。图 3-2是一个权衡滑块的例子，一般只能有两三个控制项的滑块处于"最高"处。如果项目的这些目标都是最高优先级，不可妥协，则"这是一个项目尚未开始就已经死亡的征兆"[Duong 2008]。

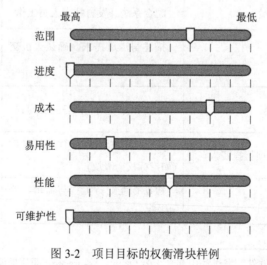

图 3-2　项目目标的权衡滑块样例

(5) 制定初始发布计划。根据项目的初始范围、项目性质、客户对时间进度的总体期望以及系统开发方的资源状况，推荐一个开发团队成员结构，根据项目情况确定迭代周期的长度，选取开发团队的程序员代表进行团队开发速度估计。然后根据初始用户故事列表、故事的大小估计和优先级、团队开发速度估计，可以制定出初步的项目发布计划。

(6) 项目规划阶段成果展示。整个项目规划阶段的核心是达成共识，不论是在系统开发方与客户之间，还是在客户的不同涉众之间。经过广泛沟通与合作后所完成的结果，必须经过成果展示活动加以强化。在这个展示会上，客户的高层决策者(项目投资人)和关键涉众必须到场，工作团队要仔细介绍所完成的工件，听取并记录涉众的反馈。

整个项目规划阶段工作的历时，与项目的复杂度、工作团队交付成果的颗粒度和保真度等有很大关系，一般来说大约需要 2～4 周。很小的项目有 1 周完成的(本书作者曾经参加过一次历时 3 天的、算是成功的 Mini 项目规划阶段)，也有个别项目长达 6 周。一般情况下要本着"够用就好"的原则控制项目规划的目标、工作范围与成果的颗粒度及保真度，不宜过早进行本该在后续项目阶段进行的工作。本书作者曾经参加过一次比 6 周还长的项目规划阶段，不是因为项目太复杂，主要原因分析起来可能有两个：一是没有很好遵守"够用就好"的原则，工作保真度过高，原型都按照最终产品标准制作；二是团队组成和工作环境上的问题，如项目投资人的不可获得性(投资人与工作团队不在一起，沟通上的问题较多)，以及业务领域专家的全球分布性(工作团队中的业务领域专家，其观点有时不能代表全球的业务领域专家的共识)。

3.2.2　统一不同涉众的目标和愿景

1. 确定系统的主要角色及其愿景

MSF 是一种敏捷软件过程，反映了微软所使用的一些实践，其中使用了 Persona[2] (角色)的概念[Miller 2005]。Persona 具有如下一些特征：

- 描述了一组典型用户。
- 是这个典型用户组的"代理"——表征该用户组的一个虚构的个体人物。
- 具有照片、姓名、性别、年龄、受教育程度、职务、性格特征、工作职责、计算机水平、对目标系统的使用模式(如频率、操作习惯等)、所代表用户组的总人数、主要痛苦点、对系统的愿景等属性。
- 后续讨论的所有业务场景都必须同某个或某几个 Persona 相关联。
- 与用例(Use Case)分析中的"角色(Role)"概念不同，如用例中的角色"会计"可能既代表了新手，也代表了资深的注册会计师，而创建 Persona 时可能会创建两个——分别代表新会计和富有经验的会计，因为他们的个人属性不同，对于目标系统的期望很可能也不同。

目标系统要为最终所有用户所用，为了不遗漏可能的用户，一般可召开一个工作会，由客户方成员用头脑风暴法列出所有可能的 Persona，然后通过讨论进行归并、调整，甚至

---

[2]：为了和我们惯用的角色(Role)相区别，本书中直接使用 Persona 原文。

分拆 Persona，形成最终的 Persona 列表。图 3-3 就是我们在进行某企业的 ERP(企业资源计划)系统开发过程中所创建的一个 Persona。

Daniel，男，38岁，硕士研究生毕业，MacroMeter电子仪表设备厂的销售经理，熟悉计算机和互联网操作。与 Daniel 职责类似的职员全国共有60人左右。

使用时机：客户询价。当Daniel接到客户的购买意向后，他会向客户询问所要的产品规格、购买数量、交货日期，然后询问库房主管和生产计划员在指定的交换日期前能否满足客户的需要，若能够满足，则再向专门负责成本核算与控制的会计询问该产品的生产或采购成本，然后确定给客户的报价。

发生频率：每个月平均接受120次客户询价。

主要痛苦点：尽管库房主管和生产计划员告诉Daniel订单可以满足，但仍然有30%左右的订单延期交货，客户很不满意并扬言不再与MacroMeter合作。

对系统的愿景：客户询价时，系统能够根据生产能力、生产安排、物料配套、订单调整等数据准确地判断客户订单是否可满足，并可根据材料和产能情况进行模拟报价，在保障利润的情况下尽量压低价格，抢得客户。

图 3-3   某 ERP 系统中的一个 Persona

作者认为除了帮助项目组梳理业务现状、挖掘所有可能的业务优化机会这一主要作用外，创建 Persona 的作用还有以下两条：

(1) 有助于更早地将系统易用性纳入到设计之中。易用的系统一定是针对特定用户群体的特征所设计的系统，不同的 Persona 代表不同的客户群，所以针对 Persona 的系统设计要比针对抽象的"角色(Role)"的设计易用性更高。

(2) 有助于非业务人员理解需求和设计。每当团队讨论需求和设计时，用 Persona 代替抽象的"角色"，可使每个人感觉在谈论一个具体的、自己所熟知的用户，更易于从用户的角度去理解和沟通。

2. 当前业务流程(As-is)建模

可以使用 UML 的业务用例图和活动图来对 Persona 的当前业务流程建模，也可以用微软 Visio 工具中的跨职能流程图来描述。图 3-4 是一种用 Visio 描述的、某工厂外协零件的接收流程，其中倒三角形表示纸质单据的存档。该流程所涉及的 Persona 有：

- Mike，外协工厂送货员；
- Tony，仓库仓管员；
- Clark，采购部办事员；
- Jenny，质检部办事员；
- Tedd，质检部检验员；
- Amay，材料会计。

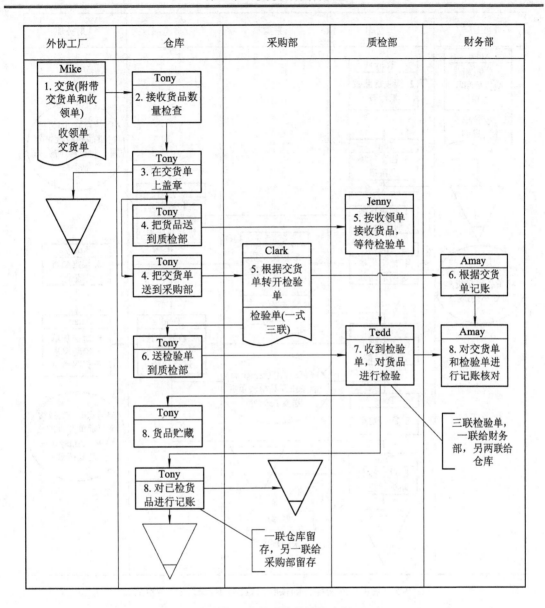

图 3-4 某工厂外协零件的接收流程(As-is)

3. 确定目标业务流程(To-be)模型

1) 分析痛苦点

图 3-5 是对图 3-4 中的当前流程进行痛苦点分析以后的结果。主要的痛苦点有以下四点:

(1) Tony 收到 Mike 送来的外协零件和随附交货单后,需要分别将货品和交货单送到质检部和采购部,而两个部门的办公楼之间相距近 2 km;

(2) Tony 要等待 Clark 开具检验单,然后还要送到质检部,另外由于 Clark 经常要到供应商处洽谈采购业务,所以这个等待时间平均要一个工作日;

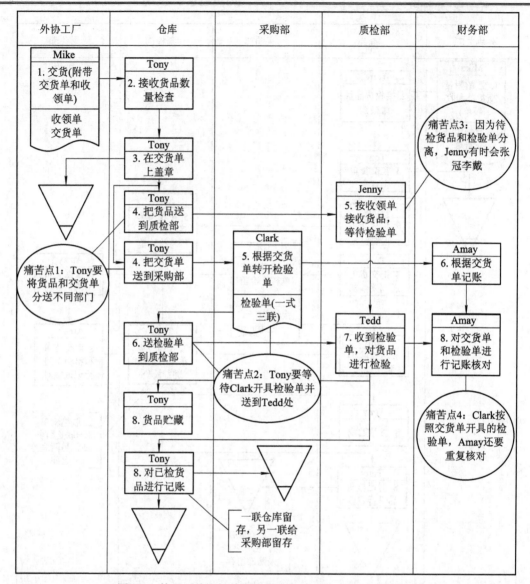

图 3-5　某工厂外协零件的接收流程(As-is，标注痛苦点后)

(3) Jenny 接收 Tony 的待检货品后，由于还需要等待 Tony 再次送来检验单方可送实验室检验，所以只能暂放并记录，但因为外协零件的型号、数量较多，有时检验单和待检零件之间的对应关系出错；

(4) Clark 在开具检验单时的依据就是交货单，二者应当相符，但财务部的 Amay 还需要再次对交货单和检验单进行核对，工作重复。

2) 绘制目标业务流程图

目标业务流程图如图 3-6 所示。由于在加工前双方已经明确产品检验标准，外协工厂厂检单上的检验项目和标准与委托方相同，因此目标流程中 Mike 交货时随货携带检验单(有检验项目但无检验结果)，省去了销售部开具检验单的步骤，痛苦点 1 和 2 被解决；Tedd 同时收到检验单和待检货品，痛苦点 3 被解决；检验前 Tedd 根据目标系统中存储的委外加工合同中的质量检验条款进行核对，确定样品和检验单的符合性，待检验合格后交货单联交由财务部存档，财务部记账时，也不再需要重复核对，痛苦点 4 被解决。

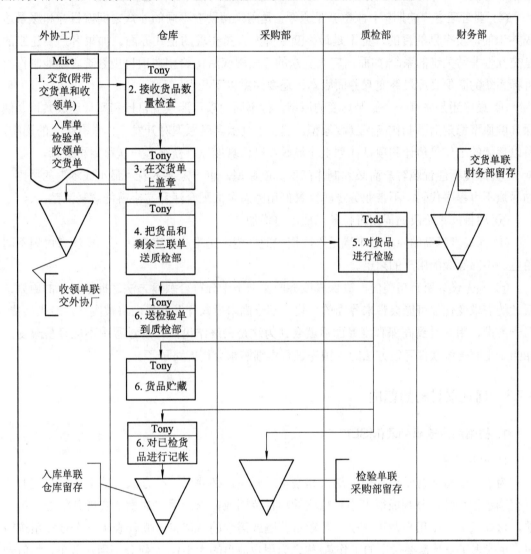

图 3-6　某工厂外协零件的接收流程(To-be)

4. 制作低保真度的交互模型

一图胜千言，用图形化的东西和客户或最终用户进行交流，比用文字或者流程图要好许多。但是交互原型的制作和修改成本、版本一致性的维护成本都比较高，制作时有一些可借鉴的经验：

(1) 一定要忽略所有不必要的细节，保持低保真度，只要具有关键交互元素，足够支持对交互流程的讨论便可。如用一个空白的矩形框就可以表示一个业务对象的属性显示区，不需要详细列出具体的属性名称。

(2) 保持不同页面之间保真度的一致性，不要有些页面很粗略，而有些页面很详细。

(3) 能用纸面草图就尽量不要用电子制作工具，尤其是在讨论的早期，原型的稳定性还很差的时候，因为用电子制作工具修改的成本要远远高于用纸和笔修改的成本。

(4) 要管理客户的期望。原型就是原型，是用来帮助在不同的涉众之间就目标和愿景达成共识的，没有别的目的，更不是最终交给开发人员实现的正式界面。如果客户要建立的是交互性非常关键的系统(如面向广大受众的互联网应用)，希望在项目规划阶段就能制作出目标系统的高保真度最终交互界面版本，还要注意以下几点：

① 最好还是先有一个低保真度的原型，待不同的项目涉众就目标和愿景达成共识、低保真度原型稳定后再制作高保真度原型。但由于高保真度原型对开发工作量有很大的影响，所以后续的工作量估计和项目计划工作最好在高保真度原型获得客户认可后再进行。

② 即便不能说服客户而必须制作高保真度原型，也一定要本着"最小成本"的原则，如尽量不用程序代码、不带业务逻辑，最好用静态页面配合注释文字就能解释清楚。

③ 项目规划阶段的周期将拉长，成本将增加。

④ 保真度越高的原型越难满足不同用户的期望，越难获得客户认可，要注意协调不同角色、不同等级的用户的期望。

⑤ 预先设计所有精美的、高保真度界面原型不十分符合敏捷方法之拥抱变化的原则，后续的需求变化很可能会带来界面的变化，部分尚未投入开发的界面将被废弃，造成浪费。另一方面，用户看到高保真度界面后就会认为这是最终结论，开发过程中不应轻易改变，相当于走回传统软件开发方法的、预先进行详细需求分析的路子了。

3.2.3　确定项目初始范围

1. 初始用户故事列表(MSL)

1) 用户故事

为了实现敏捷开发过程中的迭代和增量式开发，必须用一种方法对整个目标系统的项目范围进行划分，分割成很多小颗粒度的项目范围或需求。用户故事是实现分割的一种方法，可以认为一个用户故事就是一片项目范围或需求的占位符，既代表了一个目标系统增量，也代表了一种需要付出的工作量(称之为用户故事的大小)。如何分割用户故事，如何判定用户故事划分的优劣，用户故事所代表的需求如何随着时间的推移而逐步细化等，也存在许多实践，这些实践属于需求分析范畴，将在本书 5.1 节详细描述。在不引起混淆的情况下，本书也会使用"故事"这一更加简单的名称。

要确定一个用户故事所对应的需求，不同角色的团队成员需要从不同的侧面了解客户的需要，如表 3-2 所示。这些问题不一定要求在项目规划阶段都能够准确回答，可随着项目的推进而逐步细化和明确。

用户故事的基本格式是符合 XYZ 格式的一句话："作为 X，我想能够做 Y，以便能够获得价值 Z。" X 为一个系统的用户角色或 Persona；Y 就是所期望的、目标系统的一种行为或功能；而 Z 是能够给客户带来的价值(注意客户的价值与 X 的个人价值不一定吻合，具体示例见本书 5.1 节)。如"作为财务会计(X)，我想能够做应收账款的收款核销(Y)，以便能够准确反映企业的财务状况(Z)"。

表 3-2 理解用户故事的相关问题

用户故事需求	开发人员	业务人员	质量分析人员
范围	要开发什么东西？	故事的业务目的是什么？	何时或如何判定故事已经完成？
UI(用户交互)	包括什么界面元素？界面的样式如何？	故事会给用户带来怎样的体验？	用户交互是否符合统一的标准或规范？
业务逻辑	系统应当展现怎样的行为或功能？	在真实业务环境下，如何工作？	要测试哪些不同的业务过程及其排列组合？
业务规则	需要进行哪些设计考虑？	系统应当进行哪些业务规则验证？	系统有哪些不同的边界值？
场景	故事需要覆盖哪些不同的路径？	系统需要处理哪些用户活动？	我能写哪些功能测试？
性能[3]	我需要为此考虑哪些架构/设计因素？	用户事务的响应速度如何？	系统能够支持多大的负载？

2) 初始用户故事列表

项目规划阶段所制定的目标业务流程和系统原型，代表了对目标系统范围的一种阶段性认识。基于这个范围我们可以对需求进行细颗粒度化分割，形成用户故事列表，作为后续制定计划的基础。由于此时的需求范围只供项目计划使用，不作为最终项目实现的规约，另外需求的详细程度远未达到可实现的标准，为了与后续阶段不断演化的用户故事区分，我们称之为"初始故事"(Master Story)。

Master 一词在其他领域中一般翻译为"主"，但作者认为 Master Story 不宜直译为"主故事"，因为这个译法会引起误解。例如，作者以前在与前同事或客户讨论时曾经遇到一些疑问：Master Story 是否只是指系统的核心需求？是否是必须满足的需求？是否代表更大颗粒度的需求如系统功能特性级的、后续开发中一定需要再细分成若干更小的用户故事？作者使用"初始"一词，重在强调其阶段性(可能在项目后期会被抛弃)和抽象性(快速获取，不纠缠于或忽略很多后期实现所需要了解的细节)。初始故事也要尽量涵盖所有项目范围，包括所有需求；初始故事的颗粒度要在需求的抽象层次和大小估计的难易程度之间进行平衡，颗粒度是否会在项目演化的过程中发生变化，取决于在大小评估过程中是否发现与其他故事相比有较大差异，并不是说一定要拆分。根据作者的项目经验，或许有时会有高达 30% 的初始故事并没有在最终交付的系统中实现(这正是敏捷过程所倡导的拥抱变化)，但大

---

[3]：整个系统中的性能可分为两种：一是全局性的，如"所有用户交互请求在 3 秒钟内获得响应的服务水平要达到 95%"；二是特定于某个或某些故事的，如"在 1.5 万注册用户的规模下，用户验证工作要在 5 秒钟内完成"。全局性的性能要求可作为非功能性需求单列，而此处是指特定于故事的性能要求。

部分最终被实现的初始故事并没有被拆分，即保持了整个项目周期中故事大小评估的一致性。表 3-3 是一个 ERP 系统的初始故事列表片断。

表 3-3　某 ERP 系统的初始故事列表(片断)

序号	故事编号	作为	我想做	以便	假设/备注	子系统	业务模块
59	#102	财务部系统管理员	设置应收立账方式	固化和规范企业的财务管理制度		财务核算	应收(AR)
60	#216	销售会计	应收账款的收款核销	准确反映企业的财务状况	手工核销	财务核算	应收(AR)
61	#19	系统	自动生成应收通知单	及时向客户收取货款	针对销售发票一对一生成；根据退货单据生成	财务核算	应收(AR)
62	#20	销售会计	手工录入应收通知单	及时向客户收取货款	参照发票行手工录入	财务核算	应收(AR)
63	#97	销售会计/销售经理	查询应收通知单	及时向客户收取货款	(1) 查询条件：账龄/客户/地区/成品分类 (2) 查询时的权限控制：用户所属子公司/所辖地区或所管理的客户清单	财务核算	应收(AR)

每个初始故事除了前文所述的 **X**、**Y**、**Z** 等三个核心属性外，还包括以下属性：

● 序号。从 1 开始递增，没有具体含义。

● 编号。一般从#1 开始编排，也可根据项目需要自己确定编码规则，但不同的故事不能有重复编号。为了保持故事的可跟踪性，故事编号作为故事的惟一标识保持终身不变，因此随着项目故事的不断变更(如被分拆、归并和删除等)，故事编号往往不再保持连续性。

● 分类。为了快速获得反馈，一个用户故事应当能够由一个(或一对)开发工程师在一周之内完成，因此一般来说故事的颗粒度要比传统过程中的"功能特性"小。为了对用户故事进行分类管理，可以按照功能特性类别进行分类。如果系统的整体规模很大(如 ERP 系统)，根据需要也可采用多级分类(如表 3-3 中就做了 2 级分类——子系统和业务模块)。

● 假设/备注。表 3-2 中的所有问题都会影响一个初始故事的颗粒度，对于那些会显著影响的因素，需要客户作出回答或假设，这些假设要记录下来，在估计故事大小时是重要的依据。另一方面，这些假设或回答也不是作为一种契约，在项目的后期允许(也常常会)发生变化，不过由于在初始故事阶段我们就记录了这些关键假设，一旦假设与后来的事实不符，我们就能立即对故事进行重新评估，反映客户真实需求。对于不会显著影响故事范围的问题则不需要进行假设。

2. 非功能性需求列表

非功能性需求也称做技术需求或服务质量(Quality of Service, QoS)，往往都是跨功能性需求的。非功能性需求在敏捷软件开发过程和传统软件开发过程中并无明显的差别，之所以要在项目规划阶段就与客户检查并确定，原因是非功能性需求很大程度上影响、限制，甚至决定了系统的早期技术架构决策。表 3-4 是一个非功能性需求检查表的示例(未涵盖所有可能的非功能性需求条目)。

表 3-4　某企业 ERP 系统非功能性需求(NFR)检查结果(按英文单词顺序排列)

序号	NFR 条目	描　述	客户需求
1	可访问性(Accessibility)	所支持的客户接入方式	支持常见浏览器(IE6/7，Safari，FireFox)
2	精度(Accuracy)		N/A
3	审计要求(Audit)	对于重要业务操作要能追踪	所有引起数据变更的操作要记录操作痕迹
4	可用性(Availability)	系统正常工作的能力	早 7 点至晚 9 点 99.99%；其余时间 95%
5	容量(Capacity)	系统的能力	1.5 万注册用户，2000 个同时登录，200 个并发请求；50 个组织
6	兼容性(Compatibility)	与其他系统或标准的兼容性	能够合并并生成香港上市公司所要求披露的财务报表
7	文档化(Documentation)	客户需要交付何种产品文档	用户使用手册；运营维护手册；用户培训手册
8	集成化(Integrity)	与其他系统的集成	与外部已经运行的 CRM 和 SCM 集成
9	本地化(Localization)	又称多语言、国际化等，指能够满足不同母语、不同国度的用户的使用习惯	N/A
10	可维护性(Maintainability)	上线后，平均每个 Bug 修改完毕所需要的时间	N/A
11	性能(Performance)		所有用户交互请求在 3 秒钟内获得响应的服务水平要达到 95%
12	故障的恢复能力(Recovery)		服务中断后，要在 1 小时内能够恢复服务，业务数据要能够恢复至发生故障前的状态
13	可靠性(Reliability)		平均无故障时间为 3 个月
14	安全性(Security)	内在安全性(如超职权访问)；外在安全性(如防攻击)	使用公司的 LDAP 进行身份认证；能够进行权限控制(纵向：访问授权范围内的数据；横向：控制业务数据的增/删/改/查权限)
15	可用性(Usability)	系统的易用性，如新用户的学习成本、找到所需功能或内容的难易程度、发生误操作的可能性等	N/A

有些项目组用技术任务(Technical Task)来跟踪非功能性需求，而[Cohn 2008]认为可以用用户故事来管理非功能性需求。以下是 M.Cohn 所列举的非功能性需求用户故事[Cohn 2008]：

- 作为一个客户，我想能够在 Windows 95 及以后的任何一款 Windows 操作系统上运行产品。

- 作为首席技术官(CTO)，我希望系统使用现有的订单数据库，不要创建新的订单数据库，这样我们就不用维护更多的数据库。

- 作为一个用户，我希望在我需要使用这个网站时网站可用的概率能达到 99.999%，这样我就不会感到失望，不用再找别的网站。

- 作为一个说拉丁语的人，某一天我可能也希望使用你的软件。

- 作为一个用户，我希望网站在 90% 的情况下都能将我导航到最关注的页面，在 99% 的情况下都能将我导航到合理的页面。

用故事来描述非功能性需求的好处，是能够强迫客户考虑每一条需求是否有足够大的业务价值，有些非功能性需求是否需要过早考虑并为之投入。但是这样做也至少有两个缺点：

(1) 很多非功能性需求都是全局的、跨越功能特性的，那么应该在哪次迭代中实现这些需求呢？

(2) 很难保证描述非功能需求的用户故事都能够满足故事的 INVEST 要求[4]，如可维护性、易用性都很难在产品交付前进行验证。

非功能性需求在项目规划阶段也必须列出，在做项目初始发布计划时要记住为满足非功能性需求所要付出的工作量，即在进行初始故事大小评估(在下文中介绍)时，同时要评估非功能性需求的大小。如果在项目迭代开发阶段识别出新的非功能性用户需求，而要满足这一需求需要付出与用户故事开发相当的工作量，则一般会如同新的功能性需求及用户故事一样对待。不过通常非功能性需求的大小估计会更加困难，而且往往需要进行技术上的 Spike。

3. 初始故事大小估计

1) 绝对工作时间估计

传统的项目管理方法和工具大多使用甘特图(Gantt Chart)和工作分解结构(Work Breakdown Structure, WBS)来进行管理，对每个叶子节点的工作量进行估计，确定工作开始时间和(或)与其他工作的依赖关系，然后通过自底向上的运算，得出每个层级的工作所需要的总工作量和工作历时，这里的工作量都是以绝对的时间长度为单位(如日或小时)。

凡是做过软件开发的工程师，大都被领导问过这样一个问题："实现这个功能你需要多长时间？"这种情况下几乎每个工程师都会感到棘手：领导会把你的估计视作一种承诺，

---

[4]: 用户故事的 INVEST 原则及其详细解释，请参见本书 5.1 节。

如果工作量估计少了，自己不能按时完成，领导是否会认为自己的能力不够？为了避免那样的结局，干脆把自己心里估计的结果乘以 3 再告诉领导，可即便如此还是常常发现任务不能按时完成，自己向领导公布的估计结果仍然很低[Shore et al 2007]。

用绝对工作时间来估计工作量的难度很大，主要原因有以下几条：

- 将估计看作是承诺问题[Cohn 2005]。此时如果需要进行估计，工程师或开发团队需要评估各种业务因素和风险，很难快速做出估计。作者曾经遇到过一个使用 Scrum 的客户，Sprint 长度是 2 周，可团队发现有时候有些 Backlog 的工作量估计都需要花费 1 周多的时间，需要业务部门和开发部门花费大量的时间进行讨论，最后的估计结果要由专门的资深专家拍板。原来，这个企业将估计结果作为一种开发团队的承诺对待，所以总希望花费更多的时间来讨论更多的细节，以便能够提高估计的准确度。

- 工作干扰问题。工程师很难预计到自己真正能花多少时间来进行开发工作，因为每天在 8 小时的工作时间内，自己还得不断地面对各种干扰，如接电话、别人来访、领导安排临时性任务等。

- 技能差异问题。每个工程师的技能差异很大，A 工程师估计需要 5 天能够完成的工作，也许 B 工程师只需要 3 天便能完成。

2) 理想工作时间估计

为了解决绝对工作时间估计中的工作干扰问题，有人采用理想工作天(或简称理想天，Ideal Day)来估计工作量：假设你一天工作 8 小时，不受任何干扰，你可以自由选择与团队内的任何一个人结对，不发生任何意外，完成一个故事需要多少天(理想天)？当然也可以用理想小时为单位。

与绝对工作时间估计相比，理想工作天或理想工作时间(Ideal Engineering Time)[Beck 1999]估计解决了工作干扰问题；一定程度上也解决了将估计看做承诺的问题，因为大家都理解理想工作时间不等于实际花费时间(或称做流逝时间[Cohn 2005]，Elapsed Time)；但还是没有解决技能差异问题，即你的理想工作时间不等于我的理想工作时间，不同的估计者很难就估计结果快速达成一致。

有人将理想工作时间估计的结果称做故事点数[Cohn 2004][Shore et al 2007]，我们将其称做"理想点"，以便与下面相对大小估计的故事点("相对点"或简称"点")相区别。

3) 相对大小估计

相对大小估计方法，是选取一个基准的故事，授予其任意的一个大小(点数)，然后再逐一分析其他的故事与基准故事工作量的相对大小(倍数)，计算该故事的点数(相对点数)，这样估计的"相对点"就与任何时间单位无关了，也就与估计者的开发技能无关了。假设为了完成 1 个点的故事 1，A 工程师需要 1 天，B 工程师需要 2 天；为了完成 2 个点的故事 2，A 工程师需要 2 天，B 工程师需要 4 天。虽然这两个工程师的开发技能有差异，可是估计故事 2 相对于故事 1 的相对大小时，这种开发技能的影响因素自然就被消除了。

[Cohn 2005]中推荐了两种估计方法：一是从故事列表中选择属于最简单一类的一个故事作为基准故事，并假设它的点数是 1，然后再用相对大小的办法去估计其他故事的点数；二是找一个中等规模的故事作为基准，并假设它的点数是 5，然后再用相对大小的办法去估计其他故事的点数，每个故事的点数都要在 1～10 之间。作者常常使用的是第一种办法。

一个故事和基准故事相比工作量大得越多，则估计结果的精度就越低。换句话说，如果一个故事的估计结果为 8 点，另一个故事的估计结果为 9 点，实际上很难说这两个故事的工作量真的有明显差异。为了让估计过程更加快速，有必要限制估计结果的值域，限制的思路有两点：

- 值越大，可取的值间隔越大，因为越大的故事其估计的准确度越低，估计结果的确定性也越低；
- 限制最大的可取值，即值域的元素个数有限(上封顶)。作者认为一般使用 5 个不同的值就算比较多了，达到 10 点或以上的故事，往往都需要分拆成多个更小的故事再行估计。常用的故事拆分方法参见本书 5.1 节。

常用的值域序列有两种：

- 斐波那契(Fibonacci)数列或其变种，如 1，2，3，5，8，13，20，40，…这是作者在项目中最常用的序列，不过一般不会用到 20(而且更多的时候 13 只是表示这个故事在进行大小估计前需要分拆)。
- 2 的幂，即 1，2，4，8，16，…

如果你觉得一个故事和基准故事相比，2 有点小、3 有点大，该怎么办？凭着第一感觉选择更接近的一个就行了，理论上讲凡是估计都有误差，即便花费更多的时间也未必能够提高估计的准确度，尤其是在进行初始故事估计、缺乏需求细节的时候。

如果一个故事和基准故事相比实在太小，可以用 0 点来表示其大小，可 10 个 0 加在一起又未必还是 0，所以有人建议将毫不相干的、多个"小"故事合并在一起算作 1，不过这样合并后所形成的"人工"故事的业务耦合度过低。作者更愿意将 1 个"小"故事合并到业务上最相关的另一个故事之中，作为另一个故事的一部分，合并后的故事可以重新估计其大小。

0 点在迭代开发的过程中有一个特殊的用途。如果客户提出一个很小的变更请求，这个变更请求是很容易就可完成的，而本次迭代中又没有一个业务相关的用户故事可让这个变更请求挂靠，此时可以用单独的、大小为 0 的故事跟踪该变更请求。

不久前在 AgileChina 讨论组[5]里发起过有关故事点数的单位问题。有人认为点数是一种单位，有人认为点数没有单位。可能大家在讨论的时候，并没有弄清楚是否在同一个"点数"概念的基础上在进行讨论，即大家所讨论的是"理想点"还是"相对点"(即本文作者所喜欢使用的"点")？如果你采用"理想点"，自然那是有量纲的，量纲是"理想天"或"理

---

[5]：agilechina@googlegroups.com。

想小时"。本书中所使用的"点"，可以认为是一种倍数或比例关系(无量纲)，表示一个故事的工作量(大小)是另一个基准故事工作量(大小，假设为 1)的多少倍。基准故事的点数也可不假设为 1，而假设为另一个数值(如 100)，水涨船高，所有故事的点数都成比例增加到 100 倍，团队开发速度[6]也成比例增加到 100 倍(假设从 20 增加到 2000)，所以团队每次迭代中所能完成的实际工作量并没有变化。

使用相对故事点有时候会让人产生困惑，尤其是对于那些习惯于在不同项目之间进行绩效比较的人来说。一个成熟的团队能够在同一个项目中保持故事估计标准的一致性，但对于不同的项目、不同的团队、不同的故事来说，估计的结果(点数)没有任何的可比性。

4) 初始故事大小估计方法

敏捷项目开发过程中的故事大小估计，都不是由某一个开发人员完成，而是由整个团队或团队中足够数量、具有普遍代表性的多个开发人员代表集体完成。由于进行初始故事估计时项目开发团队尚未建立，如果参与项目规划阶段的开发人员数量不够或技能上不具有广泛的代表性，也可临时增加项目规划团队外的具备敏捷项目经验的开发人员协助进行估计工作。估计工具很简单，每个人伸出手指便可表示自己的估计结果(点数)。如果想换换花样，增加一点乐趣，也不妨用扑克牌。作者还见过有的公司[7]印制故事大小估计专用扑克，恐怕市场宣传的作用大于估计工具的作用，否则就过于浪费了。

除了开发人员外，参与项目规划阶段的需求分析人员也参加估计过程，其职责是解释需求，但没有直接进行估计的权利。初始故事的估计过程大致如下：

(1) 估计小组概览全部的初始用户故事列表，并选取基准故事，将其点数设为 1；

(2) 按照某种顺序，逐一选取一个初始故事：

① 需求分析人员解释故事的业务含义。

② 开发人员若有问题进行提问，需求分析人员就回答，必要时需求分析人员对故事的范围以及其他会显著影响工作量的属性进行假设(主要从"如何能够判定该故事已完成"的角度进行考虑)，并记录在 MSL 中，作为继续进行估计的假设前提。如果遇到需求分析人员无法回答或做出假设的情况，则将该故事放至一边，事后与客户进一步沟通，沟通后重新进行估计。

③ 如果遇到明显过大的故事，待需求分析人员对故事分拆后重新进行估计。

④ 如果遇到因对相关技术不确定而无法进行故事大小估计，则创建一个技术 Spike 的任务，将这个故事放至一边，等完成技术 Spike 后再重新进行估计。

⑤ 待每位开发人员都感觉可以进行估计后，一位成员(往往是需求分析人员)喊口令，全体开发人员同时公布自己的估计结果。如果估计结果一致，则记录估计结果，选取下一个故事。

---

[6]：开发速度(Velocity)表示一个团队在一次迭代周期中所能完成的故事点总数。后文有详细介绍。
[7]：作者在参加 ScrumMaster 培训时用过带有 Winnow Management 公司 Logo 的评估专用扑克。

⑥ 如果估计结果不一致，由估计点数较大和估计点数较小的开发人员解释自己的考虑，充分讨论协商，寻求达成一致。若达成一致则记录估计结果，选取下一个故事，必要时返回①，对这个故事重新进行估计。

相对大小估计方法和限定估计结果的值域，都是在进行集体估计时能够加快共识达成的重要基础，另外从心理上讲也能够减少对"估计变成承诺"的担心，提高估计的客观性——此时故事的实现者尚未确定。对初始故事进行估计时，一般来说平均 1～2 分钟就能完成一个，开发人员要注意不要过多陷入实现细节，也不要考虑不显著影响估计结果的问题。如果估计工作进展的速度很慢，要暂停估计工作，重新审视估计方法或工作小组的组成是否合适。

初始用户故事缺乏需求细节和详细的验收标准描述，因此有时候对估计结果的确定程度也会信心不足。为了应对这种项目早期的不确定性，有些项目中采取了多值估计的办法，如选取基准故事时找一个相对确定性较高的故事，对于除基准故事外的每个故事，就其大小给出三个估计值——乐观情况(最小估计)、最大可能情况(最可能估计)、悲观情况(最大估计)，然后用加权平均的办法计算每个故事的加权大小。权重配比可依据每个项目的整体确定程度变化，一般可采用 1-2-1、1-3-1、1-4-1 等[8]。最可能估计的点数所占的权重越小，说明对项目的不确定感越强。表 3-5 给出了一个按照 1-3-1 权重配比的多值估计结果示意，注意每个故事的三个估计值都要落在允许的估计值值域中。

表 3-5　某 ERP 系统的初始故事估计结果(片断)

序号	故事编号	作　为	我想做	……	估　计			加权估计 (1-3-1)
					乐观	最可能	悲观	
59	#102	财务部系统管理员	设置应收立账方式	……	1	2	3	2.0
60	#216	销售会计	应收账款的收款核销	……	3	5	13	6.2
61	#19	系统	自动生成应收通知单	……	3	5	5	4.6
62	#20	销售会计	手工录入应收通知单	……	2	2	2	2.0
63	#97	销售会计/销售经理	查询应收通知单	……	3	3	5	3.4

在这个阶段，一般也要对项目规划阶段所识别出来的非功能性需求进行工作量估计。

---

[8]：归一化后的权重配比分别为(1/4, 1/2, 1/4)、(1/5, 3/5, 1/5)和(1/6, 2/3, 1/6)等。

表 3-6 是某 ERP 系统的 NFR 工作量估计,估计方法也是将工作量与基准故事的工作量相比,得到估计的故事点数。

表 3-6　某 ERP 系统的非功能性需求的工作量(点数)估计

序号	NFR 条目	……	客 户 需 求	大小估计
1	可访问性	……	支持常见浏览器(IE6/7,Safari,FireFox)	0
2	审计要求	……	所有引起数据变更的操作要记录操作痕迹	20
3	可用性	……	早 7 点至晚 9 点 99.99%;其余时间 95%	0
4	容量	……	1.5 万注册用户,2000 人同时登录,200 人并发请求;50 个组织	0
5	兼容性	……	能够合并并生成香港上市公司所要求披露的财务报表	13
6	文档化	……	用户使用手册;运营维护手册;用户培训手册	40
7	集成化	……	与外部已经运行的 CRM 和 SCM 集成	13
8	性能	……	所有用户交互请求在 3 秒钟内获得响应的服务水平要达到 95%	0
9	故障的恢复能力	……	服务中断后,要在 1 小时内能够恢复服务,业务数据要能够恢复至发生故障前的状态	0
10	可靠性	……	平均无故障时间 3 个月	0
11	安全性	……	使用公司的 LDAP 进行身份认证;能够进行权限控制(纵向:访问授权范围内的数据;横向:控制业务数据的增/删/改/查权限)	13

非功能性需求可分为三类:

(1) 纯粹是一种系统的设计和实现约束,并没有专门的工作量,如表 3-6 中的可访问性、可用性等。这类 NFR 的大小估计视为 0。

(2) 不一定需要工作量,待迭代开发过程中问题出现、不得不处理时,再用专门的故事跟踪,如表 3-6 中的性能。这类 NFR 的大小估计也可视为 0。

(3) 确定需要工作量,如表 3-6 中的审计要求、文档化等,可估计一个工作量,且估计结果不受故事工作量的最大值(如 13)的限制。

4. 故事优先级评估

刚接触敏捷软件开发方法的人,对于敏捷"拥抱变化"的做法很是不解,很多人都会担心如果允许客户在任何时刻都可提出新需求或需求变更,那么一个项目的需求不是永远都做不完吗?项目何时才能结束和关闭呢?对于敏捷项目如何来平衡范围、成本和进度,我们将在本书 4.1.2 节"项目管理三角形"中进行介绍,不过这种担心至少反映了一个事实,即敏捷项目中的新需求往往会随着系统的开发而不断涌现。

事实上,永远都有做不完的需求,但这并不一定必然会造成敏捷项目范围管理的混乱,因为敏捷项目管理有一个利器——经常性、周期性的用户故事优先级评估，其结果是项目团队永远首先完成优先级最高的需求，以期实现客户价值的最大化。在评估故事优先级时，因为客户价值是首要因素，所以往往都由客户来主导进行。

1) 评价故事优先级需考虑的因素

评价故事的优先级可以考虑以下几个因素：

(1) 挣值(Earned Value)。故事一旦实现、投入生产环境运营，就可以给企业带来的价值。迈克尔·波特给出了企业价值的定义[波特 2005]："价值是客户对企业提供给它们的产品或服务所愿意支付的价格，价值由总收入来度量。"亚德里安·斯莱沃斯基给出了隐性资产的定义[斯莱沃斯基 2006]："从创造价值的角度出发，所有能够给企业创造更多客户价值的要素都是隐性资产的范畴，它们包括客户接触途径、专业技能、已有的设备规模、深厚的市场渠道、广泛的关系网络、丰富的相关产品信息、忠实的用户群。这些要素在追求新增长途径方面非常重要，如果能够创造性地利用这些要素，就能够满足消费者的新需求，就意味着公司将拥有更多的发展机会。"据此，在企业用软件系统实现一个用户故事时，可能给企业带来的价值至少包括以下几个方面：

- 增加业务收入
- 降低业务成本
- 强化竞争战略
- 树立品牌
- 增强客户忠诚度
- 满足外部强制性要求(如国家法律等)
- 进行创造性研究
- 强化信息化战略

(2) 故事成本。故事的大小估计是故事的主要成本，故事越大，成本越高。M.Cohn 建议在项目管理中，用团队开发速度、每次迭代中客户方要支付给软件开发方的应付款计算出 1 个点的故事其成本是多少(尤其对于按时间付费的合同来说进行这种计算很方便)，同时按照经济学中的"钱能生钱"的概念用考虑时间因素的投资观点提出了许多"量化"故事成本的算法。但既然故事大小估计的精度都不能期望很高，在不精确的输入下使用精确的经济学模型或许是一种浪费，甚至会误导项目投资人和故事大小的评估者。而且，故事的成本构成很复杂，不仅仅是开发时的投入，还包括因一个故事的实现导致对其他故事在业务上和技术上可选择性的减少(即机会成本)，或许还包括因故事上线后所投入的运营维护成本等，不容易简单地被量化成一种货币量，更多时候只能靠开发团队与客户或产品负责人一起，根据故事的估计点数和其他经验进行主观判断。

(3) 项目不确定性和风险的降低。随着项目的进展，更多的故事被交付，项目团队所掌握的知识(包括业务知识和技术知识)将越来越丰富，项目的不确定性也在逐步降低。如果一个故事实现后有助于降低项目的不确定性，就应当优先被考虑。

风险的种类很多，至少包括技术风险和业务风险[Cohn 2005]，作者认为还包括"信任"

风险。比如客户和开发商此前没有合作过，对开发商的能力将信将疑，或者开发商是作为"救火队员"被客户请来拯救一个濒临失败的在建项目，此时如果通过实现某个故事，能够尽快让客户建立信心和信任，则该故事也应当被设为高优先级。

2) 优先级的综合评定

如何综合上述三种影响故事优先级的因素，排出用户故事的优先级呢？第一种办法是按照故事价值先排出一个故事的优先级顺序，再按照不确定性和风险进行微小调整：

(1) 按照故事的价值(挣值-成本)先排序。无需将故事的价值量化，将所有需要排定优先级的用户故事排列在一起，如用故事卡的方式贴到故事墙上或摆在大桌子上，用相互比较的方式评定每个故事的优先级，将优先级高的故事卡往上或往前摆，将优先级低的故事卡往下或往后摆。经过若干次的上下或前后挪动就能够形成一个故事的优先级列表。

(2) 再按照不确定和风险降低程度(简称风险)，将那些降低程度很大的故事的优先级调高一些。

第二种办法同时考虑了价值和风险因素。先按照价值的高低将所有的故事分为两类，然后再按照风险的高低将所有的故事也分为两类，这样每个故事就会落在 4 个象限(高风险低价值、高风险高价值、低风险低价值、低风险高价值)中的一个，如图 3-7 所示[Cohn 2005]。我们就可以以象限为单位排定其中所有故事的优先级，同一个象限内的故事之间还可以按照上述第一种办法排序。不过要注意的是随着时间的推移，同一个故事所处的象限可能会发生变化，如今天是高风险、低价值的故事，由于其他故事的交付其风险被降低，另外价值比该故事更高的故事都已经完成，或许 3 个月后该故事又变成低风险、高价值的了。

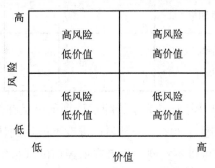

图 3-7　用户故事的价值-风险 4 象限

高风险高价值象限中的故事应当最先得到实现，这些故事完成后既交付了最大的价值，又能降低高风险；其次完成高价值低风险的故事；然后完成低风险低价值的故事；对于高风险低价值的故事，要尽量避免去实现，甚至尽量将这些故事排在开发计划之外。

3) MoSCoW 优先级模型

MoSCoW 模型来自 DSDM 开发方法中的 MoSCoW 规则(MoSCoW Rules)，是一种将需求分为四类优先级的方法。我们可以借用，以划分每个用户故事的优先级。MoSCoW 代表了四个英文短语的组合：

- Must Have(必须有)。为了满足客户的业务需求，必须要完成的用户故事。

- Should Have(应该有)。应当尽量努力要完成的用户故事，不过即便没有这些故事，目标系统也可以成功交付。

- Could Have(可以有)。如果不影响其他业务需求的话，系统可以包含这些故事。

- Want to Have but will not have this time round(希望有但此时不能有)。这些故事的重要性和价值不是不高，只是受到某种限制，当前无法实现(但未来这个限制会被解除)。设置这个优先级的目的，是为了不让这类故事被遗忘，在时机合适时能够被纳入开发计划。

表 3-7 列出了某 ERP 系统中初始故事优先级的部分评估结果。

表 3-7　某 ERP 系统的初始故事优先级(片断)

序号	故事编号	作　　为	我想做	……	估计			加权估计(1-3-1)	优先级
					乐观	最可能	悲观		
59	#102	财务部系统管理员	设置应收立账方式	……	1	2	3	2.0	Must Have
60	#216	销售会计	应收账款的收款核销	……	3	5	13	6.2	Must Have
61	#19	系统	自动生成应收通知单	……	3	5	5	4.6	Should Have
62	#20	销售会计	手工录入应收通知单	……	2	2	2	2.0	Could Have
63	#97	销售会计/销售经理	查询应收通知单	……	3	3	5	3.4	Should Have

DSDM 中引入 MoSCoW 规则，是为了给项目计划留有足够的缓冲空间，如一般来说"必须有"的需求所占比例不能超过 70%。一旦项目进度不能达到计划要求，则除了"必须有"的需求外，低优先级的需求可以不实现。作者在所经历的项目中也使用了这种缓冲功能。

初始用户故事经过大小估计和优先级评估后，对于故事如何才算完成，团队已经有了较为深入的了解，此时的用户故事已经可以用来制定发布计划。为了与之前的初始用户故事相区别，我们称用户故事此时已经由初始用户故事演化为发布用户故事(Release Story)。

3.2.4　制定初始发布计划

1. 确定发布的业务愿景和选取发布故事

1) 确定发布的业务愿景

从客户的角度来看，每次发布都是一次有着完整的业务价值的、较大的系统功能增量。为了指导整个发布期间的迭代开发和需求管理，有必要建立一个明确的发布愿景，并在整个团队内部达成共识。在后续开发过程中如果发生需求变更，或者重新排定故事的优先级时，都要仔细考量需求和发布愿景之间的关联度。

项目总的发布次数多少，没有一个定数。敏捷希望发布尽量小，以便更早获得回报，但也要适应客户的业务战略规划需要。一般来说 3～6 个月至少有一次发布，即使受企业的业务战略规划而不能发布到产品环境[9]，也要作为业务愿景，实现内部发布。

以下是某企业 ERP 系统的各个发布的发布业务愿景。

- 发布 1(R1)：完成集团公司对 50 个下属组织的财务管控，完成对 3 个成品仓库的管理，将销售业务纳入管理范围。
- 发布 2(R2)：将采购部门纳入管理范围。实现 MRP，完成采购及应付管理、存货成本核算。
- 发布 3(R3)：实现生产作业计划的管理、成本管理。
- 发布 4(R4)：系统完善。

2) 选取发布故事

对照用户故事列表，确定每次发布需要完成哪些故事。每次发布中的故事不能都是 Must Have，要有一些其他优先级的故事作为发布缓冲。选取发布故事要在满足发布的业务愿景的情况下，尽量选择最少的发布故事。如果在所有发布的故事都选取完毕后还有剩余的用户故事，可以将这些故事都放在追加的 1 次发布(就像上面那个 ERP 例子中的 R4)中。

在选取发布的用户故事时，对于工作量大小估计不为 0 的非功能性需求，也要归属到某一次发布中，即初步确定在哪一次发布中要实现。像文档化(如用户手册)这样每次发布都需要做的事情，可以分解成若干个隶属于不同发布的子 NFR 或者用户故事，重新估计工作量，分解后的工作量估计之和不必一定要和分解前的估计值相等[Cohn 2005]。

2. 确定迭代长度

下面列出了项目团队在选择迭代时间长度时要考虑的因素[Cohn 2005]：

- 当前发布的长度。发布越短，迭代就要越短，以便保证一次发布中有足够多的迭代数量、足够多的客户反馈机会。
- 项目不确定程度。如对客户的需求不确定程度、对团队的开发速度不确定程度等，不确定程度越高，迭代就应越短，以便更快地获取反馈，降低不确定性。
- 获取客户反馈的难易程度。迭代的长度要本着"最大化所获得反馈的价值"的原则，要与关键反馈的可获得周期匹配。如项目投资人只能每 2 周参加一次正式的成果展示会议，则迭代长度可以选择 2 周。
- 多长时间故事优先级可以保持不变。优先级变化频率越快，客户希望能够重新计划的周期就越短，迭代长度就应越短。

---

[9]：作者曾参加过一个项目，所交付产品需要在客户自己的多家下游客户局域网内手工升级，要付出的技术支持和服务成本较大。按照项目的发布计划，有两个发布的时间间隔只有 1 个月，为了不给客户的客户造成频繁升级的困扰，后一个发布并没有立即投入市场，只是发布到客户的验收测试(UAT)环境。

- 团队不接受外部反馈而进行项目开发的意愿的强烈程度。意愿越强，项目走偏的概率就越大，迭代长度就应当越短。

- 迭代的管理成本。每次迭代都会发生一些管理成本，如迭代计划、启动会议、迭代成果展示、团队回顾等。这些成本越高，迭代长度就可越长，否则管理成本所占的比重就比较大。

- 团队内维持紧迫感。如果迭代过长，迭代早期团队成员可能工作状态就不够紧张，总是觉得迭代剩下的时间还很多；如果迭代过短，团队成员则又可能整天都过于紧张。迭代的长度最好能够让团队成员的紧迫感维持均衡。

其实真正在确定迭代长度时，很多团队并不会如 M.Cohn 所说的那样对于各种因素都仔细斟酌。如有人就总是喜欢一周一次迭代[Shore et al 2007]，有人就总喜欢两周。总体上讲，在保证团队成员能够维持均衡的紧迫感和开发速度的情况下，在能够保证每次迭代结束时有可以给客户进行展示、让客户进行反馈的成果的前提下，迭代越短越好，因为获取反馈的周期也越短。

作者曾经参加过一个历时两天的开发项目，选择的迭代周期就是半天。这是一种较为极端的情况，这么短的迭代周期通常不会出现在稍具规模的项目中。考虑到要让团队保持可持续的开发速度，一般迭代周期都选取一周或一周的整数倍，这样就可以让每次迭代都在一周中固定的某一天开始。

迭代长度的选取，有时还要考虑用户故事颗粒度和团队所预计的开发速度。为了让每次迭代结束时都有可展示的成果，一般每次迭代中每个(或每对)开发人员平均要能够完成两个或以上的故事。

3. 估计开发团队组成及开发速度

根据约束理论，项目中总是存在一个最大的瓶颈(约束条件)。在本节的某 ERP 系统开发中，我们将开发人员作为瓶颈，因此以开发人员的速度作为项目的进展速度进行估计。

1) 估计单开发人员的速度

这里假设没有采用"结对编程"开发实践，若采用，一对开发人员就视作这里的"单开发人员"。找两三个能力中等的开发人员为代表，拿出项目的初始故事列表(注意一定要将大小估计的结果隐藏起来)，告知他们已经确定的迭代长度。然后按照如下的流程进行：

(1) 选取一个功能分类，从该功能分类中挑选他们认为单开发人员能够恰好在 1 次迭代中完成的用户故事组合；

(2) 主持人(一般为参加了项目规划阶段的需求分析人员)记录所选故事的编号列表；

(3) 换另外一个功能分类，返回(1)，直到抽取足够多次(至少要进行 5 次以上)。

(4) 主持人将所抽取故事的大小估计填上，然后汇总每一组的总故事点数并求平均值，这个平均故事点数就是单开发人员每次迭代所能完成的点数估计，如表 3-8 所示。

(5) 根据项目的确定性程度，将单开发人员开发速度的估计值乘以小于 1 的安全系数(如 $8.97 \times 0.5 = 4.48$)。

表 3-8　某 ERP 系统单开发人员开发速度估计

组号	子系统	业务模块	故事编号	大小估计	组号	子系统	业务模块	故事编号	大小估计
1	财务核算	AR	#216	6.2	4	基础设置	组织及业务关系设置	#25	3.4
			#20	2.0				#28	1.8
	合计			8.2				#19	4.6
2	内部供应链	销售与分销	#193	1.6		合计			9.8
			#252	4.0	5	管理会计	预算管理	#305	5.6
			#145	3.4				#283	3.2
	合计			9.0		合计			8.8
3	系统管理	用户与权限管理	#99	1.0	6	生产制造	细能力	#415	3.2
			#87	2.4				#399	3.4
			#131	4.2				#387	1.8
			#35	2.0		合计			8.4
	合计			9.6					
平均									8.97

2) 估计团队开发速度和规模

(1) 根据计划安排的开发人员正推。如果客户对于第 1 次发布(R1)的时间点并没有要求，可以根据项目的性质、以往的工作经验、开发商可用的资源等因素，给出开发人员数量的建议。假设某 ERP 系统开发项目的开发人员为 18(不结对、分为 3 个开发小组)，则开发速度为 18×4.48，约为 80。假设根据经验，这类项目中需求分析人员、质量分析人员和开发人员的比例为 1∶2∶3，则项目组成员组成可能为 37 人左右，即 1 名项目经理、6 名需求分析人员、12 名质量分析人员、18 名开发人员。

(2) 根据第 1 次发布的时间点倒推。如果客户对于第 1 次发布的时间点要求很严，则可按照如下步骤计算需要的开发人员数量：

① 统计 R1 的故事总点数(含 R1 中要完成的 NFR 点数)，假设为 235.2 点；

② 计算 R1 的长度(即项目开始日期到计划发布日期的时间长度)，假设为 14 周；

③ 假设估计项目启动阶段和发布前用户验收测试所占的时间各为 2 周(1 次迭代长度)；

④ 计算 R1 中的迭代次数：(14 周 – 2 周 × 2) ÷ 2 周 = 5(次)；

⑤ 计算至少所需的开发速度：235.2 ÷ 5 = 47.04，即开发速度至少需要 48 点/迭代；

⑥ 计算至少所需的开发人员人数(或结对数)：48 ÷ 4.48 = 10.7，即至少需要 11 个(对)开发人员。然后可以按照与(1)中类似的方法推算项目团队中其他角色的人员数量。

4. 编制项目初始的发布时间计划

在确定了发布次数及每次发布中的故事列表(含工作量估计不为 0 的非功能性需求)、估计了单开发人员每次迭代的开发速度后，再考虑项目启动阶段每次发布的 UAT 阶段长度，综合每次发布的团队(开发人员)配置计划，可以确定每次发布的时间点，如图 3-8 所示。图 3-8 中的"M1A6Q12D18"表示该发布的开发团队构成，M、A、Q、D 分别表示项目经理、需求分析人员、质量分析人员和开发人员。这个项目发布计划只是作为初始的发布计划，在迭代开发阶段要根据需求变化情况和市场反馈，对发布计划进行经常性地调整。

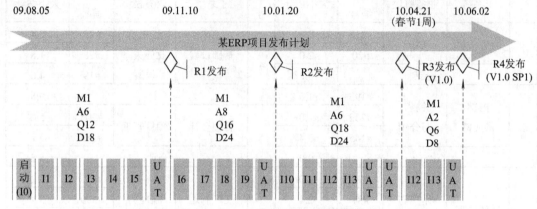

图 3-8　某 ERP 系统的初始发布计划

　　初始项目发布计划往往是项目投资者用来进行项目决策，确定是否启动项目开发、何时启动的重要依据。对于第一次发布，有些项目组常常在这个阶段就确定每次迭代要完成的故事列表，以便在项目启动后就能立即开始第一次迭代开发周期的用户故事详细需求分析工作，也能够开始为第一次迭代进行有关的技术 Spike 工作。但根据敏捷软件开发方法中的"延迟决策"原则，这不是一个必需的步骤，待项目投资者确定继续投资项目后再做这件事情可减少浪费。

3.3　迭 代 开 发

3.3.1　项目启动　迭代 0

　　在项目批准后、开始迭代开发前，往往有一个被称做迭代 0(I0)的启动迭代。这个迭代不向客户交付任何业务功能，是项目准备期，一是准备项目人员和设备环境，二是为迭代 1 的开发做好准备。具体来说主要完成以下工作：

● 组建项目团队。包括确定开发团队成员，指定产品负责人和客户代表等。

● 搭建项目基础设施。如准备开发空间、部署版本控制服务器、持续集成服务器、测试环境、开发人员开发环境等。

● 产品负责人主导，选取迭代 1 要完成的用户故事。这是一个变更需求或需求优先级、更新发布计划的好时机。

● 需求分析人员与产品负责人、客户代表沟通迭代 1 中每个故事的详细需求，确定每个故事的验收标准[10] (Acceptance Criteria，AC)，需求分析完毕后的故事已经可以进行迭代计划和开发实现，故称做"迭代故事"(Iteration Story)。

---

[10]：验收标准表示每个故事完成后的一些后置条件，作为判定一个故事是否完成的重要依据。详见本书 5.1.3 节。

- 开发人员准备开发环境，学习项目所需的开发技术(尤其是当项目采用一种新技术时)，进行必要的技术 Spike 等。

3.3.2　迭代开发过程

1. 故事的生命周期

在整个敏捷软件开发过程中，一个用户故事的典型生命周期(或状态转换过程)如图 3-9 所示。每个项目中或许状态的数量、名称略有差异，但总体过程比较类似。

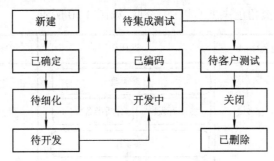

图 3-9　用户故事的典型生命周期

用户故事的状态转变是项目中不同活动或开发实践的结果，如表 3-9 所示。

表 3-9　用户故事的状态转换

源状态	目的状态	活　动	备　　　注
	新建	新建故事	可能发生在项目规划阶段，也可能发生在迭代开发阶段。此时的故事尚未确定纳入项目范围
新建	已确认	制定或修订发布计划	此时故事已经被业务负责人确定纳入发布计划，成为"发布故事"
已确认	待细化	制定迭代计划	故事已经确定将在下一次迭代中开发，可以进行详细的需求分析了
待细化	待开发	详细需求分析	故事经过详细的需求分析，已经成为"迭代故事"，等待开发人员认领
待开发	开发中	开发	开发人员认领故事，进行开发
开发中	已编码	提交故事代码	编码、单元测试、持续集成完成
已编码	待集成测试	开发沙箱测试[11]	在开发人员的环境中确认用户故事的范围(场景)已经被完整实现，且结果符合期望
待集成测试	待客户测试	集成测试	在集成测试环境中，用户故事通过自动和(或)手工测试
待客户测试	关闭	客户测试	在客户测试环境中，用户故事通过客户的手工测试
	已删除	删除故事	在任何情况下，业务负责人都有权将尚未完成的故事从项目范围中移出

[11]：详见本书 5.3.1 节。

　　敏捷软件项目最终完成时，并不是每个被识别出来的用户故事都会走到"关闭"或"已删除"状态，即仍然会有很多相对低优先级的用户故事并没有实现。这些故事或许会在后续的系统运营维护过程中逐步被添加到产品中，或许就此遗忘。与传统软件开发项目不同，敏捷开发项目的范围不是自变量，而是因变量，详见本书 4.1.2 节的"项目管理三角形"。

2. 多角色并行模型

1) 迭代开发中的角色分工

　　为了在一次迭代中完成一个用户故事的生命周期，需要开发团队中不同的角色进行协同。迭代开发中团队成员角色主要有以下五种，如图 3-10 所示。

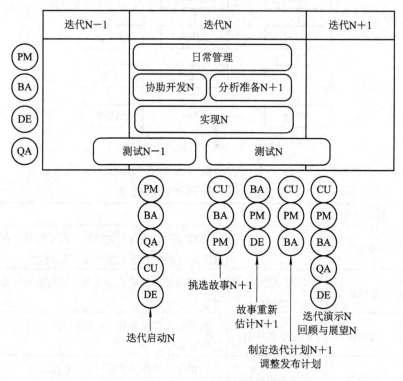

图 3-10　迭代开发中的多角色并行模型

● 客户代表(Customer，CU)：业务负责人或业务负责人的代理人，决定业务需求范围和细节，确定需求优先级，代表客户或从用户角度验证用户故事是否完成(即满足"Done Done 原则"，达到可发布标准)。

● 项目/迭代经理(Project Manager，PM/Iteration Manager，IM)：负责项目的迭代目标和日常开发管理。

● 开发工程师(Developer，DE)：负责对用户故事的大小(成本)进行估计，设计、实现用户故事并完成单元测试。所经常用到的技术实践有演进式设计、测试驱动开发、重构、持续集成、结对编程等。

● 业务分析师(Business Analyst，BA)：客户代表和开发工程师的桥梁，进行需求分析，向开发工程师解释需求，协助客户代表验证开发工程师是否准确实现了需求。所经常用到的技术实践有敏捷需求分析和开发沙箱测试。

- 质量分析师(Quality Analyst，QA)：协助业务分析师保证用户故事详细需求的可验证性，对功能性需求(用户故事)和非功能性需求进行集成测试。

2) 迭代开发过程

从单个迭代故事的生命周期来看，这些不同角色的活动在某种程度上有顺序关系，无法完全并行。不过，考虑到一次迭代中要完成多个故事，不同故事的开始时间和进度都有差异，因此每个角色在每次迭代中的工作负荷还是比较均匀的，从这一角度看各个角色都是在并行工作。图 3-10 展示了不同角色在一次迭代中的主要工作。

迭代开发基本包括下面五个过程。

(1) 迭代计划。此过程包括：

① 估计下一次迭代的开发速度。估计方法详见本节下文。

② 确定迭代的业务目标。客户代表要用 1 到 2 句话描述当下一次迭代完成后，系统所能够达到的整体业务目标。

③ 进入下一次迭代前(一般在前一次迭代的中期)，客户代表重新排定所有处于"待细化"或之前状态(即尚未开始详细需求分析)的用户故事的优先级，然后挑选最优先的若干故事作为下次迭代中计划要完成的故事，所挑选的总故事点数要略大于估计的迭代开发速度。考虑优先级时，除业务价值和风险因素外，还要考虑以下因素：

- 故事的大小。如果最高优先级的故事都比较大，只选择这些故事可能总的大小很难与估计的开发速度相匹配。此时可能会放弃一个比较大的、高优先级的故事，而选择一个大小合适的、优先级稍低的故事；或者将比较大的故事分割成多个小故事，下次迭代中不全部完成。

- 缺陷情况。已经发现、尚未解决的缺陷，和用户故事一起评定优先级、争夺被调度的机会。

- 当前发布的计划发布日期。一个发布要求所有已经实现的故事能够形成业务上完整的一个集合。随着发布的临近，有些优先级原本较高的用户故事可能要延迟到后续发布中；而有些优先级原本较低的用户故事，优先级可能会提高。

- 故事需要获得最终用户反馈的紧迫程度。如果用户交互性比较关键、需要尽快获取最终用户响应，则这些故事的优先级可适当提高。

④ BA 与客户代表一起，对所挑选出来的故事逐一进行详细分析，确定验收标准、最终的交互界面等；QA 确保故事的可验证性，并根据验收标准设计测试用例。

⑤ BA 若觉得有些故事与当初进行大小估计时的范围或假设有了明显变化，则可邀请开发人员代表，对这些故事的大小重新估计。故事大小评估的方法可以采取类似本书 3.2.2 节中的方法，主要的差别有三点：一是尽量由整个开发团队来进行估计；二是此时故事的详细需求已经确定，可以在开发团队就详细需求达成共识(可通过将故事分解到全部要完成

的技术任务来达成)后再进行估计；三是此时故事需求的不确定性必须要消除，估计的结果应当只有一个值，而不能像初始故事大小估计那样可以有多个值。

⑥ PM/IM 和客户代表一起确定最终的迭代计划，必要时同时调整发布计划。

(2) 迭代启动。此过程包括：

① BA 和客户代表解释用户故事。

② DE 将用户故事分解成若干需要完成的技术任务，任务分解可以帮助整个团队对故事的详细需求达成共识。

(3) 迭代开发。此过程包括：

① DE 挑选一个用户故事进行(单元)测试驱动开发，必要时 BA 解释需求。

② DE 和 QA 一起编写自动化集成测试脚本。

③ 故事在开发环境集成成功后，BA 在开发环境中进行开发沙箱测试，快速发现不完整的实现以及明显的缺陷，以便 DE 立即返工。本阶段中发现的缺陷不纳入缺陷跟踪管理流程。

④ QA 在集成测试环境中，使用测试数据对故事进行测试。本阶段中发现的缺陷纳入缺陷跟踪管理流程。

⑤ 客户代表在用户验收测试环境中，使用正式业务数据的副本对故事进行测试。本阶段中发现的缺陷纳入缺陷跟踪管理流程。

(4) 迭代演示。此过程包括：

① 项目团队准备演示脚本，演示本次迭代中的重点业务场景。

② 项目团队向项目投资人、最终用户代表等展示本次迭代的开发成果，广泛获取反馈。演示过程中往往会有新的需求、需求变更请求发生，需求变更的处理参见本书 4.1.3 节。

(5) 迭代回顾和展望。此过程包括：

① 项目团队进行本次迭代的总结与回顾，确定下一次迭代中如何进行过程改进。

② 团队一起落实如何改进。

③ 确定需改进项的监督责任人，在下一个迭代周期内，由监督责任人观察和监督改进的执行情况。

上面介绍了迭代过程中多种开发活动的并行。每个团队中的各种角色是否都需要有专门的人员来承担，也要视具体的情况而定。实际上是否严格按照角色来划分职责并不重要，重要的是这些活动都得有人(而且是具有足够技能的人)去承担。比如敏捷团队中是否需要专职的 BA 一直是一个有争议的问题，[Ambler 2009a]就明确指出："你需要进行分析工作，但不表示你需要分析师。(You need to do analysis, but that doesn't imply that you need analysts.)"。根据作者的体会，如果项目确实只是一个 10 人左右的团队就能够完成，一般来说业务模型不会很复杂，设置专职 BA 的确没有必要。最好的 BA 要么是客户方的业务负责人，要么是产品经理，但最好不要让一个开发人员兼任，因为开发人员大多有追求完美和陷于局部最优的习惯。

3. 开发速度估计

1) Done Done 原则

"Done Done"(完成就是完成)原则的含义，是一旦我们说一个故事已经"完成"，就一定表明这个故事已经准备就绪，随时可以发布，不是仅仅编码完成。[Shore et al 2007]中列出了一个判定一个用户故事是否完成的检查清单。

回顾图 3-1 中的敏捷交付模型，每次迭代中的工作包括需求分析(R)、设计实现(D)、集成测试活动(T)和客户测试活动(C)等开发活动，就是指在一次迭代内对于每个迭代故事运用 Done Done 原则，每次迭代结束时所有认为已经完成的故事必须是可发布的。作者认为"可发布"的标准至少包括以下几点：

* 已经完全实现了迭代用户故事的验收条件所确定的故事范围，没有遗漏任何已经识别出来的业务场景。在开发人员将完成的故事代码提交到质量分析人员处进行集成测试前，表 3-9 中所列的、需求分析人员进行的"开发沙箱测试"可以确保这一点。作者曾在某个项目中遇到过过于乐观或粗心的开发者，常常遗漏一些业务场景的实现，一个用户故事往往要经过两三次开发沙箱测试才能通过。

* 经过了单元测试、集成测试、客户测试，没有必须在本迭代内解决的缺陷。敏捷开发过程中的技术实践，可以大大提高系统质量，降低缺陷率，但无法(也无需)达到 0 缺陷的程度。质量分析人员或客户在测试的过程中会发现一些缺陷，业务负责人和开发团队一起权衡修改缺陷和开发新故事的相对优先级，据此对缺陷进行分级，确定哪些缺陷必须解决才能认为故事已经"完成"，哪些缺陷可以延后解决(即不在本迭代内解决)。这些延后解决的缺陷将视同用户故事纳入下一迭代计划的考虑范围。

* 能够实现系统的无障碍升级，如包含经过验证的数据库升级脚本、更新后的系统安装脚本等。

* 获得了现场客户代表对故事已经完成的认可。

2) 迭代中故事完成的标准

从图 3-10 中不难看出，当迭代 N 结束时，还有部分用户故事并未完成质量分析人员的集成测试工作(更不用说通过客户的测试)，这是否违反了"Done Done 原则"呢？严格地说的确如此。但作者所接触过的实际项目中，很多是按照这个迭代开发模型进行的，直到每个发布前的最后一次迭代，每个故事的状态才将被真正同步到关闭状态。这样做的根本原因，是从微观(每个故事)层面看，不同角色的工作还是有很大的顺序性，如果在每次迭代末都严格按照 Done Done 原则的话，会造成阶段性工作负荷不均衡。

所谓开发速度，就是项目团队在一个迭代周期中所完成的总故事点数。开发速度的度量，是为了能够更早地预测发布甚至项目是否能够按期完成，如果不能则可预测会有多长时间的延期。在实际的项目开发中，故事到达哪个状态就认为可以算作在迭代中已经完成，可以计入迭代开发速度呢？指导思想应当是完成预定功能范围，质量至少达到可在迭代结束时给客户进行迭代演示、获取反馈的程度。特别要注意，这里的"完成"不一定对应着用户故事生命周期中的"关闭"状态。作者所接触过的项目中，共出现过四类处理办法：

(1) 严格地以客户测试通过为界，即故事在迭代中"完成"，就是指故事已经到达"关闭"状态。对于企业内部产品研发类项目，这一选择最好，因为业务负责人(如产品经理)能保证和团队一起工作的时间，对于客户测试的技能掌握程度和重要性认识程度都有很好的基础；对于外部客户项目，尤其是分布式或离岸开发项目，则很难保证客户测试的步调和项目开发的步调一致，常常会发生客户迟迟不能完成测试或者客户测试流于形式等问题，这也是需要 UAT 阶段的重要原因之一。

(2) 以质量分析人员测试通过为界，即故事在迭代中"完成"相当于故事处于"待客户测试"或以后的状态。这是很多人认为能够接受的底线。有一个项目 A，是基于互联网、人机交互少的应用，复杂之处在于后台的算法，比较容易进行集成测试的自动化，因此采用这种 Done 的标准比较成功；另一个客户在英国的项目 B 采用 C/S 和 B/S 混合的技术，而且需要实时连接英国客户方开发与维护的一台服务器，集成测试工作不能自动化，需要大量手工测试，采用这种 Done 的标准后，迭代末期的测试工作压力极大，百密难免一疏，某次迭代中，质量分析人员已经测试通过的故事，在给客户进行迭代演示的过程中出现错误，大大打击了客户(尤其是不在开发现场、远在英国的客户)对团队的信任。

(3) 以需求分析人员的"开发沙箱测试"为界，即故事在迭代中"完成"相当于故事处于"待集成测试"或以后的状态。这种做法能够在很大程度上减缓(2)中做法的压力，其风险也较大。实践中还可采用和前面两种做法相混合的办法：如在一次迭代中确定哪几个故事是必须测试(手工加自动)完成的，哪几个故事可以在下一次迭代中完成；或者某一阶段如果发现缺陷率有明显上升，则放慢开发速度、加严到(2)的级别。当初在某个项目采取这种方式时，引起很大的争议，但客户最后妥协于资源(质量分析人员)的限制。

(4) 以开发人员编码和单元测试完成为界，即故事在迭代中"完成"相当于故事处于"已编码"或以后的状态。这是一个没有任何内部不同角色进行反馈的做法，之所以在作者所接触过的一个真实项目中发生，是因为处于某种压力下，那个项目的开发团队需要报喜不报忧，提供给项目投资人一个虚高的开发进度。这样的项目其结果不难推断。

3) 开发速度估计

要估计下一迭代的开发速度，至少需要考虑以下因素：

(1) 上一迭代或前几次迭代(如最近 3 次迭代)的实际开发速度。假设在同等情况下团队的开发速度应当是均匀的，则历史数据对于迭代速度估计来说是最重要的参考数据。第 1 次迭代因为团队没有历史数据积累，可用制定初始发布计划时所估计的迭代速度。

(2) 本次发布的计划发布日期。如果下一迭代是本次发布的最后一次迭代，则需要适当降低开发速度估计值，因为该迭代中要将所有本次发布的故事真正关闭，需要更多的缓冲时间。

(3) 人员出勤情况预计。是否有公共假期，是否有团队成员已经申请休假等，都可能会引起开发速度的变化。

(4) 缺陷情况。如果高优先级的缺陷较多，由于缺陷的工作量大小很难估计，而且很多人认为缺陷的点数一律应当为 0[12]，因此并不能像用户故事那样进行进度计划安排。项目团队可采取预留一定的开发人员数量来专门处理缺陷，具体的处理人员可在迭代内轮换，但开发进度估计要相应降低。

(5) 除了用户故事和修改缺陷以外的其他任务，如作技术报告、Spike 任务等。

(6) 质量目标，如客户要求提升自动测试的覆盖率等。

(7) 过程改进目标。有些过程改进目标需要团队付出学习成本。

4. 迭代演示

1) 参加人员

迭代演示是向项目涉众宣布迭代结束的仪式，最好在固定的时间举行，事先通知客户方的关键人物以便其安排时间。一般来说参加迭代演示的人员如下：

- 整个开发团队。如果整个开发团队成员比较少(如 10 人左右)，最好全体参加。如果团队的人员比较多(如作者曾经参加的一个有 50 人左右、分为 5 个开发小组的团队)，不宜让全部开发团队的成员都参加，则可以安排代表参加，但代表要覆盖所有的角色、所有的开发小组。

- 项目团队中的客户代表。客户代表是连接项目开发团队和其他客户方参会人员的重要桥梁，既可以向客户方解释迭代的业务价值和目标，也可以在演示期间确认其他客户方人员提出的反馈和需求并向开发团队解释。

- 更多客户和最终用户代表。通过观看甚至操作迭代开发结果系统，确认系统开发符合业务预期，提出反馈、需求变更或新需求，供产品负责人或客户代表考虑。

- 项目投资人。根据迭代开发结果和客户方代表的反馈，确定是否继续投资。

2) 演示的目的

迭代演示的主要目的有以下几点：

- 向项目投资人和更多的客户方项目涉众展示开发团队所获得的真实进展，建立他们对项目的信心。

- 让客户代表获得领导(通常为项目投资人)对其工作成果的肯定。

- 项目团队可以正式获得客户方不同项目涉众的正式反馈，作为确定项目下一步走向的重要输入信息。

- 让客户方项目涉众有一个正式提出新需求和需求变更的机会。

- 对于较大的项目团队，在参会的、来自不同开发小组的项目成员之间进行信息交流，让每个成员都能看到别的小组的工作成果，有助于他们了解整个项目的业务领域知识。

3) 演示过程

演示的过程因项目而异，下面列出一个仅供参考的流程：

(1) PM/IM 展示迭代的计划进度、实际进度完成情况和整个项目或发布的进度情况。

---

[12]：作者也赞同这种观点。缺陷有工作量，但其点数为 0，因为点数已经计算在其所属的用户故事之中，所以修正缺陷的工作量是开发团队要偿还的债务。如果将缺陷的工作量也用点数来计量，会造成开发速度度量值的虚高，对项目和发布的时间进度预测非常不利。

(2) 客户代表或业务负责人介绍本迭代最初确定的业务目标。

(3) 客户代表列出本次迭代中所完成的故事列表，说明要演示的故事，逐一进行演示，并回答其他项目涉众的相关问题。

(4) 对于演示期间客户方项目涉众所提出的反馈、需求变更和新需求，指定一名项目成员进行记录。

(5) 演示结束后，项目团队复述并确认所记录的反馈意见、需求变更和新需求，以示对这些意见和需求的高度重视。

(6) 项目投资人作总结性发言。

(7) PM/IM 对与会者表示感谢，并宣布下次迭代演示的时间和地点。

3.4　发布前的用户验收测试

3.4.1　发布前验收测试的必要性

验收测试是一个组织为了接受另一个组织的工作成果所进行的测试。敏捷软件开发过程中的用户验收测试，就是指客户的某些代表对开发团队的开发成果进行测试，测试通过就表示对开发成果可以接受。

在开发过程中，每一个用户故事可能有三次客户验收的机会：第一次是用户故事级，在迭代开发过程中的客户测试时；第二次仍然是故事级，在迭代演示时；第三次是整个发布级，在发布之前集中进行。这里讲的是最后一次，即发布前的用户验收测试。

既然在迭代开发的过程中已经有了两次客户验收的机会，而且敏捷软件开发声称在任何一次迭代结束时的产品增量都是可发布的，为何在发布之前还需要专门的验收测试呢？这主要因为：

- 前两次客户验收都是基于故事层面进行的，而故事层面的验收测试用例往往过于简单，注重正常业务流程(Happy Path)，而忽略了错误和例外处理流程；
- 基于故事的客户测试注重功能性，而忽略整个系统级的非功能性测试；
- 参加前两次客户验收的人数有限，不具有广泛的代表性。

3.4.2　用户验收测试的分类及实施

作者所接触到的敏捷软件开发项目，在每个发布上线前几乎都有专门的用户验收测试(UAT)阶段。由于这个测试的最终结果是要做出产品是否可以发布到生产环境的决定，因此不同项目的客户或投资人有不同的动机和期望，采用不同的标准和方法。测试的结果只是给产品接受者提供了更多的信息，最终是否接受产品还是完全取决于接受者。

1. UAT 为庆祝仪式

1) 目标

作为开发服务提供商向客户移交产品的一种仪式。理想情况下任何一个敏捷软件开发都应当采用这样的 UAT，或者很多敏捷软件开发大师们这么说过，因为软件产品的质量在开发过程中已经得到高度保证，客户代表已经全程参与开发过程，不断进行验收测试，所以产品发布不过是最后一道工作量近乎为 0 的工序。但是作者尚未遇到过如此完美的敏捷软件开发项目。

2) 测试者和测试方法

理想情况下不需要任何测试者，只需一个快乐的软件操作表演者，面对将要使用该产品的用户熟练地表演如何使用产品，不用去探索、试图发现更多的缺陷，甚至不用用户对产品进行任何验证工作，这一切在开发过程中已经完成。

如果用户验收测试的目的是一种庆祝仪式，则如何测试已经无关紧要，最好不要做探索性的测试，以免发生意外、发现新的缺陷，因为如果发现缺陷将是一种灾难。参与测试或表演的"测试专家"的超强能力就体现在"发现不了缺陷"上。一件本不值得去做的事情，自然无需做好。

2. UAT 为需求验证活动

1) 目标

作为产品需求符合性验证的最后一关。这是最经常被使用的 UAT，符合客户对 UAT 的预期，而且往往都会作为一个必要的环节体现在开发合同中。这样做的原因，是当开发人员说"软件可运行"时，真实情况往往只是"产品似乎在一定程度上满足了某些需求"[Bach 2005]。

2) 测试者和测试方法

往往是客户方组成一个验收测试团队，与项目团队中的客户代表、质量分析师一起进行。作者曾经参加过一个发布的用户验收测试阶段(历时 4 周，相当于 4 个迭代周期)，大致的过程如下：

(1) 客户方成立一个 20 余人的验收测试团队(UAT 团队，包含项目的业务负责人和客户代表)，项目开发团队中派出 1 名 BA 和 2 名 QA 加入 UAT 团队，测试人员集中在客户处。

(2) 进入 UAT 阶段之前，开发团队的 BA 和 QA 们一起，从整个产品的业务角度设计测试用例和场景、形成文档，如图 3-11 至 3-14 所示(作者已经对真实项目数据进行了处理)，经业务负责人和客户代表加以确认。

	C8	▼	f_x	
	A	B	C	
1	UC#	UC Name	Description	
2	UC001	Maintain User Roles & Privileges	CRUD available user roles & assigned privileges	
3	UC002	Maintain User Profile	CRUD user profile & its role(s)	
4	UC003	User Login	LDAP user login & error handling	
5	UC004	Maintain BOM	CRUD Material profiles & BOM	
6	UC005	Maintain MPS	CRUD different versions of MPS	
7				

Introduction　Use Cases　Scenarios　Data　Exp...

图 3-11　UAT 文档——业务用例列表

Scenario#	UC#	Description	Preconditions	User Privileges	Additional Test Steps	Notes
S001.01	UC001	Add the first role	No user role created before	Default Administrator		
S001.02	UC001	Add a new role	Name of role added does not exist	Default Administrator		
S001.03	UC001	Add an existing role	LDAP user login & error handling	User Role Creation Permission		
S001.04	UC001	Add the first privilege	CRUD Material profiles & BOM	Default Administrator		
S001.05	UC001	Add a new privilege	CRUD different versions of MPS	User Role Creation Permission		

图 3-12　UAT 文档——业务场景设计

Scenario#	Data Description	Value 1	Value 2	Value 3	Value 4	Value 5
S001.01	Role Name	111111	Admin	System-admin	System Admin	Syst&m Admin
	Role Description	Invalid role name	Preserved role	Valid role name	Another valid role name	Also an invalid role name
S001.02	Role Name	Another Role				
	Role Description	New role				
S001.03	As for S001.3; Value 1					
S001.04	Privilege ID	URC				
	Privilege Name	User Role Creation Permission				
	Privilege Description	Valid: CRUD new user role				
	Urls Denied					
	Urls Accessible	users/				

图 3-13　UAT 文档——测试数据设计

Scenario#	Value	Expected Results	Verification Method
S001.01	Value1	User role not created	View a warning message; Search available user roles with Value1.RoleName and should match nothing
	Value2	User role not created	View a warning message; Search available user roles with Value2.RoleName and should match one role with a description different from Value2.Role Description
	Value3	User role created successfully	Search available user roles with Value3.RoleName and should match one role which has just been created
	Value4	User role created successfully	Search available user roles with Value3.RoleName and should match one role which has just been created
	Value5	User role not created	View a warning message; Search available user roles with Value1.RoleName and should match nothing

图 3-14　UAT 文档——期望测试结果(需求)

(3) 客户现场的 UAT 团队分成 6 个小组，按照业务功能领域分成不同的测试小组，在 UAT 环境中对将要发布的产品并行测试，验证产品和测试用例中的输出结果的吻合度。

(4) 对于测试过程中所发现的缺陷进行严重性分类：

① 障碍级缺陷(Blocker)。业务流程无法继续执行，测试被迫中断。

② 关键级(Critical)。业务流程可通，但业务结果不符合期望。

③ 中级(Medium)。业务结果正确，虽明显和期望结果有差异，但用户能够容忍。

④ 低级(Low)。业务结果正确，只是和期望结果有微小差异。

⑤ 需求变更(Change Request)。超出已经完成的用户故事范围的新需求或需求变更。

(5) 离岸的开发团队针对不同级别的缺陷进行不同的处理：

① 对于障碍级缺陷，必须在第一时间解决并立即发布新的 UAT 版本(紧急版本)。

② 每周发布一次 UAT 升级版本，包括最新缺陷修正结果，对于关键级缺陷，必须在最终产品发布前解决。

③ 对于中级及低级缺陷，本着在指定的截止日期前能解决多少就解决多少的原则进行修正，在产品发布前可不完全解决、遗留到后续发布中(成为 Hangovers)。

④ 对于需求变更，除非经过评估、认为不完成将影响本次发布产品的业务完整性或正确性，否则，一律作为遗留故事在后续发布中参与开发优先权的竞争。

3) 存在的问题

作者所经历的项目大致都是采用这种 UAT。这些项目具有类似的特点：发布日期临近，计划中的用户故事虽然也都标注为"完成"，但仍存在诸多缺陷。项目团队也已经很疲劳，大家都希望赶紧通过客户的验收测试了事。

从原理上说，这种需求验证性 UAT 是不可能在解决所有缺陷后才结束的，主要缘于三点：一是产品的完整需求无法准确描述，"心中所想"、"UAT 测试用例中所写"、"工作所需"可能都不一致，因此不同的测试人员会有不同的验证结果；二是需求在开发完成时是以一个一个独立的小块——用户故事组织的，在一个较长的发布周期内往往会发生需求的变更，那么在发布临近结束时从整个发布层面所设计的 UAT 用例，是否准确体现了最新的需求；三是参加 UAT 的很多人并不是项目团队中的客户代表，也未必能够每次都参加迭代演示，更不能要求这些人能够从整体上对目标系统的需求有很清晰的认识、与客户代表和业务负责人给项目开发团队所描述的的需求一致。

当你听见某个人说"产品可用"时，可直接翻译成"我们测试的努力程度还不足以发现产品中的问题，系统还没有运行足够长的时间，或者我们还没有在不同的环境条件下运行产品。"因此采用这种 UAT 的项目，必须让客户预先有一个现实的期望。作者曾经经历过一个非关键性业务项目，客户代表往往期望实现零缺陷发布(即在发布前解决全部的缺陷)，几度推迟发布日期也没有达成所期望的结果，没有从投入产出比最大化的角度看待缺陷。

不过这种方法的 UAT 至少有一个好处，即减少了专门对用户进行新产品使用的培训时间。在前面那个拥有 20 多人的 UAT 团队的项目中，那次发布虽然有很大的产品功能增量，但上线前既没有更新产品使用手册，也没有进行专门的用户培训，不过，产品发布最终也算是成功上线了。

3. UAT 为 β 测试

1) 目标

作为发现缺陷和(或)市场活动的行为。如果所开发产品是面向广大公众市场的商业软件，可以采用这种 UAT，其目标是为了在产品正式上线前发现更多的缺陷(功能、易用性)甚至是更多的、来自目标用户群体的真实需求，同时作为一种产品的市场宣传活动，如吸引公众的兴趣、培养产品的早期使用者等。

2) 测试者和测试方法

测试者中的一部分是客户企业外部一大批不可控的、既没有专门测试技巧也没有足够的测试动力的人，另一部分是少数客户企业内部的专门测试人员。对于客户企业外部的测试者来说，测试的方法大多是随意性的测试。

4. UAT 为探索性测试

1) 目标

作为发现产品缺陷、保障产品质量的最后一关。常常对于关键性业务、质量要求极高的系统使用，如银行的交易系统或者企业的 ERP 系统。

2) 测试者和测试方法

测试者往往都是由客户雇用的、挑软件毛病的专家，想方设法去挑战目标系统、让系统存在的缺陷暴露，直到专家们认为可以停止为止。这种测试往往时间较长，一般长达数月，而且往往会分为实验室测试(或叫做仿真)、系统并行运行两个阶段。只有在并行运行阶段中所有业务或交易数据与现有生产系统或手工操作结果完全一致的情况下，客户才真正让产品发布上线。

第 4 章　敏捷管理实践

4.1　项目范围管理

4.1.1　引例

春节将至，你带了 500 元到附近的一个综合市场置办年货。假设这个综合市场规定：每件物品一经购买一律不得退换。

1. 项目计划及预算

你的夫人给了你一张详细的购物清单，如表 4-1 所示。

表 4-1　年货置办清单

类别	品　名	计 划 数 量	估 计 单 价*	预算/元
食品	猪后腿肉	2 kg	24 元/kg	48
	熟牛肉	1 kg	40 元/kg	40
	石斑鱼	0.75 kg	120 元/kg	90
	大米	2.5 kg	4 元/kg	10
	面粉	2.5 kg	6 元/kg	15
	豆角	2 kg	7 元/kg	14
	青椒	1 kg	6 元/kg	6
	西红柿	1 kg	6 元/kg	6
	韭菜	1.5 kg	4 元/kg	6
日用品	菜刀	1 把	25 元/把	25
	洗衣粉(2 kg)	1 袋	20 元/袋	20
	洗发水	2 瓶	13 元/瓶	26
	拖把	1 把	65 元/把	65
其他用品	对联	3 副	10 元/副	30
	红灯笼	2 对	10 元/对	20
	工艺鞭炮	4 串	15 元/串	60
	中国象棋	1 副	17 元/副	17
合　计				498

注：* 估计单价是按照最近一次购买的价格计算，或者按照常识进行估计的结果。

2. 第1次反馈

当你赶到市场后，发现临近年关，物价飞涨，特别是蔬菜和肉类更是如此。可民以食为天，于是你依然开始了紧张的采购。过了一会儿，突然你感觉到似乎有完不成任务的风险，于是你核算了一下实际的开支情况，发现已经超支了39元(如表4-2所示)。

表4-2 年货置办情况一览(第1次反馈时)

类别	品 名	计划数量	实购数量	估计单价	实际单价	预算/元	实际支出/元	超支/元
食品	猪后腿肉	2 kg	2 kg	24 元/kg	32 元/kg	48	64	16
	熟牛肉	1 kg	1 kg	40 元/kg	50 元/kg	40	50	10
	石斑鱼	0.75 kg		120 元/kg		90		
	大米	2.5 kg	2.5 kg	4 元/kg	6 元/kg	10	15	5
	面粉	2.5 kg	2.5 kg	6 元/kg	7.2 元/kg	15	18	3
	豆角	2 kg		7 元/kg		14		
	青椒	1 kg	1 kg	6 元/kg	9 元/kg	6	9	3
	西红柿	1 kg	1 kg	6 元/kg	8 元/kg	6	8	2
	韭菜	1.5 kg		4 元/kg		6		
日用品	菜刀	1 把		25 元/把		25		
	洗衣粉(2 kg)	1 袋		20 元/袋		20		
	洗发水	2 瓶		13 元/瓶		26		
	拖把	1 把		65 元/把		65		
其他用品	对联	3 副		10 元/副		30		
	红灯笼	2 对		10 元/对		20		
	工艺鞭炮	4 串		15 元/串		60		
	中国象棋	1 副		17 元/副		17		
合 计						498	164	39

你及时将情况向夫人作了汇报，为了节约成本，完成采购任务，根据市场真实行情，你给夫人提出了两项建议：

(1) 原本打算包饺子用的韭菜，实际价格已经窜升到10元/kg，而事先估计的单价仅为4元/kg。你注意到市场上的芹菜售价为5元/kg，也可用来包饺子，于是建议买1.5 kg芹菜代替韭菜。

(2) 石斑鱼的售价已经涨到170元/kg，而桂鱼的售价才40元/kg，你建议买2条桂鱼(每条 0.5 kg 左右)代替石斑鱼，一样可以"年年有余"。

你的夫人同意了你的建议，并夸奖你很有理财头脑。于是你继续采购，直到接到夫人一个让你惊出一身冷汗的电话。

3. 第 2 次反馈

此时你的采购情况如表 4-3 所示。

表 4-3 年货置办情况一览(第 2 次反馈时)

类别	品名	计划数量	实购数量	估计单价	实际单价	预算/元	实际支出/元	超支/元
食品	猪后腿肉	2 kg	2 kg	24 元/kg	32 元/kg	48	64	16
	熟牛肉	1 kg	1 kg	40 元/kg	50 元/kg	40	50	10
	石斑鱼	0.75 kg	0	120 元/kg	170 元/kg	90	0	−90
	桂鱼	0	1.1 kg		40 元/kg	0	44	44
	大米	2.5 kg	2.5 kg	4 元/kg	6 元/kg	10	15	5
	面粉	2.5 kg	2.5 kg	6 元/kg	7.2 元/kg	15	18	3
	豆角	2 kg	2 kg	7 元/kg	10 元/kg	14	20	6
	青椒	1 kg	1 kg	6 元/kg	9 元/kg	6	9	3
	西红柿	1 kg	1 kg	6 元/kg	8 元/kg	6	8	2
	韭菜	1.5 kg	0	4 元/kg	10 元/kg	6	0	−6
	芹菜	0	1.6 kg		5 元/kg	0	8	8
日用品	菜刀	1 把		25 元/把		25		
	洗衣粉(2 kg)	1 袋		20 元/袋		20		
	洗发水	2 瓶		13 元/瓶		26		
	拖把	1 把		65 元/把		65		
其他用品	对联	3 副		10 元/副		30		
	红灯笼	2 对		10 元/对		20		
	工艺鞭炮	4 串	4 串	15 元/串	17 元/串	60	68	8
	中国象棋	1 副	1 副	17 元/副	15 元/副	17	15	−2
合计						498	319	7

你们的对话如下：

夫人："我发现家里没有油了，你别买工艺鞭炮和中国象棋，改买 1 桶 2.5 L 的花生油、1 瓶 300 ml 的香油，估计得 70 元左右。"

你："可是我已经买过鞭炮和象棋了！日用品还都没有买，对联和红灯笼也还没有买。"

夫人："那就别买拖把了，家里的那把还能凑合用；洗发水先买 1 瓶吧！最后买洗衣粉，如果钱还不够，就买小袋装或不买了，家里剩余的量还能用几天。"

4. 项目的最终结果

你终于成功地完成了夫人交待的任务，最终的采购结果如表 4-4 所示。不难发现，你在预算内完成了采购，可是采购的内容与最初的计划已经有了明显的差别。

表 4-4　年货置办情况一览(最终结果)

类别	品名	计划数量	实购数量	估计单价	实际单价	预算/元	实际支出/元	超支/元
食品	猪后腿肉	2 kg	2 kg	24 元/kg	32 元/kg	48	64	16
	熟牛肉	1 kg	1 kg	40 元/kg	50 元/kg	40	50	10
	石斑鱼	0.75 kg	0	120 元/kg	170 元/kg	90	0	−90
	桂鱼	0	1.1 kg		40 元/kg	0	44	44
	大米	2.5 kg	2.5 kg	4 元/kg	6 元/kg	10	15	5
	面粉	2.5 kg	2.5 kg	6 元/kg	7.2 元/kg	15	18	3
	豆角	2 kg	2 kg	7 元/kg	10 元/kg	14	20	6
	青椒	1 kg	1 kg	6 元/kg	9 元/kg	6	9	3
	西红柿	1 kg	1 kg	6 元/kg	8 元/kg	6	8	2
	韭菜	1.5 kg	0	4 元/kg	10 元/kg	6	0	−6
	芹菜	0	1.5 kg		5 元/kg	0	7.5	7.5
	花生油(2.5 L)	0	1 桶		56 元/桶	0	56	56
	香油(300 ml)	0	1 瓶		12 元/瓶	0	12	12
日用品	菜刀	1 把	1 把	25 元/把	23 元/把	25	23	−2
	洗衣粉(2 kg)	1 袋	1 袋	20 元/袋	21 元/袋	20	21	1
	洗发水	2 瓶	1 瓶	13 元/瓶	14 元/瓶	26	14	−12
	拖把	1 把	0	65 元/把		65	0	−65
其他用品	对联	3 副	3 副	10 元/副	10 元/副	30	30	0
	红灯笼	2 对	2 对	10 元/对	12 元/对	20	24	4
	工艺鞭炮	4 串	4 串	15 元/串	17 元/串	60	68	8
	中国象棋	1 副	1 副	17 元/副	15 元/副	17	15	−2
合计						498	498.5	0.5

说明：黑体字表示采购数量与计划不符的物品。

4.1.2 项目管理三角形

1. 传统软件项目管理三角形

传统软件开发过程往往都是先定义一个明确的项目范围，据此进行自顶向下的功能分解，然后估计开发时间(项目历时)和开发成本，即由一个固定的项目范围推导出项目的时间和成本，如图 4-1 所示。在传统的软件开发方法中，无法达成一个范围、项目历时、成本和质量的平衡，这往往是软件开发项目失败的重要因素。造成这一结果的根本原因，是不同的涉众心目中给予这些因素各自不同的优先级排列。如 IT 经理最希望目标系统的质量得以保证，财务总监最希望能够控制项目总体成本，高级业务经理最希望项目能够按时交付，而最终用户最关注项目的范围。如果每一方都坚持各自的目标，不愿意为别人迁就一下，项目管理三角形就会被打破，往往就可能造成以下结果：

图 4-1　传统软件项目管理三角形

(1) 项目被取消。据统计，大约有 23%的软件开发项目在还没有交付系统的情况下就被终止了[Standish 2001]。

(2) 延迟交付和(或)超出预算。大约有 49%的项目严重超出预算(平均超支 43%)或迟于计划工期交付[Standish 2001]。或许这些项目团队的估计方法有待提高，但更多的时候是即便项目组知道不能按时交付，也抱有幻想，不告知高层管理者项目的真实进度。而且当投资项目的组织已经投入大量资源后，IT 部门的人也知道即便项目延迟或超出预算，组织仍然可能会继续对项目提供支持。

(3) 提交质量低劣的软件。当开发团队被迫交付超出时间和资源所允许的功能数量时，他们往往会想办法走"捷径"，其结果就是软件质量难免受到损害。

(4) 减少交付范围。项目团队不能交付所有要求完成的功能。BCS 在调查了 1027 个 IT 项目后，发现 82%的项目会将范围管理不力作为单独的、会引起项目失败的最大因素，认为范围管理在项目失败因素中所占权重高达 25%[BCS 2009]。

我们可以将 4.1.1 节中的引例和软件开发项目进行对比，如表 4-5 所示。试想如果该引例中的购物活动采取传统软件项目管理方式，那么要想在预算内达成原定的购物范围是不可能的，唯一的办法是牺牲质量(即短斤少两)，这样会严重损害家人健康(食品的量不能满足全家春节假期的需要)。

表4-5　年货置办活动和软件项目概念对照

年货置办的概念	软件项目管理概念	说　明
购买量	软件质量	购买量越大，表明软件质量越高，所需成本越高。因为不能让全家在春节期间饿肚子，所以食品的购买量(软件质量)是不可妥协的
购物清单	项目需求和范围	购物清单越长，估计价格越高，每种物品购买量越大，相当于项目范围越大
估计价格	计划开发速度	估计价格越低，相当于计划的开发速度越高，项目计划所需的时间越短
实际价格	实际开发速度	实际价格越高，相当于实际的开发速度越低，在项目范围不变的情况下，项目实际所需的时间越长
实际支出	实际开发时间	实际支出
新增购物请求	新增需求	项目范围增大
购买廉价替代品	需求变更	通过需求变更，降低价格，相当于减少项目范围
放弃购买某个物品	需求删除	通过删除某些需求，减少项目范围
不允许退换货	已经实现的需求，花费的成本不可逆	如果需求变更，已经发生的实现成本(已经购买的物品)无法退回，即需求变更可能有成本

2. 敏捷项目管理三角形

　　年货置办活动的启示，是在生活中我们往往根据速度和时间(实际单价)、成本(预算)来确定范围(实际购买的物品)。在确定范围时我们会优先满足最重要的需求(如购买足够的食品)，根据口袋有多少钱、能买多少东西(取决于物品单价)进行采购。敏捷项目管理其实也就是这个道理在软件开发项目中的应用，如图4-2所示，由项目的完成时间和成本来确定项目最终所交付的范围。

图4-2　敏捷项目管理三角形

　　敏捷软件开发项目中，首先认为软件质量是不可妥协、必须保证的。敏捷软件开发希望通过一种按时间付费的合同，建立项目开发成本和项目历时、团队规模之间的一种线性关系。开发过程中首先实现用户最重要的功能，通过迭代式、增量开发的方法，每次迭代结果几乎都可以作为项目的最终结果，当开发时间(或项目成本)达到所设定的值时，可以停止继续投资，此时也可以获得一个可运行的系统，不过其功能范围受开发速度、项目历时(或项目成本)的限制，不能在项目开始前就固定。

4.1.3 需求变更管理

1. 传统开发方法中的变更成本曲线

需求变更管理是传统软件开发方法中最令项目经理头疼的问题，越是到项目的后期，变更所带来的风险会越高。根本的原因，是在传统的、基于自顶向下分解的软件开发过程中，需求变更的成本将随着发生变更的时间呈指数上升，如图 4-3 所示[Ambler 2002]。

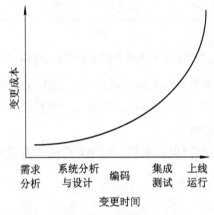

图 4-3　传统软件开发中的变更成本曲线

这条曲线的变化说明了传统项目管理的出发点是如何控制变更的：不必要的变更最好不做；即使是必要的变更，也要严格控制在最小的范围内。

2. 敏捷项目中的变更成本曲线

K.Beck 认为在采用极限编程后的变更成本曲线是一条渐近线，如图 4-4 所示，这主要是因为采用了测试驱动开发(TDD)方法的缘故。TDD 方法让反馈周期降低到以分钟计，变更的成本很低，根本没有机会增大到失去控制的程度。

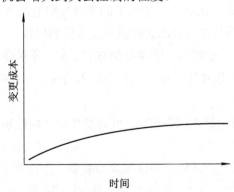

图 4-4　XP 中的变更成本曲线[Ambler 2002]

[Ambler 2002]认为图 4-4 中的需求变更成本曲线有点理想化，实际上敏捷软件开发项目

中的变更成本曲线如图 4-5 所示, 不是真正的渐近线, 随着时间的增长变更成本也会加速增长, 只不过增长的速度比传统方法低很多。

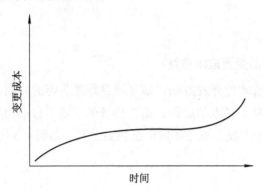

图 4-5　敏捷项目中更为真实的变更成本曲线[Ambler 2002]

实际的变更曲线之所以不是平坦的渐近线, 主要原因有以下两点:

● 随着时间的推移, 业务代码库和测试代码库的规模会不断增长, 在项目后期中如果发生变更, 需要修改的地方会增多。

● 项目后期非代码的产出物也会增多, 如用户手册、系统维护手册等。这些产出物修改起来远远不够灵活。

3. 敏捷需求变更管理

即便到了项目后期, 需求变更的成本也没有很大的增加, 同时敏捷项目管理三角形中的项目范围又是因变量, 因此, 客户可以较为自由地随时提出变更需求。

1) 增加用户故事

(1) 在当前迭代中增加。Scrum 建议在迭代开始后就冻结当前迭代的需求, 不过作者认为只要当前迭代中还有尚未开始工作的用户故事, 就可以尝试增加新故事, 置换出差不多等量的未开工用户故事。置换出来的故事将作为备选故事重新参加后续迭代计划。如果当前迭代中没有未开工的用户故事可置换, 则不要为了实现这个新增故事而轻易中止进行中的故事, 除非新故事的重要性比进行中的故事的重要性明显高出许多。因为所有在制品都是一种库存, 都是浪费, 而且这种做法会打击开发人员的积极性。

(2) 在后续迭代中增加。敏捷项目非常欢迎这种变更, 不用特别处理。新的用户故事将在下次迭代计划时参与优先级排序, 通过竞争被纳入迭代计划, 获得实现的机会。

2) 修改用户故事

(1) 故事已经在之前或当前迭代中实现。此时就作为新增故事处理, 已经付出的开发成本只能算是浪费掉了。

(2) 故事尚未纳入迭代开发计划。替换原来的故事, 重新进行故事大小估计, 等待下次迭代计划的机会。

(3) 故事在当前迭代开发计划中, 但尚未实现。此时要重新估计故事大小, 如果工作量有明显变化, 需要根据变化幅度移出或移入相应大小的故事。

(4) 故事正在开发过程中。需要考虑返工工作量是否能够被迭代中的缓冲吸收掉，若可以则进行变更。如果进行变更，则这个故事必然会延迟到下一迭代，因此新故事不要在本次迭代中开发，同时将已经为这个故事开发的代码删除。若本次迭代还有充裕时间，则可移入一个合适的故事(可以是从变更后的故事中拆分出来的)。

3) 变更优先级

每次在制定迭代计划时，客户都有一次重新排定故事优先级、必要时同时调整发布计划的机会。如果在迭代开发过程中，需要将某个未纳入本次迭代的用户故事提升到当前迭代中开发，则视同在当前迭代中新增用户故事处理。

4.1.4　敏捷范围管理

虽然敏捷软件开发项目的范围是开放的、由项目成本和项目历时所确定的，但并不表明敏捷软件开发过程中不需要进行范围管理。敏捷项目的范围管理不仅仅是项目经理和需求分析人员的责任，也应当是全体项目成员的责任。范围管理如果没有有效进行，则主要会带来两种问题：

(1) 将不符合项目业务目标的需求加入系统，造成项目偏离在规划阶段已达成共识的目标；

(2) 过分扩大用户故事的范围和复杂度，不能有效控制用户故事的成本，给客户造成浪费。

1. 需求要与项目的业务输出目标校准

涉众对项目的期望有三类：业务输出目标、项目管理目标和软件产品目标。业务输出目标是指项目对企业经营战略的支持(如帮助客户获得一定的市场份额等)；项目管理目标是客户的决策层是否能够感知到项目的可控性和可预测性；而软件产品目标由软件所包含的功能需求和非功能需求等因素决定。项目愿景应当是所有三类目标的综合体现，但最重要的应当是业务输出目标。因为和开发团队一起工作的客户代表往往是目标系统的最终用户，同时软件产品目标更加容易预测和管理，所以项目开发的关注点往往会早早就陷入了仅满足产品目标，而忽略其他目标的境地。

例如在某一个 ERP 项目中，业务输出目标是为了降低总体库存水平。当一个资深的仓库管理员作为客户代表和业务负责人后，从自身的工作职责出发，提出了很多功能需求来帮助库房提高入库操作、库存盘点操作效率，这些功能虽然与业务输出目标有一定的联系，但更多的是体现了局部最优的需求。

为了避免过于关注产品目标而忽略项目愿景、引入对业务输出没有增值效果的需求，一种方法是在每次进行迭代开发时先确定一个迭代的愿景，并将这一迭代愿景与项目愿景进行比对，确定其与项目愿景完全一致。迭代的愿景应作为确定用户故事优先级、挑选迭代用户故事的重要指导。

另一个避免忽略项目愿景的办法，是在制定迭代计划时让项目投资人、客户代表(业务负责人)和更多的最终用户一起参与。迭代中所选取的每一个用户故事，都必须经过仔细检查，确保和项目的总体业务输出目标一致。如果发现某个高优先级的故事不能和最初所确定的业务输出目标一致，则说明要么这个故事是多余的，应当从项目范围中移出，要么当初确定的业务输出目标已经无法和真实情况吻合，需要重新确定一个项目愿景并达成共识。

2. 控制用户故事的实现成本

技术人员往往有追求完美的倾向，在实现一个故事时常常会在不知不觉中做很多非必要的工作。作者曾经在项目中遇到过一个用户故事，用来实现我们所开发的系统和客户方已经购买并投入运行的一个文档管理系统之间文档的相互交换。那个项目中在进行迭代计划时没有基于任务分解、对用户故事重新进行大小估计。当实现这个故事时，一对开发人员工作一天后告诉作者说原来的故事大小估计太低，经了解才知道他们的设计方案是在文档管理系统宿主机器上启动一个服务，通过 Web Service 和文档管理系统的二次开发 API 实现两个系统之间的文档同步。其实在进行初始故事评估时有一个关键的假设：两个系统一定要在同一台机器上部署，且二者之间只需要配置一个文件交换目录便可。

如果在进行迭代故事大小估计时发现估计的结果与初始故事大小相差很大，往往需要警惕，一定要弄清楚当初进行估计时的假设是否已经足够支持所期望的业务目标，以免无谓地扩大故事的需求范围、增加故事的实现成本。

开发人员不论是在对迭代故事进行任务分解时还是在迭代故事的开发过程中，都要随时有成本控制的警觉性。如果遇到技术上实现成本很大的情况，可以和客户协商，争取找到一个投入产出比更高的方案。如在某一个 Web 应用项目中，开发人员经过和客户代表协商，在用户界面上作一点点简化，既不影响业务价值实现，又大大减少了开发成本。

4.2　每日站立会议(Stand-up)

4.2.1　Stand-up 及其作用

1. Stand-up 的定义

每日站立会议(Daily Stand-up Meeting，本书中简称为 Stand-up)，就是整个项目团队在每天进行的一次会议，同步整个项目的工作状态。历时一般不超过 15 分钟，为了保持会议焦点明确、时间短，采取围成一个圆圈、站立会议的形式。如果需要详细讨论某些 Stand-up 上的问题，可以在 Stand-up 结束后由相关的人员进行私下沟通。通过这样一个短会，可以避免大量的、需要全体或大部分项目成员参加的正式会议。

在 Stand-up 会议上，每个项目团队的成员简单介绍以下四个方面，所需时间不应超过 1 分钟。每个人可以只说这四个方面中的某几项。

- 上次 Stand-up 以来，你做了什么；
- 下次 Stand-up 之前，你打算做什么；

- 你工作中碰到了哪些障碍；
- 其他需要团队共享的、关于项目的重要信息。

2. Stand-up 的目的

Stand-up 的目的，主要有分享个人的承诺、寻求通过相互帮助实现承诺的机会、沟通项目状况、聚焦项目工作方向、加强团队建设等[Yip 2007]。

1) 分享个人承诺

分享个人承诺是 Stand-up 最重要的目的。在 Stand-up 中，每个人介绍的前两项内容的过程，就是在分享上次承诺的完成情况以及向团队做出下一个承诺的过程：上次 Stand-up 上你的个人承诺及完成情况如何？在下次 Stand-up 之前，你向团队承诺完成哪些工作？

项目中的每个成员(包括项目经理)对项目的状况事先已经了解了很多，可为什么还要每个人自己在 Stand-up 上说一遍呢？其作用就是让每个项目团队在同伴面前公开进行承诺，而不是被动地接受任务和管理，从而能更加主动地为团队承担起责任。

如果发现项目团队中没有安排合适的人做合适的事情，从团队效率最大化的角度考虑，Stand-up 也是更新个人承诺的好时机。例如开发人员 A 发现自己因为不熟悉某项技术而造成上一周期(24 小时)的工作进度比预料的慢很多，而开发人员 B 对该技术比较精通，或许在未来的一个周期中 A 可以与 B 交换一下任务。

2) 寻求通过相互帮助实现承诺的机会

Stand-up 中每个人介绍后两项内容，就是在寻求能否相互帮助，提高整个团队完成每个成员的个人承诺的机会：你在完成个人承诺的时候，是否需要别人帮助？你是否发现重要的、会影响(加速或阻碍)他人实现自己承诺的信息并希望广而告之？

一旦个人将自己实现承诺中所遇到的困难公开，这个困难便不再只是一个人的困难，整个团队就有一起承担、克服困难，达成共同目标的责任。

Stand-up 的责任是识别和共享困难，具体解决方案应当在 Stand-up 结束后(线下)进行。

3) 沟通项目状况

Stand-up 来源于 Scrum 中的每 24 小时的检查机制(每日 Scrum 会议)，让每个人都能够就项目、发布、当前迭代甚至过去 24 小时内的各种项目信息获得一致的、最新的认知，以便于确定下一个 24 小时的工作是否需要改进(就是下文所说的"聚焦团队工作方向")。项目状态沟通在传统的软件开发项目管理中也有，一般都是项目经理以报告的方式向内部成员和外部项目涉众通报这类信息。不过在敏捷软件开发项目过程中至少有两点不同：

(1) 这一过程变成了由整个团队而不只是项目经理来主导进行，作战墙[1]作为辅助的、可视化的项目状态信息披露报告。

(2) 项目状况(进度、成本、质量、风险、范围等)是真实而直观的，即便项目的真实状况没有达到项目投资人的预期，也没有人担心会因为披露了真实状况而受到惩罚，因此无需进行装饰。

---

[1]：作战墙包括但不仅仅是通常所说的故事墙，参见本书 4.6.1 节。

4) 聚焦团队工作方向

根据 Stand-up 对过去 24 小时工作状况的总结，结合项目的最新状态，团队需要确定今后 24 小时内的工作重点，并将每个人的工作重心统一到一个方向上，避免个别团队成员因个人的兴趣或对当前工作重点理解的不准确而将时间浪费在非当前最重要的事情上。

5) 加强团队建设

项目团队通过每天的 Stand-up 沟通信息，分享彼此所遇到的困难并相互协助，共同克服，同时每个人都主动向团队作出自己为项目成功所付出努力的承诺，这非常有助于团队增进团结，提升凝聚力，甚至比任何其他形式的、专门用来进行团队建设的活动还有效。

6) 外部涉众的随机检查点

高级经理、项目投资人或项目外对项目状况感兴趣的人都可以作为听众列席 Stand-up，这样做能够有效减少专门的、费力的项目状况通报会。

不过，一般来说，即便高级经理和项目投资人参加了每次的 Stand-up，项目还是需要正式的项目报告，如项目总体进度等还是需要从更宏观的、Stand-up 不能覆盖的高度进行总结和报告。只不过项目报告的周期可以拉长，范围和形式可得到简化。

4.2.2　Stand-up 的常用实践

1. 相同时间与相同地点

因为项目团队外部感兴趣的人可能要参加，Stand-up 一般每天都在同一个时间和同一个地点进行。即便项目团队中有人还没到，也要按时开始。原则上说，一天的任何时间都可以作为 Stand-up 的时间，不同的时间开始 Stand-up 也各有利弊，实际的项目开发中大多数项目团队都将 Stand-up 的时间安排在早晨，但这不是强制规定，也会出现一些问题(如 4.2.3 节中所列的"等待 Stand-up 后才开始工作"、"总是有人迟到"等)。

在小组团队数目超过一个的大项目中，为了让项目外涉众和项目经理能够选择参加所有感兴趣的 Stand-up，每个小组团队的 Stand-up 时间就要统一安排、避免冲突，而且开始的时间和持续的时间要严格控制，如团队 1 的 Stand-up 时间为上午 9:00—9:15，团队 2 的 Stand-up 时间为上午 9:20—9:35 等。

进行 Stand-up 的最好地点是项目团队的作战墙旁边，因为在 Stand-up 的过程中，每个团队成员都可以在需要的时候快速参考项目中的可视信息。

2. 控制参加者

项目组应当全体参加，如果是大项目则在每个小组内先进行 Stand-up，然后每个小组的迭代经理和项目经理再进行 Stand-up。作者曾经参与的一个由 5 个项目小组组成的项目，每天早晨每个小组在不同的时间进行 Stand-up，其他小组会派一名代表参加(这名代表不固定)，外组代表既可以在需要的时候通报相关的状况，也能够将该组的真实状况带回各自所在的小组，这样有利于不同项目小组之间的协调。

项目外人员可以列席，但列席的听众不能提问或发言，也不能以任何形式干扰 Stand-up

的执行。这一条规定项目经理必须告知这些涉众，若不遵守，可以随时请列席者离开。

有时候因为有高层领导在场，部分项目成员出言谨慎，则最好不要让高层领导列席。另外列席的人数也要严格控制，不宜太多，否则会影响团队成员观察和引用作战墙。

3. 自组织

Stand-up 必须以团队自组织的方式进行，只有这样才能营造一种平等的、人性化的、相互尊重的会议氛围。项目经理和其他管理者都没有特权，否则就演变成了"命令与控制"式的正式项目会议，团队或每个成员就不再愿意主动承担项目成败的责任并作出自己的承诺，Stand-up 也就没有意义了。

4. 聚焦

迭代目标通常都是项目团队近期最重要的目标，因此 Stand-up 中每个团队成员所作出的个人承诺，往往都要聚焦于如何为迭代目标的实现作出尽可能大的贡献。如果有人参加了 Stand-up 后还不清楚本次迭代距离目标达成还有多远(如还有多少用户故事没有完成、主要的障碍是什么等)，则说明 Stand-up 的焦点可能存在问题。这也是让 Stand-up 固定在作战墙处进行的重要原因。

5. 轮转发言(Round Robin)

团队成员在参加 Stand-up 时，随机地选择自己在圆圈中的位置。为了避免在发言顺序的确定上浪费时间，一般采取轮转发言的办法(顺时针和逆时针可随便确定)。项目经理和其他人一样参加轮转，不要总是最后作"总结发言"，这样易于出现 4.2.3 节中"项目经理唱主角"或者"Stand-up 成了仪式"问题。

从谁开始发言，可以自告奋勇，也可采用一些能提起大家精神的、有趣的"惩罚"规则(如最后一个在 Stand-up 开始前加入的人最先开始)。Stand-up 进行中的加入者则一般插入到队尾。

4.2.3　Stand-up 的常见问题

[Miller 2003]列出了几种 Stand-up 的反模式及解决方案，[Yip 2007]也描述了一些常见的"坏味道"(Smells)及消除这些味道要考虑的因素。在此基础上，本节还结合了作者在日常项目工作中所遇到或观察到的一些实际情况。

1. 等待 Stand-up 后才开始自己的工作

Stand-up 放在早晨进行带来的一个很常见的问题，是有些团队成员将 Stand-up 结束作为开始一天工作的标志，即便很早就来到了公司，Stand-up 前也不能或不愿进入工作状态。这对于那些上班时间早晚相差很大的项目团队来说，会因为等待 Stand-up 而造成较大的工作时间浪费。

解决的办法之一，是可以考虑将 Stand-up 放在晚些时候(如午饭前后)进行，让项目成员不把 Stand-up 当作每天上班的"铃声"。

2. 持续时间过长

按照平均每个人 1 分钟时间(含轮转切换时间)计算，10 人左右的团队也只需要 10 分钟左右的时间。如果 Stand-up 超过 15 分钟甚至 30 分钟，就需要分析原因。常见的原因有：

(1) 提出问题后，陷入解决方案的讨论。

(2) 团队成员事先准备不充分，一时间回想不起来上个周期的个人承诺和完成情况。

(3) 人数太多。作者经历过几次 30 人左右的 Stand-up(3 个项目小组团队集中进行)，每次都显冗长。

以下是一些可供考虑的解决办法：

(1) 找一个经验比较丰富的召集人[Miller 2003]。召集人要有个人魅力(威信)、有礼貌但没有耐心，且最好不是"经理"角色的人，因为人们习惯于将头衔(或角色)和威信混淆。召集人的工作就是打断过长或游离于 Stand-up 焦点之外的发言或讨论，而更多的时间是让团队自己组织 Stand-up。澄清问题应当在 Stand-up 上进行，问题一旦澄清，除非解决方案在几秒钟内就能搞定，否则召集人就需要提醒相关人员线下讨论解决方案。

(2) 每个人在参加 Stand-up 之前，将准备共享的信息记在便笺或卡片上，以便在 Stand-up 上参考，避免临时思考、浪费时间。有时候项目成员轮到自己发言时，还在自言自语"昨天我干了些什么了？"这是项目中比较常见的现象。

(3) 固定 Stand-up 时间长度(如 15 分钟)，一旦时间到就强行结束 Stand-up，即便还有人没有轮到发言[Shore et al 2007]。(不过这种方法可能会挫伤整个团队的积极性，作者没有遇到过这样的做法。)

3. 项目经理唱主角

项目经理在 Stand-up 上一定不要问开发人员"xxx 故事你还需要多长时间"之类的问题，否则大家会觉得 Stand-up 就是为了向项目经理一个人汇报和承诺，而不是像其他同事和整个团队作汇报和承诺。

有时候项目经理或许平时不深入项目开发过程，只是个开会听汇报、动不动就斥责项目组工作不力的家伙，[Miller 2003]给出的建议如下：

(1) 尽量降低经理召集大家开正式会议的频率，最好能取消就取消。

(2) 打着其他幌子(如喝咖啡或早茶)，项目组成员背着经理自己开 Stand-up。不过如果你发现 Stand-up 需要刻意排除某个人的时候，往往遇到的问题已经不仅仅是 Stand-up 会议这个层面的了。

4. 七嘴八舌

有时候 Stand-up 成了自由讨论会，没有组织和议程，也没有一定的发言顺序，每个人也不再按"四个方面"这一套路讲话。总是有某几个嗓门大、语速快的人，急着接其他人的话茬，甚至随便打断当前的发言者，弄得嗓门小的人噤若寒蝉。

解决方案是使用"发言令牌"。可用顺手能够找到的、易于手拿和团队成员间抛接的玩具或其他任何东西充当令牌，限制只有手持令牌的人才能够发言。令牌可以按照轮转的方式在团队成员所围成的圆圈中传递，偶尔某个人需要(可能已经轮过，也可能还没有轮到)讲两句时，申请令牌，讲完后立即归还，恢复轮转发言(传递令牌)。这种方法可以有效地杜绝在 Stand-up 上进行讨论。

5. Stand-up 成了仪式

如果你是一个项目的新成员，或刚刚休了很长时间的假，既没有上次的承诺，且自我感觉技能和对项目状况的了解程度也尚不足以立即做出具体承诺，则可以在 Stand-up 上保持沉默(一般我们喊一声"Pass")。不过如果很多人都没有共享什么新的信息，如作者在某个项目中遇到过的那样(大约 30%的项目组成员常说"Pass"、"没什么可说的"、"跟昨天一样")，则说明 Stand-up 或许已经成了一种形式上的仪式。

作者说指的那个项目出现问题的原因是团队士气低落。项目当时进入 UAT 阶段，客户无休止地报告缺陷，团队没完没了地修改缺陷。

可能的解决方案有：

(1) 先做些与技术和项目无关的团队建设活动，提升一下士气。然后严格要求 Stand-up 上每个人都严格按照四个方面进行具体的信息描述，比如修改了哪些缺陷，缺陷是如何引入的，其他人有无需要注意的地方等。

(2) 更换一种 Stand-up 的形式，如将原来的四个方面改为：

① 发现的新信息；

② 存在的困惑；

③ 抱怨并给出建议；

④ 致谢。

6. 总是有人迟到

预定的 Stand-up 时间到了以后，不论是谁没来，都不能影响本次 Stand-up 如期开始。除了对于迟到的人有象征性的惩罚(如给全项目团队的人买冰激凌)外，看是否可以通过更换 Stand-up 的开始时间(如中午)来避免。如果每次迟到的总是同一个人，找出原因或劝其离队。

7. 有事都等到 Stand-up 上才说

有些团队将 Stand-up 看做是代替开发人员之间随机交互的会议，认为每天早晨都已经花上十几分钟一起开过会了，其他工作时间就不必再浪费时间讨论了。实际上，Stand-up 与日常的团队内部非正式沟通和正式项目会议并不矛盾，恰恰相反，Stand-up 会让团队发现更多需要(线下)进一步沟通的机会。

不要因为有了 Stand-up 而取消了日常的团队内部沟通。取消 Stand-up 一段时间，让大家习惯于日常沟通，然后再恢复 Stand-up。

4.3 项目进度跟踪

项目进度跟踪的目的，是根据实际的开发进度和项目范围的变化，来估计项目剩余工作量所需要的开发时间，或者估计计划交付日期前剩余开发时间所能完成的工作量，以便预测项目能否按计划时间交付、误差大约为多少，从而可以更早地进行项目决策，如延期或为了按期交付而缩小项目范围。

敏捷项目中的进度跟踪主要有发布进度跟踪和迭代进度跟踪两种。前者跟踪一个发布计划的完成进度情况，而后者跟踪一个迭代内的进度情况。

4.3.1　发布进度跟踪

为了进行发布进度跟踪，需要分析当前发布内已经完成的工作量(故事点数)和发布范围(总的故事点数)的变化情况。产品负责人随时可以向一个发布中增加用户故事，也可以将某些用户故事移出当前发布，从而造成发布范围的变化。如果某些原有的用户故事其需求发生变化而造成大小重新估计的结果有变化，也会引起发布范围的变化。

1. 无发布范围变化的燃尽图

图 4-6 所示的是一种用燃尽图(Burndown Chart)表示的发布进度跟踪情况和预计完成时间(预计需要的迭代次数)。这种进度跟踪图的最大问题，是无法表示发布范围的变化。从该图中可以看出，本次发布初始时总共有 110 个故事点，预计将需要 8 次迭代开发(不含 UAT 阶段)，但并不知道在发布期间是否有范围的变化。

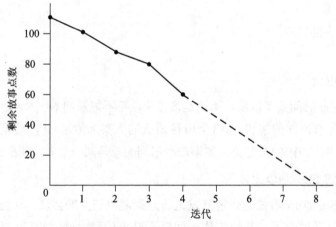

图 4-6　未表示发布范围变化的燃尽图

2. 直方图形式的燃尽图

[Cohn 2005]给出了如图 4-7 所示的燃尽图，能够将开发速度的影响和发布范围的变化区分开来。

最左边的矩形条表示发布开始时的状况，例如图 4-7 中表示发布开始时的初始范围是 240 个故事点。在其余的表达每次迭代的矩形条上，上方顶部的降低程度表示该迭代的实际开发速度，图 4-7 中表示第 1 次迭代的开发速度是 40；下方底部的位置变化表示总的发布范围的变化，下降表示发布范围增大，上升表示发布范围减小，图 4-7 中第 1 次迭代期间发布范围增加了 50 个故事点。

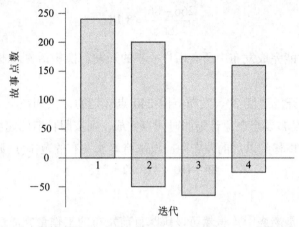

图 4-7　区分了开发速度和发布范围变化的燃尽直方图

图 4-7 这种直方图形式的燃尽图，虽然能够展示发布范围的变化，但很难像图 4-6 那样清晰地用折线表达开发的趋势和发布历时预测。

3. 燃烧图

作者在项目中往往使用如图 4-8 所示的燃烧图(Burn-up Chart)。该图可以观察到每次迭代开始前最新的发布范围(点数，在矩形框上方用数字标出)，图 4-8 表示本次发布初始的范围为 240 点，迭代 1 完成后发布的范围变为 254 点(增加了 14 点)，迭代 2 完成后发布的范围变为 243 点(减少了 11 点)，迭代 3 完成后发布的范围变为 266 点(增加了 23 点)。圆点及数字表示每次迭代结束后本发布中累积完成的故事点数，图 4-8 中表示本发布已经完成了 4 次迭代，其开发速度分别为 20、17、23、26。

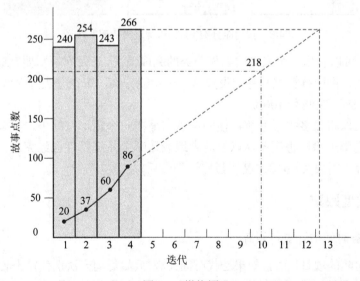

图 4-8　燃烧图

图 4-8 中的虚线表示预计的开发速度，以及按目前的发布范围预测可能需要的迭代次数。假设按照最近 3 次迭代(迭代 2 到 4)的平均开发速度 22 来计算，剩余迭代次数为

$$\frac{266-86}{22}=8.18$$

即还需要 9 次迭代才能完成发布中所有用户故事的开发。换句话说，本次发布总共需要 13 次迭代才能开发完成。

如果最初是按照开发速度 20、发布范围 240 点计划的，预期在第 10 次迭代后发布(假设没有 UAT 阶段)，发布要想在原计划的时间点完成，则按照目前的速度预测，必须将若干优先级相对较低的故事移到以后的发布中，设法将本次发布的范围(点数)减少到

$$86+(10-4)\times22=218$$

4. 停车场图

不论是燃尽图还是燃烧图，虽然可以跟踪目前发布的工作量完成情况，但无法知道每个业务功能分类(或业务特性)的完成情况。为了达到这一跟踪目的，有时候我们在绘制燃烧图的同时也会绘制一种停车场图(Parking Lot Chart)。这种图由 J.Deluca 引入到 FDD 开发过程中[Deluca 2002]，如图 4-9 所示。每个矩形框表示当前分布所涉及的一个功能分类，其中列出功能分类名称、发布中此分类要实现的用户故事总数、故事总点数、已完成故事点数、已完成故事点所占百分比。

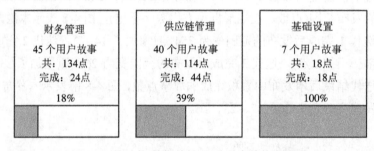

图 4-9　按功能分类(特性)跟踪进度的停车场图

从图 4-9 中可以看出一个发布的功能分类的完成情况。该发布所需要完成的用户故事分别属于财务管理、供应链管理和基础设置这三个功能分类，每个分类到迭代 4 结束时完成的比例分别为 18%、39% 和 100%。

停车场图可以将很多关于系统特性的信息浓缩在一个矩形空间中，实际使用时往往还可以用不同的色彩来涂画进度条，以便清晰地表达哪个系统特性已经完成，哪个正在按计划进度完成，哪个需要关注(即进度明显比计划滞后)。

4.3.2　迭代进度跟踪

1. 基于任务时间估计进行跟踪

只有一个团队的项目，而且如果迭代时间比较短(如每周一次迭代)，作战墙上的故事状态看板或许已经足够来进行迭代进度跟踪所用，无需再用另外的图表。如果一次迭代的历时比较长(如 2 周以上)，或者项目比较大、同时有很多小组在并行工作，此时对于一次迭代内的进度情况也需要进行跟踪。

很多团队借鉴传统 Scrum 的做法，将每个用户故事所分解出来的技术或开发任务进行工作量估计(一般以小时为单位)，然后跟踪这些技术或开发任务的完成情况。[Cohn 2005]中就给出了这种迭代燃尽图，如图 4-10 所示。

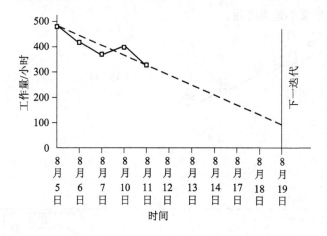

图 4-10　基于任务工作量估计的迭代燃尽图

这种方式的具体做法，是每天(如 Stand-up 之前)将当天还没有完成的所有任务的工作量进行汇总，并标注在燃尽图上。如图 4-10 中迭代开始时(8 月 5 日)所有任务的总工作量是480 小时，迭代长度为 2 周(10 个工作日)，则平均每天要完成 48 小时的任务。中间偶尔还有剩余任务工时增加的情况，或许是因为返工，或许是在迭代的中途发现在迭代开始时的任务分解结果中遗漏了一些任务等。按照图 4-10 中的这种趋势，迭代有不能按时完成的风险。

基于任务工作量的跟踪有几个明显的缺点：

(1) 任务只是开发人员的工作，其工作量估计很难考虑到需求和测试等相关工作量，因此即便进度跟踪的准确度很高，也只是开发(或更准确地说是编码)完成的进度情况。而 1 个用户故事的所有开发任务的完成，也未必就意味着用户故事按照客户所需的功能完整地实现了。

(2) 一个技术任务是否完成，很难从业务或可观察的角度去客观地衡量。比如用户故事"用户登录"分解出来的任务列表中有一个任务叫做"开发用户登录界面的页面逻辑"，一开发人员声称已经完成，但如果整个用户故事尚未完成，用户无法从业务角度进行测试和验收，则返工的可能性就很大，而过早地将该任务记在已经完成的工作量名下，似乎很难起到对进度进行客观和准确度量的目的。

2. 基于故事点跟踪

为了克服按照任务来跟踪迭代进度的缺点，也可以像跟踪发布进度计划那样，只有完成的用户故事才计入完成工作量(故事点数)。

如果只有一个团队的项目，用故事点来跟踪迭代进度几乎没有必要，因为一次迭代中往往不会有超过 10 个用户故事。所以只有在大团队、多小组并行开发时才有此必要。当迭代开始后，由于迭代故事的总点数一般不会发生变化(但如本书 4.1.3 节中所述，故事可能会发生变化),故可以用燃尽图来跟踪。

图 4-11 是一张跟踪 5 个项目小组迭代工作进度的燃尽图。为了更清楚地标注每个小组的迭代进度情况,在项目中可以使用不同的颜色。本书中因为无法用颜色区分,采用了不同的线型,分辨的效果不是很理想。

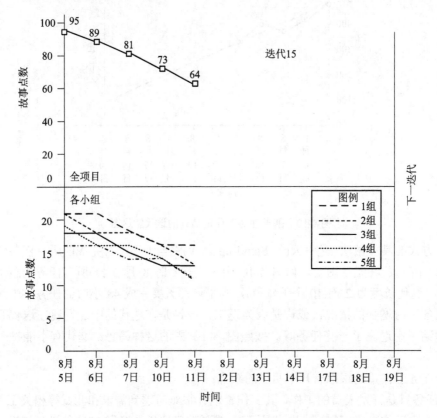

图 4-11　大团队、基于故事点的迭代燃尽图

多团队开发的项目如果要采用基于故事点的迭代进度跟踪,很重要的一点是如何保证不同团队中用户故事大小估计的一致性。作者所采集数据的这个项目中,所有项目的用户故事都是由相同的几个开发者估计的,从而可以保证估计标准的一致性以及项目进度跟踪的意义。否则,不同小组的故事点是无法累加的。

4.4　迭代回顾

4.4.1　回顾的作用

敏捷软件开发过程并没有一个规范的"流程",遵循这一流程就可以让每一个团队获得成功。就像传统软件开发过程中的开发团队一样,敏捷开发团队也会不断地发现,此前或许还能够很好工作的流程,后来逐渐不能满足团队的需要了。

从现在观察过去可以很好地学习和调整,从而能够让未来的道路更加平坦。"回顾

(Retrospective)"便是一个很好的工具,让敏捷团队能够从过去的实践中学习和总结,不断地改善开发流程,让开发流程更加适应团队的需要。回顾虽然不是一个六西格玛的工具,但起着类似的作用。

"Retrospective"一词最初来自参考文献[Kerth 2001],此书描述了在一个项目结束后,如何进行一次 3 天的学习总结会议。后来极限编程和 Scrum 方法便将"Retrospective"吸收为迭代式开发中的一个环节,并且在项目开发的中间反复进行。敏捷项目团队在每次迭代结束后都有一个计划之内的迭代回顾活动,在每个发布结束后通常也进行一次发布的回顾,而在整个项目结束后往往还进行一次项目的全面回顾。本书中我们只介绍迭代回顾,下文如果没有特别说明,"回顾"一词都是指"迭代回顾"。

迭代回顾往往在一次迭代结束、下一次迭代尚未开始的时候进行。一般来说,如果直接参与到项目中的人不超过 15 个,则他们都应当参加回顾。如果一个敏捷开发项目很大,会分成若干个小组,这种情况下迭代回顾往往在小组层面进行(作者参加过由近 50 人在一起的回顾,效率较低)。迭代回顾的主要作用有以下几点:

(1) 总结经验,寻求改进。没有人愿意继续采取在上次迭代中已经被证明是无效的方法或是失败的行动,总是希望在未来的迭代中能够寻找到更好的方法,避免犯相同的错误。迭代回顾不仅仅是回顾过去,更重要的是寻找改进措施,在下一次迭代中应用。迭代回顾专注于发现影响团队的真正问题,团队集体寻找解决方案,这些方案无需等待管理层批准就能在团队中执行。

(2) 改进团队沟通,加强团队建设。通过从不同的视角和观点出发去回顾和研究上一次迭代中的许多事件,有利于团队成员之间更好地相互理解,并为了别人的工作方便和团队利益而作自我调整。让团队成员坐在一起,给他们一个发言和相互倾听的机会,让每一个人都感觉自己所说的内容很重要,这就已经在减少感情冲突、构建共同的团队文化方面前进很多了。

(3) 肯定成绩,增强团队信心。通过迭代回顾,发掘上次迭代做得好的、需要继续发扬光大的事件或方法,有助于团队树立信心。虽然回顾的主要目的是为了发现问题、不断改进,可也不能否定成绩。正面的反馈可以让团队成员工作得更加卖力。

4.4.2 迭代回顾过程——海星图法

1. 事先准备

1) 确定议程

如同所有的会议一样,回顾要有一个明确的议程。回顾采用一种特殊的结构,以避免争论,将注意力集中于从经验中学习。基本的回顾方式是进行集体活动,在得出结论前充分探索不同人员的不同观点。[Derby et al 2006]中认为迭代回顾基本上要经过开场(Set the Stage)、收集数据(Gather Data)、深层分析(Generate Insights)、决定行动(Decide What to Do)、结束回顾(Close the Retrospective)五个步骤,如图 4-12 所示。

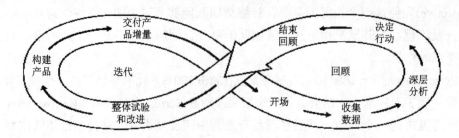

图 4-12　回顾迭代五步骤及其在迭代生命周期中的位置

为了避免回顾变成冗长的会议，通常采用固定时间的方式进行。一般的迭代回顾用 1～2 小时的时间就足够了，除非某个迭代发生了很多的问题、需要适当延长时间。不过根据作者的经验，超过 2 小时的回顾会议，参加者会感到非常疲倦，效率也很差。假设团队计划用 1 小时左右的时间来进行迭代的话，各个步骤的时间分配大致如下：

- 开场。3～5 分钟，结束标准是每个人都准备就绪，协调人也已经确定并公布本次迭代所采用的形式。
- 收集数据。15～20 分钟，结束标准是每个人都充分表达了观点，对这些观点进行了归并和归类，在团队内进行了分享，并根据优先级和回顾时间的限制确定了要进行深层分析的条目。
- 深层分析。20～25 分钟，结束标准是在固定时间内对若干最重要(或引起最广泛关注)的问题进行了讨论，讨论目标是发掘根本原因，探讨可选择的方案。
- 决定行动。5～10 分钟，结束标准是确定下一迭代中的行动和每个行动的督办人(Owner)。
- 结束回顾。3～5 分钟，结束标志是将迭代回顾的成果存档，形成会议纪要。
- 阶段切换所浪费的时间。5～10 分钟。

2) 选择协调人

找一个合适的回顾协调人(Facilitator)很关键，协调人的责任就是营造合适的回顾氛围、引导回顾过程能顺利进行并促成回顾目标的达成。如果没有回顾协调人，回顾会议可能就会充斥批评和指责，演变成团队成员发泄不满和失望的场所。简单地将团队成员集中在一个屋子里，并不能解决团队的问题，甚至会让这些问题进一步恶化。

如果能够从项目团队之外找到一个有丰富的回顾活动经验的人做协调人，将是最好的选择，不同的项目团队之间可以相互主持对方的回顾会议。如果只有自己一个团队的人可选，团队负责人或经理往往不是很好的人选，因为他们有时候很难保持中立。

3) 后勤准备

回顾所使用的场地要宽敞，最好能够找一个不受外界干扰的房间。场地要离平时工作的场所远一些，以免有人中途被开发工作吸引。避免像开会一样围坐在桌子旁，桌子是团队交流的障碍。

要有白板、白板擦、白板笔、记事帖、记事帖书写笔、Flipchart[2]等。白板的大小至少要有几平方米。白板笔最好有差异明显的两种颜色，以便能够做出醒目的标志。记事帖书写笔不能太粗也不能太细，既能在每张记事帖上写足够的字数，又能让站在 1 米开外的同事看清楚记事帖上所书写的内容。

2. 开场

1) 重温回顾的最高指示

刚开始进行回顾的团队，往往都会害怕回顾会议变成相互指责和抱怨的会议，从而让会议失去了学习和改进的职能。为避免这种担心，可以让所有的参与者都牢牢记住，并且在每次回顾前都一起朗读一遍回顾的最高指示(Retrospective Prime Directive)[Kerth 2001]：

不论我们发现了什么，我们必须明白并且真正相信：限于当时所知、个人所能、可用资源和所面临的情况，每个人已经尽了最大努力去做好工作。

这一最高指示常常被误解，因为有时候的确有个别团队成员很懒惰，从而把迭代中的工作搞砸了。但是即便如此，也要记住回顾的焦点只是为了改进，依然需要使用这一最高指示，以便让团队能够进入建设性讨论的状态。个体绩效的低下问题最好由经理或者人力资源部门在别的场合去处理，最高指示的目的就是要完全杜绝在回顾中讨论这类问题。

经过了一次迭代，很多人都比上次迭代开始时懂得了更多，自然更容易像事后诸葛亮一样轻松地说"要是我们能够从头再来的话，我们会如何如何……"。不过，千万不要用这点智慧去指责别人。

对于新成立的团队来说，重温回顾的最高指示更有必要。随着团队的逐步成熟，回顾的最高指示已成为每个人所共同拥有的信念，往往不需要再每次都重温一遍。不过，如果在举行回顾的场所的醒目位置书写并张贴"最高指示"，对团队还是有警示作用的。

2) 安全检查

进行迭代回顾的另一个重要基础，是每一个参与者在回顾过程中自愿地、非强迫性地参加每一个活动。某些人在某种场合下，可能对于在团队面前发表自己的真实看法感觉不舒服或不妥当，此种情形下这些人对于回顾没有益处，甚至还有害处。如作者最近就在一个新的团队经历了两三次最初的迭代回顾，这些团队成员都没有敏捷软件开发的经验，往往不愿意在公众面前评价别的同事承担的工作。

当一个团队进行项目的前几次迭代回顾时，可以进行一种"安全检查"的匿名投票，来看团队是否处于一种可以进行有效回顾的氛围和环境。每个参与者可以在一张记事帖上写下一个 1～5 中的数字，表明自己当前感受到的安全系数。1～5 这 5 个数字所代表的安全程度可依次如下(项目团队可根据自身情况定制这些语言描述)：

- 我准备保持缄默，因为我觉得不安全。
- 我不会主动挑起有关存在问题的话题，让别人提出来。
- 我会主动说一些不会得罪人的问题，但是其他问题难以启齿。

---

[2]：Flipchart 是一种顶端固定的一沓大白纸，可以书写和翻页。找不到贴切的中文翻译，故直接使用英文。

- 我几乎可以无所不谈，但是对于个别敏感话题可能会有所保留。
- 我可以开诚布公地讨论，将无所不谈。

回顾协调人收集这些投票并将投票结果(匿名)贴在白板上，根据结果来判别团队是否为迭代回顾做好了准备，并确定适合采用哪种回顾形式。如果团队成员安全水平普遍(如 80%以上)在 4 或以上，可以采用正常的、整个团队一起进行的、公开自由发言式的迭代回顾活动。如果团队成员安全水平普遍在 3 左右，则可以以小组讨论、更多的匿名书面活动等形式进行。如果很多团队成员(如接近半数)的安全水平都在 2 或以下，则最好取消此次回顾，由回顾协调人逐个和团队成员进行私下沟通，确定安全水平低的原因。

一个敏捷开发团队逐渐成熟后，相互的信任已经建立，除非有团队外部的人(尤其是领导)参与旁听，也可不每次都发起安全检查。作者最近遇到过一个真实的"例外"，迭代回顾正好在季度奖金刚刚发放完毕后进行，因为受业绩影响，团队每个人的奖金都大幅缩水，情绪受挫，回顾的结果很不理想。作者准备今后再进行回顾时，向每个团队成员声明他们都有权利要求进行"安全检查"，实际上这也是我们那次迭代回顾上所获得的唯一"成果"或所确定的行动计划。

3) 纪律要求

可以在 Flipchart 上或墙上用醒目的方式标注一些基本的纪律要求，如手机静音、不准打断别人发言等。在回顾过程中可以使用类似于 Stand-up 中所使用的发言令牌，来控制只有一个人发言，其他人倾听。

4) 确定所采用的回顾形式

敏捷开发团队可以采取不同的迭代回顾形式，最常用的方式有海星图(Starfish Graph)方法[Thekua 2006]和 Well-Not Well 方法(海星图的一种简化版)，偶尔可以用蜘蛛网图(Spider Graph)、时间序列(Timeline)、六顶思维帽(6 Thinking Hats)等回顾方法。下面我们介绍常用的海星图法，其他方法将在 4.4.3 节中作简要介绍。

3. 收集数据——海星图法

迭代回顾所收集的数据，通常要能够回答四个问题：

- 上一个迭代发生了什么？
- 我们哪些方面做得比较好？
- 哪些方面还可以改进？
- 优先级最高的问题是什么？

用海星图法收集数据，通常经过头脑风暴、合并与归类、投票三个环节。头脑风暴环节争取收集到尽量多的数据，合并和归类环节对这些数据进行初步整理，而投票环节是为了给整理后的数据排定优先级。

1) 头脑风暴

首先在白板上画一个如图 4-13 所示的海星图，在固定时间(如 5 分钟)内每个人用记事帖写下自己记忆比较深刻的、上次迭代中所发生的事件或想法，每个事件或想法用单独的一张记事帖记录，每人可用的记事帖数量不限(一般每个人都能贴上五六张)。然后根据事件的性质，将记事帖分别贴在海星图中相应的区域。海星图中五个区域的含义分别如下(括号内是提出人的进一步口头解释)：

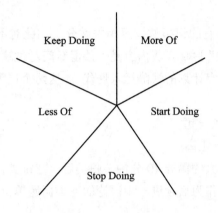

图 4-13　迭代回顾的海星图

- 继续做(Keep Doing)。项目团队成员对项目上一迭代满意的地方，要是没有用某些特定的实践、技术、人或角色等，则上次迭代将不会那么顺利。如"每个故事完成后都更换结对"(从而让我的技术能力提升很快)。

- 多做(More Of)。项目团队希望多尝试的一些实践、技术等，未必要立即全面实施。如"修正缺陷时不结对"(我上周偶尔自己修正了一个缺陷，感觉独立分析缺陷似乎效率更高一些，希望能多尝试)。

- 开始做(Start Doing)。针对上一迭代中可能效果不好的做法提出换一种做法的建议，或者仅仅是为了增加一些乐趣。如"迭代启动后开发人员进行简短的设计讨论"(以便针对关键业务逻辑和领域模型进行适度的预先设计尝试，上次迭代到了末尾我才明白资深开发人员牛兄的那个设计思路，我此前在编码中出现了一些反复)。又如"Stand-up 迟到的人请吃爆米花"(别老吃冰激凌了)。

- 停止做(Stop Doing)。取消某些明显不起作用甚至起到反作用的实践。如"每天下班前填写工作日志"(每个团队成员每天要花 15 分钟来填写，项目经理每天汇总后又群发给大家共享。因为第二天早晨我们就有 Stand-up，这些信息在 Stand-up 上沟通就行了，没必要浪费时间做重复的工作。又如"项目经理每天都要询问我的用户故事何时能完成不下5 次"(从而让我感觉时时受到监控，我会尽力做快些，做完后也会立即在故事墙上更新状态)。

- 少做(Less Of)。有些实践在当前环境下也有点帮助，但所起的效果不如别的实践那么明显。如"每天 Stand-up 上项目经理都要进行 5 分钟的项目状况报告"(很多大家都能从作战墙上一览无余，以后能否不要每天都进行总结？)。

2) 合并与归类

在一名团队成员的帮助下，回顾协调人快速地将贴在海星图上的、内容相同的记事帖合并(粘贴)在一起。在此过程中，协调人会快速地念一遍记事帖上的内容，如果觉得内容不明确，提出的人可以作简单解释。这个过程的主要目的是在整个团队内分享每个人的观点。

下一步是在白板上将所有的记事帖按照相关性分组，此时不再受海星图的区域边界限制。如记事帖 A 在"开始做"区域，其内容是"预留专门对付缺陷的人"；记事帖 B 在"停止做"区域，其内容是"没有计划的缺陷插入迭代"。这两个记事帖说的是类似的事情。归类的方法如下：

- 将相关的记事帖移到一起
- 将无关的记事帖拉开距离

整个合并和归类的时间大约需要 10 分钟。归类后，在每类记事帖外围，用白板笔画一条封闭的边界线。每一类就作为后续进一步讨论的一类问题单位。

3) 投票

投票的目的，是确定问题的优先级。每个人一般可以给 3 票或 5 票。将记事帖撕成可以粘贴的几张窄条，每张窄条就可代表一张选票。每个人都可以将选票投给自己认为最重要的问题，既可以将所有票数都投给同一类问题，也可以不将所有选票都投出(即可以弃权或部分弃权)。

投票结束后，统计每类问题的票数并用白板笔标注在对应的归类边界线上。

4. 深层分析

在下一迭代中不可能解决前面所识别的所有问题，所以在迭代回顾中也只讨论少数几个问题，剩下的低优先级问题可以推迟到下次回顾时考虑。如何选择要讨论的问题呢？一种做法是如果有 3 个或以下的问题得票数量明显比其他问题多，则可确定只讨论这几个高票数问题，对于每个问题也给出一个讨论时间上限(如 5 分钟或 10 分钟)。另一种做法是按照票数从高到低逐一对问题进行讨论，固定本阶段总的时间(如 20 或 30 分钟)，时间用完时讨论了几个算几个，不预先计划讨论问题的总数。

对于每个问题进行深层分析，主要工作就是问"为什么"，可采用类似丰田公司的"5个 Why"方式(5 只是代表多，并不是一定要问 5 次)，努力找到造成问题的根本原因。然后分析各种可能的解决方案、谁有授权来实施这个方案、方案实施可能面临的风险等多个方面，不要很快就确定某一种解决方案。

深层分析可以借助如图 4-14 所示的阶梯工具来进行，该工具可以记录并呈现深入讨论的过程和推理路线。这种深层分析工作有助于让团队明白如何能够更有效地工作，这正是迭代回顾的终极目标。深层分析让团队能够深入到问题的根本原因，能够从项目整体的角度看待问题，同时能够保证如果准备采取改进行动，这一行动可以带来正面的效果改变。

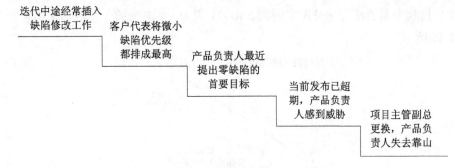

图 4-14　"5 个 Why"的阶梯型深层分析工具

5. 决定行动

如果迭代回顾没有任何行动计划就结束，则迭代回顾就是一次没有意义的时间浪费。分析出问题的根本原因后，要列出两个在下一迭代中改善项目过程的行动计划。第 1 个计划中列出团队自己就能够决定要做的事情，第 2 个计划中列出需要团队外的资源(如管理层、客户、公司的另一个部门等)完成的行动。这两个计划要在作战墙醒目位置列出，以便纳入下一迭代的项目管理和状态跟踪范畴。

一般情况下能够立即在下一迭代中采取的行动很多，但团队必须本着务实的态度，只挑那些最重要的行动列入计划，行动数量不能超过 3 个或 5 个(视迭代的长度而定)，否则一旦不能全部完成，就会严重影响今后迭代回顾的效果。

对于每个列入下一迭代的行动计划的条目(包括需要外部资源采取行动的计划条目)，都要指定一个责任人。这个责任人不一定是直接采取行动的人，但要负责在下一迭代中推动计划执行，跟踪执行结果，更新执行状态。

行动计划的执行要紧密结合下一迭代的日常项目工作，而不能成了为改进而改进的、对于团队成员来说是"额外"的工作，否则这些团队成员就会认为行动计划是一种时间上的浪费。一种好的方法是将行动视作技术任务，这自然就成为迭代开发工作的一部分。

6. 结束回顾

1) 数据打包

最快捷的方式就是用数码相机或手机记录白板上的记事帖、行动计划草稿等数据，然后用项目团队的 Wiki 页面来组织这些照片。用网站的方式还有一个好处，即经过项目团队首肯后，迭代回顾的数据可以轻易地共享给组织内的其他人。

2) 做回顾的回顾

在回顾结束后、团队离开前，要花上几分钟对本次回顾进行回顾，看哪些方面做得较好，哪些方面在下次迭代回顾时可采用不同的方法，即对回顾使用 Well-Not Well 回顾方法[3]。

[Derby et al 2006]还建议可以使用一种叫做时间投入回报(Return on Time Invested, ROTI)的活动来进行回顾的回顾，其目的是从参与者的角度来度量迭代回顾的效力，看他们

---

[3]：详见本书 4.4.3 节。

在回顾迭代过程中是否很好地分配了时间。ROTI 用 0~4 之间的一个数值来衡量，度量图表如图 4-15 所示。

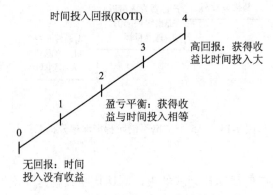

图 4-15　迭代回顾的 ROTI 度量图表示意

ROTI 中的收益包括以下三个方面：

- 决策。回顾是否得到了推动团队前进的决定？
- 信息共享。团队成员是否接收到有用的信息，或者获得了某些问题的答案？
- 问题解决。团队成员是否能够描述和解决问题，找到备选方案并能够选择行动？

4.4.3　其他回顾方法

1．Well-Not Well 方法

这种方法是海星图的简化版，在头脑风暴方式的数据收集阶段，只列举哪些事情做得好(Well)，哪些事情做得不是很好(Not Well 或 Could Be Better)，如图 4-15 所示。数据收集后的后续做法与海星图方法相同。图 4-16 中甚至都没有使用记事帖，是一个快速(5 分钟)迭代回顾的结果，不用记事帖，使用白板笔可以限制反馈的数量，回顾最多可写满两列。

图 4-16　迭代回顾的 Well-Not Well 方法示意

有些团队喜欢用不同颜色的记事帖(如用绿色和红色)来区分做得好的与做得不好的, 作者个人认为意义不大(作者发现每次用错颜色的都不乏其人), 因为原本在白板上已经明确粘贴区域了。另外, 考虑往哪个颜色的记事帖上写, 反而会分散头脑风暴时的注意力。

2. 蜘蛛网图[4]方法

这个方法可以用来分析一个敏捷开发团队中各种不同能力的分布情况, 以便能够找到团队比较欠缺的能力、今后谋求改进。一般历时也在 1 小时左右。基本步骤如下:

1) 确定要回顾的能力维度

开始回顾以前, 根据要讨论团队的哪几种能力, 在 Flipchart 或白板上先画一个蜘蛛网的核心骨架, 如图 4-17(a)所示。

2) 个人自评

给每人发一张纸, 根据上一次迭代中团队在这些能力方面的表现, 独自在每个能力上对团队进行评估并给出一个 1~5 之间的分数(1 表示很弱, 5 表示很强)。回顾协调人收集起来, 逐一将每个人的自评结果在蜘蛛网图中标注出来并用折线连接, 如图 4-17(b)所示, 最后会得到整个团队的团队能力回顾图, 如图 4-17(c)所示。实际操作时最好用不同颜色的笔绘制不同团队成员的个人回顾结果。

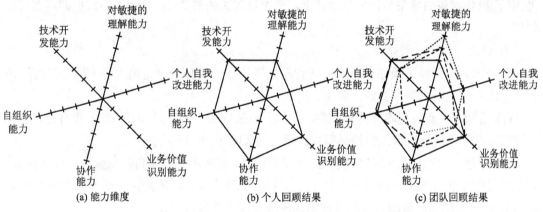

图 4-17　团队能力回顾蜘蛛网图

3) 集体讨论

整个团队围在团队能力回顾蜘蛛网图前, 针对每个能力维度逐一讨论(可以简单地按照顺时针或逆时针顺序), 畅谈对这个蜘蛛网图的看法, 讨论过程中可能就会形成行动建议, 回顾协调人将行动建议记录在白板上。回顾协调人可以引导大家讨论一个话题, 但不强迫团队在哪个能力维度上形成行动计划, 完全由团队自主讨论。

4) 确定行动计划

讨论完所有的能力维度后, 确定哪些行动计划要在下一次迭代中付诸实施。最终确定的行动也要逐一落实监督人。

---

[4]: 蜘蛛网图类似于 R.Jeffries 所说的雷达图(Radar Chart)[Jeffries 2004]。

3. 六顶思维帽方法

六顶思维帽是一种集体讨论和个体思考的工具，结合了并行思维的想法。六顶思维帽让团队有一种更加有效地进行集体思考的手段，同时也让团队能够以一种详尽和一致的方法规划思考的过程。六顶思维帽让整个团队在某一个时刻从同一个角度进行思考，避免了争辩型思维。

敏捷开发团队可以用这个工具对上一次迭代进行回顾，每次统一戴上一顶帽子进行思考，不同颜色的帽子表示特殊的思考和讨论方法。

1) 准备

准备一个大的白板和 6 张不同颜色的卡片(蓝、白、黄、黑、绿、红，每种颜色代表一顶帽子)，房间要足够大，能够让整个团队相互面对面地围坐一圈，同样中间不能有桌子。

将 6 张卡片粘贴在白板的顶部，从左到右的顺序依次为蓝色、白色、黄色、黑色、绿色、红色，这个顺序就是后面戴帽子的顺序。

待整个团队坐定以后，协调人对六顶思维帽的过程进行简单介绍。基本过程是每 5 到 10 分钟大家都戴同一顶帽子对上次迭代进行总结(总结的内容包括做得好的有哪些，做得不好的有哪些，团队能做怎样的改进)，10 分钟后再换一顶帽子进行讨论，戴最后一顶帽子(红帽子)时将讨论的结果转化成行动计划。整个过程大约需要 60 分钟，不过根据需要可以调整。

2) 讨论

整个团队按照以下顺序戴帽子，进行相关讨论。如果有人讨论的内容不属于当前这顶帽子下应当讨论的内容，协调人要注意提醒。

(1) 蓝帽子。蓝色代表冷静和控制，相当于管弦乐队中的指挥。团队戴上蓝帽子来讨论本回顾活动的目标，协调人将结果写在白板上的蓝帽子(卡片)下方。

(2) 白帽子。纯白代表纯粹的事实、数字和信息，思考者可以将自己想象成一台计算机。团队成员列举和讨论上一迭代中存在的事实和所发现的信息，不能讨论任何除事实和信息之外的东西(如感觉、原因、推测等应当属于别的帽子下的内容)。

(3) 黄帽子。黄帽子代表阳光、明亮和乐观。戴上黄帽子后，团队成员只能谈论上一迭代中所发生的好事情。

(4) 黑帽子。黑帽子代表错误和否定，考虑一个事情为什么不起作用。戴上黑帽子以后，团队成员只能讨论上一迭代中所发生的坏事情、所受到的负面批评或大家能够回想起来的最坏的场景。

(5) 绿帽子。绿色象征着创造性和茁壮成长。戴上绿帽子后，团队讨论的主题移向思考解决问题的办法，通过这些办法能够实现或帮助实现业务增值。鼓励进行创造性思维。

(6) 红帽子。刺目的红代表情绪和感觉(包括预感和直觉)。每个成员在白板上红帽子(卡片)下方快速地写下两条语句，可以是上次迭代最让自己受挫折的问题，也可以是解决问题的办法或建议。这些语句必须是出自队员的直觉。

3) 结论和行动

整个团队花几分钟研究红帽子的输出结果。有没有共同的主题？相互间有没有关联？有没有特别突出的问题？根据这些内容，团队确定一两个下一迭代的行动计划，行动一定要可实施和可进行验证。

4. 时间序列方法

1) 回顾准备

时间序列方法是一种用事实来进行回顾的工具。在一块足够大的白板上，用白板笔在白板的中间位置画一条长长的横轴(迭代时间轴)，来代表上一次迭代的完成时间区间。轴的左侧代表上一迭代开始日期，右侧代表上一迭代结束日期。

2) 收集数据

回顾开始时，每个人回想上次迭代中所发生的、让自己记忆最深刻的真实事件，并记录在记事帖上(每个事件用一张记事帖记录)。记事帖的颜色可以用来代表对记录者的影响(正面、负面、中性)以及事件的分类(开发过程、代码、测试、项目无关等)，不过作者更加倾向于不用记事帖的颜色来表示不同含义，从而不增加记录者选择的难度。

记录完毕后，每个人将每张记事帖贴在事件发生的日期处(大致准确便可)。贴在迭代时间轴的上方表示该事件让记录者感到快乐，贴在迭代时间轴的下方表示该事件让记录者感到烦恼或痛苦。距离迭代时间轴越远，表示快乐或痛苦的程度越强烈；距离迭代时间轴越近，表示事件的影响越接近中性。如图 4-18 所示。

图 4-18　基于真实事件的迭代时间轴回顾图

这种活动就像运动员使用动作回放技术来分析自己的技术动作准确性一样，可从中发现不足，逐步改进。时间序列方法让团队能够记起真实发生的事情，然后团队基于真实的事件，而不是基于个人感觉来进行讨论。回顾的输出就是如图 4-18 所示的照片。

3) 识别改进机会

团队的下一步工作，是开始研究从上一迭代的事件中能学到什么东西。团队一起从迭代时间轴的左侧走到右侧，边走边看团队成员所回忆起来的各种事件，同时考虑以下三个问题：

 (1) 上一迭代发生了哪些很好的、我们愿意记住的事情？

 (2) 哪些事情下次我们能够用不同的方式去做？

 (3) 哪些事情仍然困扰着我们？

回顾协调人朗读每一张记事帖，然后让团队给出评价。回顾协调人将评价要点记录在 Flipchart 上。团队要明白这个阶段还只是识别需要关注的事件，具体的解决方案在后面的"制定改进计划"这一阶段进行。

 4) 制定改进计划

制定改进计划的方法，类似于海星图法中的"决定行动"这一步骤，此处不再赘述。

4.5　项目风险管理

风险就是指一件尚不确定的、将会影响项目的事件，因为还没有真正发生，所以现在不会对项目有影响。一旦风险事件真的发生，就可能变成问题。风险不一定都会变成问题，有些风险即便成为了现实，也会被一个发布、一次迭代甚至一个用户故事所吸收，不会对项目造成明显影响。

造成风险的因素包括政治、环境、社会、技术、法律和经济等。M.Cottmeyer 将风险从另一个角度进行分类：一是业务风险，如业务价值、优先级、业务人员满意度等；二是技术风险，如代码复杂度、技术不确定性等；三是后勤风险，如时间计划、资源等。

项目管理的目的是避免风险发生，或者即便风险发生也要使其影响最小化。传统软件开发项目中，风险管理往往都是由项目经理负责的，但在敏捷项目中，每一个项目团队成员都有责任参与到风险管理中来。

风险管理分为以下四个步骤：

- 风险识别：发现潜在的项目风险。
- 风险评估：评估风险发生的概率、风险对项目的影响程度，确定如何应对风险。
- 风险应对：常见的办法有减缓、远离、心存侥幸和容忍。
- 风险管理检查：检查风险发生情况，改进风险管理过程与技术。

4.5.1　风险识别

- 制定迭代计划时，项目团队要识别项目范围相关的风险，避免与业务目标无关的用户故事进入迭代；开发团队只有在感觉对按照迭代计划交付系统增量比较有信心的时候才接受该计划，识别可能造成迭代失败的风险。
- 客户代表或需求分析人员向开发人员解释详细需求时，项目团队要识别用户故事投入产出比不高的风险。
- 迭代故事大小估计时，要识别尺寸过大的用户故事可能带来不确定性增加的风险。

- 每日站立会议上，识别任何阻碍了项目团队前进的风险。
- 迭代演示上，识别不同涉众的期望不一致的风险。
- 迭代回顾与展望上，通过列举上一次迭代中做得不好的地方，可以识别开发过程中的风险。

所有识别出来的风险，应当以一种可视化的方法呈现在项目团队的工作空间中，例如可以采用"风险控制板"(Risk Board)的方式如图 4-19 所示[Grosjean 2009]。

图 4-19　敏捷项目风险控制板

4.5.2　风险评估

可以从两个维度对风险进行评级：风险发生的概率和风险发生后的影响。可以用一对 1～5 之间的数字来对每个识别出来的风险进行评级，(1，1)表示影响和发生概率都较小，(5，5)则表示影响和发生概率都较大。也可以简单地用高、中、低来表示风险级别。

风险评估的结果应当记录在风险控制板上，为了引起注意，可以用不同背景色的卡片表示不同级别的风险。下面是两个风险评估的例子：

(1) 风险 1——第 1 次迭代中一个用户故事的大小被严重低估，因而危及团队实现交付承诺的能力(1，5)。这个风险的影响较小，因为项目团队都需要经过几次迭代才能将开发速度稳定下来，项目早期出现开发速度与预计速度不一致的情况很常见。这个项目出现的可能性很高，因为新团队缺乏经验。

(2) 风险 2——发布的最后一次迭代中一个用户故事的大小被严重低估，因而危及团队实现交付承诺的能力(5，1)。这个风险的影响较大，因为项目团队可能不再有足够的缓冲余地，以便仍然按时发布。这个项目出现的可能性很低，因为团队经过多次迭代后，用户故事大小估计标准应当趋于一致了。

4.5.3　风险应对

T.DeMarco 和 T.Lister 在他们的著作《与熊共舞》中，描述了四种不同的风险应对策略：

减缓(Mitigate)、远离(Avoid)、心存侥幸(Evade)[5]和容忍(Contain)[DeMarco et al 2003]。

1. 减缓

减缓指试图降低风险发生后对项目的影响程度，减少容忍风险所要付出的成本和代价。如在敏捷软件开发过程中用固定时长的迭代、团队开发速度和相对大小估计等方法，来减缓用户故事工作量估计不准确的风险。又如有些敏捷团队在迭代开始后便冻结本次迭代中的故事，以此减缓需求变更造成项目团队无法按照承诺交付的风险。

敏捷软件开发中，在每次迭代保持稳定的开发速度，是降低项目历时不可预测性的一种重要手段，也是开发团队在能够按承诺交付的基础上树立信心的保证。但是影响开发速度稳定性的风险很多，如返工、员工生病等。如果项目团队识别出某次迭代可能有无法完成进度计划的风险(如发生的概率为90%)，指将迭代所选取故事的大小估计都乘以2可以将不能按时交付的概率降为50%，都乘以4则可以将不能按时交付的概率降为10%[Shore et al 2007]。

2. 远离

远离指为了不受某个风险的影响，取消项目的相关部分。如在敏捷项目中，有时候为了避免某种技术风险，业务负责人或客户代表有时会修正用户故事的需求，去除存在技术风险的需求。收益总是和风险共存，选择远离风险，同时就相当于放弃了收益。

3. 容忍

容忍指项目团队不事先采取任何耗资较大的措施。这种策略往往也都是用来对付影响较小或者发生概率较低的风险，换句话说，就是项目组已经准备好接受风险发生的后果了。例如一个故事可能工作量估计过大了，虽然团队识别出了这个风险，却不采取成本较高的行动(如重新进行估计等)，只是准备了另一个备用的用户故事，但如果风险真的发生了，团队就接受结果，在迭代中继续开发备用故事。

4. 心存侥幸

心存侥幸指项目团队不采取任何针对性行动，冒险去碰碰运气，希望风险不发生，实际上就是不进行任何风险管理活动。这种策略虽然成本最低，但有很大的潜在性危险。如某个项目的迭代演示时，项目投资人往往以工作繁忙为由不亲自参加，只是委托其代表参加，而项目团队也不采取任何行动，只期望在项目结束时该投资人不会提出反对意见，但往往事与愿违，该投资人对于项目结果很诧异，满意度很低，致使项目后续计划未继续实施。

4.5.4　风险管理检查

敏捷项目的风险管理检查包括以下三个方面：

(1) 检查仍然活动的风险。每日站立会议、迭代计划会议和迭代回顾会议上，可以对风

---

[5]: Evade 如果翻译成"躲避"，不能准确地表示"不采取行动"，也不能与"远离"相区别。

险控制板上仍然处于活动状态的风险进行检查。

(2) 在迭代回顾会议上，通过分析本次迭代中做得不好的内容，检查已经发生的风险对项目的影响程度。

(3) 在迭代回顾会议上，通过分析本次迭代中做得好的方面、下一次迭代要改变的方式等，检查风险控制过程是否最优。

4.6　促进信息交换的工作空间

4.6.1　作战墙

丰田的精益研发模式中，为了增进产品研发项目组的相互沟通，采用在一个办公室集中办公的方式，并称这个项目工作的办公室为作战室(War Room)。作战室的墙壁上挂满了该研发项目的主计划、分项目计划、产品设计方案图等。敏捷软件项目为了能够更加便于客户的不同涉众随时了解项目进展情况，往往采用更加开放的办公空间，但打造一种能够快速沟通各种项目信息的工作空间同样重要。每个项目往往也是在墙面上贴满了各种东西(如用户故事、测试结果、技术任务、项目风险、项目进度等)，一般称之为"故事墙"，但作者习惯称之为作战墙(War Wall)，因为故事只是其中的一部分信息。

作战墙需要根据项目的进度快速更新，从而能够将项目的真实信息广播给整个项目团队以及项目外部所有关心该项目的涉众。每个团队成员在片刻休息的间歇(如喝口水、伸个懒腰)，都能够感受到这些信息，往往在不经意之间就能够发现一些有助于项目的想法。外部的领导或其他涉众只要一踏入项目的领地，就能清楚地知道项目的状态，无需正式的报告或项目状态通气会。正如 K.Beck 所说："任何对项目感兴趣的人走进工作间，在 15 秒钟内就能掌握项目的总体状况，如果看得再仔细一点，就能获知更多细节。"

作战墙上应该放哪些东西呢？这也适用价值驱动原则，即永远只放与当前阶段项目关注重点相关的信息，这些信息最好能够用最直观的方式呈现。在不同的阶段，项目关注重点有所不同。如发布开始的早期，风险控制板、发布计划、发布的燃烧图、当前迭代的故事墙可能是作战墙上的主体；而在发布的 UAT 阶段，缺陷状态跟踪、缺陷解决状况则成了关注的重点，如图 4-20 所示。要注意保持作战墙上的内容不要太多、太纷杂，并不是图表越多越好，一般有 3～5 个图表加上一个卡片(用户故事、风险或缺陷)墙便足够了。图表太多会分散注意力，不能让观察者在不知不觉间接受到最需要传达给他们的最重要的信息。

图 4-20　作战墙示例

很多敏捷开发团队都使用电子文档，甚至是专门的敏捷项目管理软件或系统来帮助进行敏捷项目管理，为了避免重复输入(重复输入也是典型的浪费行为之一)，往往就不再有物理的作战墙。敏捷项目管理软件是可以随时绘制一个精确反映当前项目状态的图表，但正如 R.Jeffries 早在 2004 年就说的"在墙上的图表要比网站上或者眩目的幻灯片上的图表有效许多倍。网站不会将信息推给我们……但大白纸上所画的图表站在房间的另一端也能看清楚，因此能够吸引眼球，将你拉过去看个仔细。" [Jeffries 2004]

4.6.2　开放式工作室

团队工作空间的布局，应当有利于成员之间的相互交流、共享知识和提高团队生产力。工作间应当是一个开放的空间，足以宽松地容纳整个团队以及团队所用到的开发设备。团队可以自己安排工作空间布局，体现团队的个性。同时还要能够满足一定的个人空间需要，如在公共工作区域的四周设置一些封闭的小房间，以便有时候需要进行注意力高度集中的个体工作。

比较可行的空间布局，是让整个团队相向而坐，以便加强面对面的交流。如果团队采用结对编程的话，座位和座位之间应当没有任何障碍来阻碍团队成员在不同座位间自由移动。如果某个成员能不起身、坐着自己的椅子便可以左右移动，就能够加强团队间随时组成临时的结对。

工作空间还要有良好的声音传播效果，任何两个成员之间的对话都要能被整个团队所捕获——如果你恰好可以帮助他们的话，可以加入讨论。如果谈话内容对一个成员来说不相关，则其可以不受干扰地去进行自己的工作。通常整个工作区域都被一种音调不高的嘈杂声所笼罩，很多新加入敏捷团队的人或局外人都担心这样的环境是否容易分散人的注意力、降低工作效率。的确，一个人要花上一段时间才能练就边干活边捕获和过滤周围声音信息的能力，而且总是有人经过很长时间还是不能适应。作者曾经经历的一个敏捷软件项目团队中就有过一次大讨论，一位在公司已经呆了 4 年的印度同事极力主张应当在工作区域保持肃静。不过最终大家达成共识，开放的空间或许真的会使个体工作效率降低，但这恐怕是建立良好的沟通与信息共享机制、提高团队整体工作效率所必须付出的成本和代价。

第 5 章　敏捷开发实践

敏捷开发实践有很多，其中许多实践来自 XP。对于在 XP 或其他专门讨论敏捷开发实践的书籍中已经有很多论述的编码实践，本书将从敏捷过程的角度，而不是从操作的层面来论述，目的是和读者一起思考为何要在敏捷软件开发过程中引入这些开发实践。这类编程实现相关的实践包括重构、测试驱动开发、持续集成、结对编程等，需要学习这些方面的详细操作技能的读者，可参考相关专业论著。

5.1　敏捷需求分析

5.1.1　传统需求分析和敏捷需求分析的对比

敏捷软件开发过程的主要优势，是能够适应系统需求的不确定性。具体的做法，是将客户作为开发团队中密不可分的成员，尽量在最短的时间内实现对客户来说业务价值最大的需求，从而降低因实现客户不需要或对客户来说不重要的需求所造成的浪费。为了实现这一优势，敏捷需求分析与传统的方法(包括某些迭代开发模型)有诸多的差异，如表 5-1 所示。

表 5-1　传统需求分析方法与敏捷需求分析方法的对比[1]

	传统需求分析	敏捷需求分析
需求划分单位	基于功能分解，划分模块与子系统，一个模块或子系统的颗粒度通常较大	基于能否独立提供业务价值，切割成一个个用户故事，一个故事有时会跨越传统的模块或子系统边界；用户故事的颗粒度较小
需求分析时机	更多地集中在项目早期	近乎均匀地贯穿于项目的整个生命周期
需求细化过程	一步到位，可供开发人员设计开发	逐步细化，仅就下一次迭代需要实现的部分进行详细分析
需求文档要求	正式文档，往往有明确的格式要求。既作为设计开发人员必须严格遵守的规约(即从一个阶段向另一个阶段转移的输入)，也作为向客户提交的必备产出物之一。难维护，难验证，难跟踪	非正式文档，仅仅是辅助开发团队与客户沟通。更多的是强调通过自动化功能测试用例来跟踪系统需求
应对需求变更	有严格的控制流程，视变更为风险	拥抱变更，视变更为必然和机会

[1]: 本节中的部分内容，改编自第一作者在《程序员》2009 年第 2 期的文章"敏捷开发过程中的需求分析"。

其中，应对需求变更的内容我们在第 4 章已经介绍过，下面将依次介绍表 5-1 中的前四项内容。

5.1.2 敏捷需求划分的单位

在前面章节中我们已经介绍过，敏捷需求项目用一个个用户故事来组织和划分需求。作者接触过一些已经在实践敏捷方法的国内企业需求或系统分析人员，感觉到如何掌握好恰当的用户故事划分方法，通常是一件比较困难的事情，对于有多年传统需求分析经验的人来说或许更是如此。

1. 用户故事的 INVEST 原则

敏捷需求分析的首要工作，就是要挖掘和描述一个个的用户故事。怎样的用户故事才算是好故事呢？W.C.Wake 于 2003 年 8 月在其网站上发布了一篇文章，描述了一个好的故事所应具备的六种特性[Wake 2003]。这六种特性的单词首字母缩写为 INVEST，恰好是英文中的"投资"一词，可以理解为每个好的故事其实应当值得客户的投入。INVEST 的含义分别如下：

- I—Independent，独立
- N—Negotiable，可协商
- V—Valuable，有价值
- E—Estimable，大小可估计
- S—Small，颗粒度小
- T—Testable，可验证

1) 独立

用户故事的独立性，不是指业务上两个故事间没有关系，而是指可以按照任何顺序去先实现任何一个故事，即故事在技术上可以独立实现，不是必须先实现一个故事才能实现另一个故事。我们常说的业务实体对象的增删改查(Create，Read，Update，Delete，CRUD)用户故事族，能够比较好地说明"独立"这个特性。比如有一个业务实体对象叫做销售订单，"删除销售订单"这一故事未必非得在"增加销售订单"这一故事之后实现，因为我们可以在实现前者时构建销售订单存储结构，用预先准备的销售订单测试数据来验证这个故事的完成。

在实际项目开发过程中，偶尔会遇到很难达到独立性要求的情况，如有时候我们会说"如果故事 A 还没有实现，则故事 B 的大小为 3 点；如果我们已经实现了故事 A，则故事 B 的大小就为 1 点"。

2) 可协商

好的用户故事是可协商的，不是书面合同，也不是要求软件系统必须完成的功能特性。用户故事只是功能的简单描述，不必包括过多的细节。用户故事是一种开发团队与客户沟通的提醒或占位符号，详细功能需求应当由开发人员和客户一起商量确定。

从客户的角度讲，总是希望一个用户故事能够以最小的成本获取最大的业务价值，而成本(或开发工作量、用户故事大小)的估计是由开发人员承担的职责。因此双方也应当本着成本最小、业务价值最大的准则，就用户故事的具体实现进行讨论。

3) 有价值

用户故事必须对最终用户或客户有可感知到的价值，即用户故事必须实现的是端到端的业务。注意这里的有价值是针对客户(即软件系统的投资人)有价值，并不一定对用户故事的最终用户有价值，要注意区分用户和客户的差别。一个电信行业的开发人员曾经给作者列举过两个用户故事(从一个故事中拆分出来的)：

(1) 作为中国移动手机用户，我想进行本地主叫通话(不计费)……

(2) 作为中国移动手机用户，我想进行本地主叫通话(计费)……

第 1 个用户故事对于最终用户(移动手机用户)显然是有价值的，而第 2 个用户故事只对运营商(系统投资人)有价值。当然第 2 个故事可以按照我们在第 3 章中所述的 XYZ 格式重新描述成"作为中国移动，我想对手机用户的本地主叫通话计费……"，但中国移动并不是最终用户。

另外一种要避免出现的用户故事，是只对开发人员有价值。如[Cohn 2004]中给出的一个用户故事例子："所有数据库连接都需要通过一个连接池获取。"M.Cohn 认为一种更好的写法是"如果使用一个只有 5 个用户许可的数据库，应当让多达 50 个用户能够同时使用应用系统。"

4) 大小可估计

虽然我们不能准确估计一个用户故事的大小，但好的故事其大小应当能够大致估计出一个范围，足以进行故事实现的计划排程。如果发现一个用户故事的大小难以估计，则往往是由于以下原因导致的：

• 开发团队缺乏领域知识，对用户故事中的专业术语不理解，自然也不知道其实现工作量。解决这个问题的办法就是由客户或需求分析人员给开发人员详细解释这些业务知识，然后再由开发人员判断用户故事是否合适(即是否是一个好故事)。

• 开发团队缺乏技术技能，因为估计工作很大程度上依赖于开发团队的经验。解决这个问题的办法就是先创建一个 Spike 的技术任务，Spike 后再看该故事是否可估计大小。

• 用户故事颗粒度太大，大故事总是难以估计。解决办法是将故事分割成多个小故事，分割故事的常用做法请参见下文("常用的用户故事分割方法"部分)。

5) 颗粒度小

这一条原则和"大小可估计"原则之间存在很大的关联性。好的故事应当比较小，一般要限定在一周之内能完成。超过这个大小的用户故事，其大小评估的误差将会较大。

另一方面，太小的故事其大小估计的准确性也很差。因此好的用户故事不仅颗粒度小，而且不同的故事之间大小要相对均匀。为此，Small 一词逐渐被替代成"大小合适"(Sized Appropriately)。

6) 可验证

业务范围模棱两可的用户故事是不能进行大小估计的，好的用户故事必须能够从业务的角度来验证其业务范围是否已经被完整实现。可测试性永远是好的需求所具备的特性之一。如果客户不知道如何测试一个需求，往往表明这个需求还不明确，或者对客户来说没有明确的价值，需要与客户进一步协商。

非功能需求有时候似乎很难验证。如"系统必须容易使用"这个需求如何验证？不过如果将需求改写一下或许就可验证了，如改写成"一个新手未经过训练也应当能够使用该系统"。这样客户便可以随机找一个没有接触过该系统的人，观察此人在没有任何外界帮助的情况下，是否可以正常使用软件系统，完成期望的功能。

作者在一家著名的软件企业咨询时，发现该企业一个刚开始使用 Scrum 的开发团队将"系统的架构设计"做成一个用户故事。对于客户来说，如何能够从业务的角度来验证这个故事是否完成了呢？总不能用传统方法中的基于设计文档的设计评审活动吧？另外，一个故事违反了 INVEST 中的一条原则，往往也会违反别的原则，如"系统的架构设计"对于最终用户或系统投资人来说都没有可感知的业务价值。

2. 常用的用户故事分割方法

分割或切分用户故事，就是将一个过大的用户故事，在不变更其范围的前提下，分割成若干个大小适中的用户故事，分割结果都要满足 INVEST 原则。

用户故事必须对最终用户或客户有可感知的价值，即用户故事必须实现的是端到端的业务，这也是敏捷需求分析中将大块需求分割成一个个用户故事的切分原则。切分故事就像切一块水果蛋糕，必须在切下来的每一块中都有底层的蛋糕、中间层的奶油和上层的水果，而不能将水果切下来一块作为一个故事、奶油切下来一块作为另一个故事。如果一个团队将表示层逻辑和存储层逻辑分割成不同的用户故事交给不同的开发人员去实现，就像片烤鸭的刀法，试想如果只实现了表示层逻辑，对于客户来说有什么端到端的业务价值呢？

如果所开发的项目是一种中间件产品、通用的可重用组件库或者是分层协议的部分层的实现，则项目结果不能独自帮助用户完成业务功能，需要与其他系统或应用层协作，这种项目的需求很难从最终用户的角度感知到业务价值。此时"端到端"中"端"的概念都是项目范围内的概念，如承诺实现的接口、与上层协议的边界等。

分割用户故事听起来是一件比较容易的事情，可在与许多已经采用敏捷方法一年以上的开发人员交流过程中，作者发现其实很多人还是缺乏必要的相关技能。作者曾经接触过一个基于互联网开发的敏捷咨询项目，即便有咨询服务提供方的多名经验丰富的开发人员参与，在某些需求方面也仍然采用了片烤鸭的方式，将业务逻辑层和页面表示层割裂并划分到不同的用户故事之中。

[Cohn 2005]中列出了几种常见的用户故事分割方法，[Wake 2005]中也介绍了 20 种分割用户故事的方法。以下是作者常常用到的一些分割方法，这些方法大量参考了上述两篇参考文献中的做法。

1) 按照数据分组进行分割

如果用户故事要处理的输入/输出数据包含了很多项属性，则往往可以将输入/输出数据分成若干组，每一组都会有独立的业务概念，因此就可以将大的故事分割成若干小故事，每个小故事只处理一组数据。

图 5-1 是某人才招聘网站的简历录入界面，每份简历至少包括个人信息、教育经历、工作经验、求职意向、语言能力等多个数据组，每个数据组都要支持数据的增删改、保存、录入区域的收起和展开等功能，还要实现基本的数据校验和校验失败警示等功能。如果将录入简历作为一个用户故事，则其工作量会很大。我们可以根据简历信息的分组，将录入简历的用户故事分成以下几个故事：

- 作为招聘网站注册用户，我希望能够录入我的个人信息，从而让我的简历更完整。
- 作为招聘网站注册用户，我希望能够录入我的教育经历，从而让我的简历更完整。
- 作为招聘网站注册用户，我希望能够录入我的工作经验，从而让我的简历更完整。
- 作为招聘网站注册用户，我希望能够录入我的求职意向，从而让我的简历更完整。
- 作为招聘网站注册用户，我希望能够录入我的语言能力，从而让我的简历更完整。

图 5-1　某人才招聘网站的简历录入界面

2) 按照主流程和备选流程进行分割

进行过用例或业务用例分析的读者都知道，一个用例可以实例化成若干个场景，这些场景分别覆盖了用例的主流程(即 Happy Path，一切顺利的流程)、备选(Optional)或例外

(Exceptional)流程。

　　有时候我们可以将用户故事中的备选流程、例外或错误处理流程等从故事中分解出来，形成更小的故事。例如用户故事"作为银行卡持有人，我希望能够在 ATM 机上取款，从而满足我对现金的需求"，即便不考虑 ATM 机验证银行卡的合法性和持卡人输入取款密码的种种处理流程，除了正常取出现金这一主流程外，还要考虑当日该账户累计取现是否超过允许上限、账户余额不足、ATM 机内现金不足、持卡人长时间没有输入等各种例外流程。依照不同的流程，可以将原来的一个用户故事分割成如下几个更小一些的故事：

- 作为银行卡持有人，我希望能够在 ATM 机上取出指定数量的现金(不检查当日取现上限和余额)，从而满足我对现金的需求。

- 作为 ATM 所有者(银行)，我希望不允许持卡人透支，从而保护我没有利益受损的风险。

- 作为 ATM 所有者(银行)，我希望限制每张银行卡每天的累积 ATM 取现金额，从而降低客户(持卡人)丢失银行卡后的可能损失。

- 作为 ATM 所有者(银行)，我希望在现金储量无法满足持卡人的提现额度时不进行交易并警示持卡人，从而保证交易的正确性。

- 作为 ATM 所有者(银行)，我希望在一定时间内持卡人没有输入指令时将卡片收入机器内，从而避免客户(持卡人)的银行卡丢失。

　　3) 按照对实体对象的 CRUD 操作进行分割

　　如果对实体对象的维护故事过大，往往可以将 CRUD 操作分别(或其中的某种组合)当作一个用户故事。原产地证是出口国或地区的特定机构出具的、证明其出口货物为该国家或地区原产的一种证明文件，是相关国家或地区核定对该批货物使用何种非关税措施的依据。比如在中国境内从事"来料加工"的企业，在加工后成品货物出运前 3 天可向国家检验检疫机构申请一般原产地证。

　　作者曾经参与过一个原产地证代理申报系统的开发，即通过这个系统可以给多个企业申报原产地证。每个申报企业及其产品信息就是一类业务实体对象，系统可以预先设置多个常用的委托企业的相关信息，这样在企业需要申报原产地证时可快速调出预设信息，加快申报速度。于是我们就有了这样一个用户故事："作为原产地证申报录入员，我希望能够维护常用委托企业的相关信息，从而可以快速为这些企业录入申报单"。按照 CRUD 操作可以将该故事分割成下面三个故事：

- 作为原产地证申报录入员，我想增加一个常用委托企业，从而可以快速地为该企业录入原产地证申报单。

- 作为原产地证申报录入员，我想修改一个常用委托企业的信息，从而可以准确地为部分信息发生变化的委托企业录入原产地证申报单。

- 作为原产地证申报录入员，我想删除很久已经没有委托我申报的企业信息，减少常用企业的预设数量，从而在录入申报单前可以快速找到特定的委托企业。

　　注意：上面这个例子中并没有对应设置读取(R)操作的用户故事。读取委托企业信息没有直接的业务价值，其工作量已经包含在上面第二个故事，即"修改常用委托企业信息"这一用户故事中了。

4) 按照逐步细化的思路进行分割

有时候一个用户故事的最终业务价值可以分两步来实现：第一步的实现基本能够满足业务功能(即可以验证业务结果的正确性)，但不够精致；第二步是进一步精细化的工作可以放在单独的用户故事中。例如用户故事"作为销售会计，我想能够看到每个月的应收账款报表及按照组织机构、产品和账龄的排序情况，从而可以帮助我分析收款风险"。该故事可以分割成以下两个小的用户故事：

- 作为销售会计，我想能够看到每个月的应收账款报表(含组织机构、产品、账龄等数据项)，从而可以帮助我分析收款风险。
- 作为销售会计，我想能够根据应收账款月报表中的每个数据项进行排序(升序、降序)，从而可以更容易地找到需要特别关注的应收账款记录。

5) 根据功能点的不同优先级进行分割

比如有一个用户故事"作为酒店顾客，我想用 Visa 信用卡或银联信用卡支付消费费用，从而让我支付起来更加方便"。根据潜在客户群的情况，或许持 Visa 卡与银联卡的客户比例有明显差异，从而对两种信用卡支付功能的支持在业务上具有不同的优先级。此时可以将支持每种信用卡作为独立的用户故事，指定不同的优先级。

采用这种故事分割方法的原因，不一定都是由于原始故事太大，在以下这两种情况下也会采用这种分割方法：

(1) 在创建某一个故事、给用户故事排定优先级时，就发现其不同功能点的优先级(重要性)不完全相同。为了在尽量短的时间内达到给客户提交最大业务价值的目的，可以将该故事按照功能点优先级进行拆分，高优先级功能点所组成的用户故事放入早期的迭代中，而优先级不太高的功能点所组成的用户故事可以在较晚的迭代中实现。

(2) 某一迭代的末期，在开始实现某一个迭代故事(原本工作量估计并不太大)前，发现本次迭代所剩时间不多，该故事无法在本次迭代中完全完成，为了避免将在制品(部分完成的故事)带入下一迭代，同时为了准确统计本次迭代的开发速度，可以由业务负责人对故事中各个功能点的相对优先级进行评估，然后将重要性相对较低的部分分割成一个独立的、延迟到以后迭代中才实现的故事，从而保证剩余故事能够在当前迭代中完成。

5.1.3　敏捷需求分析的时机和细化过程

1. 需求分析时机

敏捷软件开发过程中并没有固定或专门的需求分析阶段，而是将需求分析工作贯穿于整个项目开发周期。敏捷需求分析大体上分为四种类型，发生在不同的阶段，如表 5-2 所示。其中前两种类型的需求分析工作总体上都是在项目规划阶段一次性完成的，而后两种类型的需求分析工作是伴随着发布更替与迭代往复、在整个项目开发和部署过程中持续进行的。

表 5-2　　敏捷需求分析工作的四种类型

类　型	时　机	主要活动或产出物
问题识别	项目规划阶段	业务问题、项目愿景和目标、目标业务用例、排定优先级的高抽象级别需求
方案分析	项目规划阶段	选择敏捷建模技术，识别用户角色和场景，创建初始用户故事列表，捕获非功能性需求，系统级解决方案的客户展示
发布需求分析	项目规划后期、迭代开发阶段(需求变更)	理解发布的愿景和优先级、估计项目范围的大小、提供低保真度(Lo-Fi)系统原型的客户展示
迭代需求分析	迭代开发阶段	分析用户故事的详细需求，与客户确定验收标准

2. 需求细化过程

为了降低可能的成本浪费，敏捷过程强调尽量延迟决策，对于需求分析工作也是如此。虽然从项目一开始需求工作便已展开，但不同阶段的需求是在不同层次上进行的，其产出物的颗粒度和详细程度也相差很大。一般来说，早期的产出物都只是用来进行工作量的大致估计和项目计划(发布计划和迭代计划)制定的，而真正可以用来开发的需求细化，都只是在一个故事被实现的迭代即将到来时才进行。为了描述这种层次和颗粒度的差异，这里我们使用一个天文望远镜、双筒望远镜、放大镜和显微镜的隐喻，如图 5-2 所示。

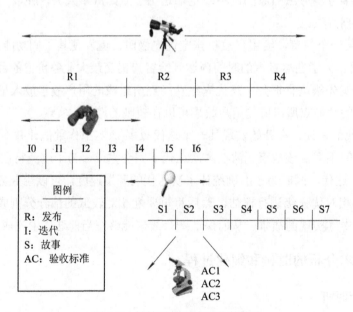

图 5-2　敏捷需求逐步细化的隐喻

天文望远镜用来洞察整个项目的用户期望和范围，需求分析的目的是让客户的不同涉众和开发方就目标系统的预期发布计划达成共识，此时用户故事大小的估计准确度较低；双筒望远镜允许双眼观察并精确定位一个发布中的需求情况，能够知道当前发布中的每次迭代计划做哪些故事；放大镜可以让我们观察一次迭代中的需求故事，这些故事目前被客户列为最高优先级，故事的主要需求细节已经确定，开发人员已经能够对其工作量进行更准确的估计；显微镜可以让我们观察到每一个迭代故事的详细细节，甚至细到故事的客户验收标准。我们在上述四种类型的需求分析工作中分别使用不同的光学仪器，需求分析人员工作时要时时牢记自己当前应当使用哪种仪器，从而采用相应的方法获取对应颗粒度和详细程度的结果。敏捷项目中经常发生的问题，是很多需求分析人员在使用天文望远镜的阶段，就试图将观察的精度调校到显微镜的精度，即在项目很早的阶段就沉缅于挖掘需求细节。

下面我们用一个具体的用户故事来进一步解释上述隐喻。作者曾在一个项目中遇到过这样一个用户故事："作为第三方监理机构，我希望将监理结果每天定期导入系统，从而相关用户都能尽快看到监理结果。"如果这个故事是初始用户故事(双筒望远镜观察到的结果)，我们对细节了解的程度只需要进行足够工作量估计便可，如每天用 FTP 上传、文件格式为 CSV、每行数据大约有 20 列。到了拿起放大镜的阶段，则要考虑 FTP 服务器的网址、每天具体什么时间上传、具体每列数据的类型和含义等。后面这些细节需要在开发人员实现该故事的时候了解，但不会从本质上影响到工作量估计，可以延迟分析。

用户故事的逐步细化过程，也可以用图 5-3 进行简单描述。初始故事也经过了一点需求分析工作，技术上和业务上的可行性也有了一定的把握，但需求范围、工作量大小尚未进行详细分析；发布故事对工作量大小进行了细致的分析，从而也定义了一些限定需求范围的假设，或许已经有了低保真度的原型或经过了详细的技术 Spike，同时也已经有了业务优先级；迭代故事通过验收标准(Acceptance Criteria, AC)详细界定了故事的业务范围，甚至有些敏捷团队已经根据 AC 定义了自动化的集成测试用例(参见下一节中对"客户确认"的描述)，并且故事已经由开发人员分解成若干需要完成的技术任务。

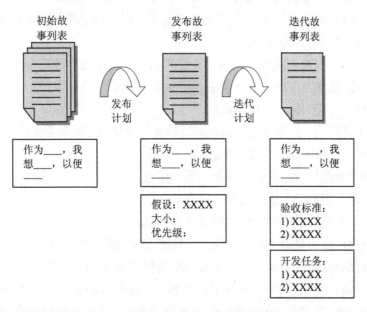

图 5-3 用户故事的逐步细化过程

3. 用户故事的 3C 属性

用户故事其实不是完整的需求规格说明书，正如 R.Jeffries 所说，用户故事具有 3C 特性——物理卡片介质(Card)、与客户围绕用户故事所进行的交谈和讨论(Conversation)、确认用户故事所用的测试(Confirmation)。

1) 物理卡片介质

这是一种隐喻，包含了以下五个方面的含义：

(1) 用户故事只是在一张卡片上能写下的一句话，需要精练和简洁。

(2) 用户故事要足够小，能够在一次迭代中完成，不要把整个大的功能特性放到一个故事(一张小小的卡片)中。

(3) 用户故事及其状态，对于整个项目团队和客户方各种涉众都要永远保持高度的可视性，不能用电子文档这种非物理卡片介质来替代。

(4) 如果客户需求变化了，就像重写一张卡片一样容易，要拥抱变化。

(5) 用户故事一旦完成，需求文档就像用过的卡片一样可以扔掉。

2) 交谈和讨论

用户故事不是需求本身，只是一个需求分析工作的占位符，表示在实现用户故事时需要与客户进行面对面交谈，来挖掘用户故事背后的需求细节。面对面的交谈和讨论远比用户故事本身重要，也远比任何其他沟通方式的效果要好。敏捷项目中的需求不是(至少不只是)业务负责人的"需要"，而是整个项目团队达成共识的"需要"。

3) 客户确认

客户确认表示在实现之前，要让客户确认在故事实现后如何能够愉快地接受。客户确认的过程，恰恰也能够检验用户故事是否满足可验证(Testable)原则。事先确定客户验收故事时的一些验证项，有助于减少开发过程中的反复，也有助于开发人员自我判断是否完整地实现了一个用户故事的业务范围。

验收标准(AC)可以充当描述这些客户验证项的作用。验收标准是写在故事卡片背面的一些文字，用来提醒开发人员该故事所涵盖的业务范围(以及该故事所不涵盖的业务范围)。假设有一张卡片上写着这样一个用户故事：

"作为销售管理员，我想创建新的供应商档案，以便能够发展新的供应商"

则卡片的背面可能有以下几句验收标准：

(1) 销售管理员能够输入新供应商和联系人信息；

(2) 销售管理员能够输入供应商地址信息；

(3) 销售管理员能够输入供应商的银行账户信息；

(4) 保存新供应商信息时要进行校验，出错时要反馈给销售管理员；

(5) 供应商保存成功还不能生效，需要审批流程(新供应商审批流程属于故事#255)。

ThoughtWorks 公司的 D.North 提出了行为驱动开发(Behavior Driven Development，BDD)的概念[North 2006]，引入了 Given-When-Then 这种基于场景(Scenario)来描述验收标准的格

式，这种格式被很多敏捷项目所采用。Given-When-Then 的格式如下：

Given(给定<前置条件>)，When(当<实施某种行为>时)，Then(则应当<后置条件>)

如上面那个创建新供应商档案的用户故事，其验收标准的一部分就可能如表 5-3 所示。

表 5-3 Given-When-Then 格式的用户故事验收标准(片断)

Given	When	Then
Sales-admin 是一个销售管理员并且已经登录；系统中尚无名称为"MarcoSoft"的供应商	Sales-admin 点击"新增供应商"菜单	出现供应商基本信息和联系人信息录入界面
	Sales-admin 录入完整的供应商基本信息(供应商名称为 MarcoSoft)，但不录入联系人信息，然后保存	提示校验出错信息："供应商联系人必填"
	Sales-admin 录入完整的供应商基本信息(供应商名称为 MarcoSoft)和联系人信息，然后保存	在"待审核供应商"查询界面应当看到供应商 MarcoSoft

作者曾经在几个项目中采取这种方式书写用户故事的验收标准。虽然从测试人员的角度看或许这是一种比较严谨的定义用户故事需求的办法，但作者个人认为其可能存在以下几个问题[2]。

(1) 已经无法在一张物理故事卡片背面完整书写，成了名副其实的一种"详细文档"。3C 中的第一个 C(Card)的属性被弱化了。另外，在将表 5-3 中的内容转化成真正的测试用例时，这个文档在某种意义上造成了"重复"类型的浪费。

(2) 既然验收标准已经写得如此清楚明白，开发人员按照这个文档描述实现便可，很多面对面的沟通可被省略，3C 中的第二个 C(Conversation)属性也被弱化了。验收标准似乎应当只承载足够界定需求范围和进行工作量估计的信息便可，更多的信息应当通过整个团队合作来挖掘。

(3) 作者曾经参与过一次相关的讨论：验收标准就是需求规格吗？验收标准就是客户验收测试的测试用例吗？如果开发结果通过了所有验收标准的检验，就表示客户可以甚至必须接受用户故事了吗？此次讨论并没有达成任何共识，作者更倾向于不能将验收标准作为需求规格来看待的观点。

5.1.4 敏捷需求分析中的文档

本节的讨论前提，是假设项目采用集中式开发方式，即整个开发团队和客户代表或业务负责人都在一个办公空间中工作。对于分布式开发(开发团队分布在不同的物理位置)或者

---

[2]：很巧合的是，作者提及的那几个项目要么是分布式开发，要么是离岸开发(客户代表不能时时和开发团队在一起工作)，因此采用 BDD 所推荐的 AC 写法，或许是受项目性质所限，不得已而为之。

客户代表或业务负责人不能随叫随到的情况，敏捷需求分析中的文档与传统需求分析就会有很大的相似性。分布式环境下的敏捷实践将在第 7 章中描述。

1. 敏捷过程中的文档

敏捷宣言中有一句"可工作的软件胜于完备的文档"，有时会引起一种误解，认为在敏捷过程中文档就不再需要了。其实不然，敏捷项目中也有各种各样的文档，只不过因为撰写和维护文档也需要成本，因此也需要从客户价值方面出发来确定制作哪些文档，制作到何种程度，向客户交付或转移哪些文档。图 5-4 是 2008 年的一份各种项目团队交付文档调查结果[Ambler 2008]，从图中不难看出敏捷团队同样会向客户交付一些文档。

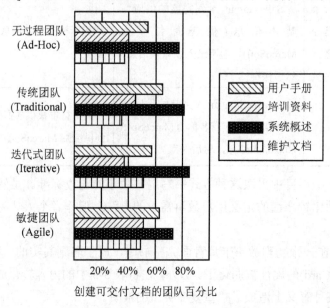

图 5-4　敏捷团队所创建的可交付文档统计结果

1) 文档要具有目的性

只有当有人明确地需要一种文档去完成项目的某种目标时，才值得去创建这个文档。如果你不知道为什么要撰写一个文档，或者质疑文档的目标，都应当停下来仔细考虑。

文档要完成的目标或许是短期目标，或许是长期目标。一般来说，根据完成目标可将文档分为过程文档和知识转移文档两类。所谓过程文档，就是指在项目团队开发过程中所产生的、便于团队沟通的一些文档，当产品或发布交付后便不再需要，如设计文档、交互界面原型等等；所谓知识转移文档，就是指将某类知识记录下来，并从记录者转移给其他人所需要的文档，如用户使用手册、产品维护手册、培训手册、领域知识文档等。

知识转移必须对客户有价值。用户使用手册、产品维护手册、培训手册等文档的客户价值很明显；向开发团队转移领域知识在项目早期也很有价值，因为加深对领域知识的理解可以提高团队的开发速度。

但是文档是需要成本的，对于时效性高的文档来说其成本往往更高。项目投资人必须能清楚地预测文档的总持有成本(Total Cost of Ownership, TCO)，并且下达明确的指令来表明同意对文档进行投入[Ambler 2007]。

作者经历过这样一个项目：在第一个大的发布正式上线前，项目团队花了很大的力气编写了一套针对不同业务、不同用户角色的用户操作手册。可随着后续发布的上线，用户操作手册的更新速度很快就跟不上可运行系统的更新速度。此时客户已经失去对操作手册进一步更新的投资欲望，之前的版本也逐步废弃。

2) 文档要能够满足读者的实际需要

在撰写文档时一定要和目标读者一起工作，从而可以确认所写内容符合读者的真正所需。因此，撰写文档时的首要任务是识别出潜在的文档读者，然后了解他们的需要，以他们感觉最合适的格式组织文档，并且在满足读者需要的情况下力争文档最简单，付出的撰写成本最少。换句话说，撰写者的责任是保证文档能够给读者提供价值，而读者的责任是验证撰写者是否已经提供了足够的价值，断定何时可停止对文档的进一步投入。

假设你领受了撰写系统维护手册的工作，也清楚撰写这本手册的目的是将系统维护知识转移给未来承担系统日常维护工作的工程师。如果你不能和这些未来的维护工程师一起工作，则很难知道该如何用精炼的语言、明晰的结构来完成一本让维护工程师容易阅读的手册。这也就是敏捷开发过程中常说的"永远不要靠文档进行移交，要靠合作完成移交"。

2. 敏捷需求文档的作用

需求文档是一种过程文档，不应当作为产品产出工件。即便如此，在实际的敏捷项目开发中，需求文档依然有着重要的作用，只是和传统的开发过程相比，需求文档的作用有以下一些不同。

(1) 需求文档不是需要严格评审的项目产出物。为了帮助了解和沟通用户的需求，在敏捷项目中也会有各种流程、功能、非功能、界面原型等文档。但这些需求文档只是工作过程中辅助沟通的工具，不作为客户进行项目验收的标准。对于开发团队内部，所有需求文档都不是必须遵守的"规范"，开发人员更多是通过与需求分析人员面对面的沟通来了解需求。

(2) 不用担心需求文档过时或已经与系统不符。需求文档只是中间产物，需求沟通的目的一旦实现，需求便体现在可工作的软件中，需求文档的历史使命即完成，无需时时保持其"正确性"。如果新的项目组成员需要了解系统的实际需求，自动化功能测试用例是更好的选择。

(3) 文档没有固定的格式，也不在美观方面有特别要求，一切视沟通的需要而定。只要是能够辅助项目组成员间、开发团队与客户间的沟通，任何格式的文档都可以，图 5-5 中是一些需求文档的例子。如果客户在开发现场，所需文档的数量会少许多；如果客户不在开发现场，特别是在开发团队与客户之间存在时差的离岸交付项目中，由于面对面交流机会少，所用文档会多一些。作者在曾经参与的一个离岸项目中采用了 Word、Excel、PowerPoint、MindMap、Visio、静态 HTTP 文件、Wiki、电子邮件甚至聊天记录等文字形式来帮助了解和沟通用户的详细需求。这些文档一般以用户故事或测试阶段发现的缺陷卡片为单位进行组织，用敏捷项目管理工具管理，辅助以一些 Wiki 文档以记录中美两个团队每天在需求分析、质量分析和开发方面的整体进展情况和需要提醒对方团队关注的重点。在项目的不同阶段，根据使用效果和客户反馈，文档形式与内容会有所调整，但一般来说，一旦故事或缺陷完成并获得客户签收后，这些文档便完成了历史使命，不必继续维护，其正确性或许随着其他新需求的到来和系统变迁而不再能够得到保证。

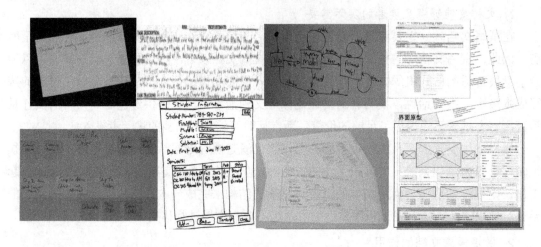

图 5-5　几种可能使用的敏捷需求文档示意

(4) 鼓励非文档方式的沟通。根据 UCLA 的 Albert Mehrabian 教授的研究成果，沟通由文字、声音和肢体语言三部分组成，而三部分所能够承载的沟通信息量百分比分别为 7%、38% 和 55%。在敏捷项目中永远鼓励面对面的沟通而不是凭文档工作，文档更不能代替其他沟通方式，即便是在面对面沟通难以在每一天实现的分布式项目中。

前不久，在 AgileChina 讨论组中讨论了一个话题，即在需求变更后是否要修改原来的用户故事文档或描述。故事只是一个与客户面对面讨论需求的占位符，即便有一些帮助沟通的文字、绘图等过程文档，随着故事的完成自然也应当寿终正寝，为什么要维护用户故事呢？或许在很多"敏捷"项目中，项目团队都自觉(如团队成员的传统开发过程习惯)或不自觉(如受到客户的要求或胁迫)地将某些过程文档作为项目的产出工件在维护着。

5.2　设计与编码实践

敏捷软件开发过程中有很多可用的设计与编码相关的实践，如测试驱动开发、持续集成、演进式设计、简单设计、重构、自动化的开发测试等。它们之间的关系如图 5-6 所示。持续集成、简单设计和自动化测试是测试驱动开发的基础，而从简单设计出发，通过重构使得设计模式在重构过程中自然涌现就是演进式设计的主要方式。

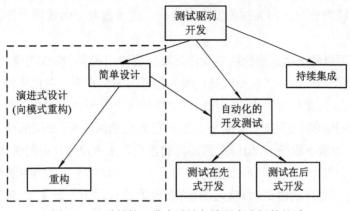

图 5-6　几种敏捷开发中设计与编码实践间的关系

5.2.1　简单设计

简单设计，就是指用可行的、最简单的方法来满足当前的需求。永远不要为明天的需求做任何设计，将注意力集中在当前要解决的问题上。简单设计，就是一种让未完成工作量最大化的艺术。

敏捷项目中的设计工作不是某个特定的开发人员或架构师独立完成的，整个开发团队都要对系统设计负责，可以说整个团队每天都在进行设计工作。不要试图一步解决一个大的问题，而是将大的问题分解成若干个小问题，每一步只解决一个小问题。完成简单设计比完成复杂设计所花的时间要少很多，但是随着时间的推移，设计会变得越来越复杂，开发团队必须持续地通过重构让设计重归简单。

[Beck 2004]给出了四条判断设计是否足够简单的准则：

(1) 适合于目标读者。即便是巧夺天工的设计，如果使用它的人不能理解，这个设计也算不上简单。设计的读者就是项目中的其他团队成员，所以只有全体开发人员都能看得懂的设计，才能算作简单设计。

(2) 具有沟通能力。设计的结果要能够通过代码清晰地展现，能够同未来的代码读者进行充分的沟通。

(3) 已经抽取了公共部分。逻辑和结构的重复会使得代码难以理解和修改，也使得设计变得复杂。

(4) 最小化。在满足上述三条准则的基础上，系统应当有最少的元素，即需要最少的测试、文档等。

5.2.2　重构

重构(Refactoring)来自于数学领域。假设有如下的一个算术表达式

$$2x^2 + 10x$$

当我们提取公因式 $2x$ 后，该表达式就变成了

$$2x(x + 5)$$

算术表达式的值没有变化，但其结构发生了变化。这种提取公因式的动作在英文中就叫做Refactoring。

人们发现也可以将这种思想应用到软件开发过程中。[福勒 2003]对重构一词作了定义，认为重构就是这样一种过程："在不改变代码外在行为的前提下，对代码作出修改，以改进程序的内部结构"。即重构过程中程序代码在"做什么"方面并不改变，而在"怎么做"方面将发生改变。重构的核心是对代码进行一系列行为受到保护的、细微的转化，每个转化(或称一次重构)的工作量虽然很小，但一系列转化的累积效果将使得代码的结构发生质的转变。

为了保证每个细微的转化过程都没有走错方向，没有对原有代码库的行为造成伤害，往往要有足够充分的自动测试(如单元测试)来保护已有行为，及早发现不能正常工作的重构。

重构和敏捷软件开发过程的关系，是前者在不同的角度或层面提供了对后者的一种重要的或许接近于不可或缺的支撑基础。重构至少有控制系统复杂度和提高代码质量这两方面的作用。

1. 控制系统复杂度

代码库的规模和复杂度是造成时间计划大大拖延、开发速度低下、开发成本超支的主要原因。系统复杂度可以分为两类：本质(Essential)复杂度和偶发(Accidental)复杂度。本质复杂度是指业务领域本身的复杂度，属于问题域；偶发复杂度是所构建的软件系统或软件系统所使用的语言、框架等所具有的复杂度，属于解域。原理上讲，改变目标软件系统可以降低系统的复杂性，而重构所降低的是偶发复杂性。

2. 提高代码质量

本书前面章节中曾经提及，质量在敏捷软件开发项目中是不可妥协的，而重构是"让代码质量每天都比前一天稍微好一些"的手段。人们常常把重构比喻成厨房的日常性清洁工作。如果厨房要供应一家老小的一日三餐，厨房的卫生必须经常性地处理，否则很快厨房的脏乱程度就会使其失去正常行使职能的能力。试想一下，一顿饭后锅碗瓢盆清洗干净或许需要 20 分钟，但如果上顿饭后不清理，等到下一顿时残羹冷炙或许都已经紧紧地干涸在容器上了，恐怕得多花上几倍的时间才能清洗干净。

编码工作也是如此。如果每次我们在修改代码的时候不进行重构，代码就会从局部向全局渐渐腐烂，开始时会让我们沮丧，花费更多的修改时间，不久可能就会影响迭代承诺的按时实现。

没有清理好的厨房会发出怪味，没有适当重构的程序代码也会有"坏味道"(Bad Smells)。[福勒 2003]描述了 22 种代码的"坏味道"，并分门别类地给出了 72 种重构方法，是学习如何重构代码的必读书籍。该书作者 M Fowler 还在网页上持续地维护一个代码"坏味道"的清单目录[3]。[Shore et al 2007]中也列举了[福勒 2003]中所没有的 4 种代码"坏味道"。

主流的面向对象集成开发环境(IDE)都提供了自动重构支持功能，如 Eclipse、IntelliJ

---

[3]: 网址：http://www.refactoring.com/catalog/

IDEA、Visual Studio(内置或通过重构工具插件支持)等。

　　一定要注意：千万不要重构没有强健的单元测试所保护的代码，否则重构就很不安全，可能会引入缺陷。就像作者原来的一位同事曾经说的："没有单元测试保护的情况下修改代码不叫重构，叫重写。"

5.2.3　持续集成

　　持续集成是一种软件开发实践，团队成员频繁地集成他们的工作，通常每个人至少一天集成一次，因此项目每天都能得到很多个集成结果。由包含了测试的自动化构建验证每个集成结果，快速发现存在的集成错误[Fowler 2006]。[Fowler 2006]还给出了 10 个持续集成的实践。

　　为了保证总是能够获得可工作的构建结果，持续集成要解决两个问题：

　　(1) 必须保证开发人员机器上能够运行的代码，在任何别的一台机器上也能够运行。相信很多做过测试的人都有这样的经历：带着喜悦的心情告诉开发人员你抓住了一个臭虫，开发人员第一反应却是"可在我这里运行一切都是 OK 的呀！"为了解决这一问题，采用持续集成的团队往往都用一个专门的、独立的机器作为集成平台。

　　(2) 坚决避免让任何人能够获得尚未被证明能够成功构建的代码。解决这个问题的办法是使用醒目的构建令牌，当某个开发人员获得令牌、正在签入代码和进行构建时，这些代码都尚未获得验证，在构建令牌被释放之前，其他人都应暂停从版本库中更新代码到本地。

　　持续集成在实施中的常见问题，是构建的速度越来越慢，完成一次构建的时间越来越长。此时应当首先想办法优化构建脚本，力争构建在 10 分钟之内完成，实在迫不得已的时候可以用异步构建、分级构建等办法缩短每次构建时的等待时间。虽然表面上看来异步和多级构建似乎是提高了时间利用率，但一旦发生构建失败的情形，可能会有较多的、已经开发到半道的任务需要回退，因为异步或多级构建中构建失败的反馈周期被拉长了。

5.2.4　测试驱动开发

1. 自动化开发测试

　　如果问一个开发人员，开发过程中哪个步骤或者哪个活动会有助于改进所开发的应用系统的质量？回答十之八九会是"测试，足够的测试"。如果第一次让一个开发人员测试自己所书写的代码，他会非常卖力地、全面而深入地进行测试；但如果你第二次让他测试同样一段代码，测试就会有些马马虎虎；而当要求他进行第三甚至第四次测试时，他就会感到非常枯燥乏味，测试的范围和深度就会大大降低。

　　如果我们能够将测试用例书写下来，最好与开发应用使用相同的编程语言，我们就可能让测试自动化进行，从而只要有需要，开发人员就会很乐意地去按下一个按钮，运行一遍测试代码。这种自动化测试，可以精确地重复任意次。

　　自动化测试的好处有以下几条：

- 能够快速提供系统状况的反馈，如测试是否都能通过。
- 通过自动测试去发现是否有测试被破坏，能够帮助开发人员避免引入缺陷。
- 自动测试用例可作为详细设计的描述文档，从而保证实现代码与详细设计文档的吻合。

2．测试驱动开发的过程

从图4-3"传统软件开发中的变更成本曲线"中可以看出，传统方法中测试环节在项目的后期才发生，而此时如果发现缺陷，进行修改，则修改的成本要比项目开始时进行修改的成本高出许多。显然，如果我们能够将测试环节向图4-3中的左侧提前，则既可以让测试的持续时间更长，又可以获得降低修改缺陷成本的机会。测试驱动开发的思路就是如此。

测试驱动开发，是一个个快速的自动化开发测试、编码和重构的循环，如图5-7所示。测试驱动开发通过先书写一个测试用例来描述需求，然后用实现代码让测试通过，最后通过重构让实现代码具备更好的结构，循环往复便可实现系统的所有需求。

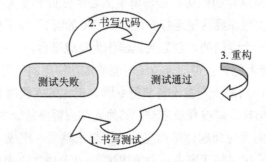

图 5-7　测试驱动开发的过程示意图

(1) 思考并书写测试。想象一下产品代码将要完成怎样的行为，然后设计并书写一个在该行为尚未编码实现之前一定会失败的测试用例。换句话说，首先要设计并书写一个测试表示产品代码的意图，并且迫使开发者下一步必须实现相应的产品代码。

(2) 测试失败(红灯)。这是意料之中甚至是所期望发生的结果。如果开发人员先写了一个测试，在没有进一步书写实现代码之前该测试就已经能够通过，则新书写的测试是一种重复的测试用例，已经被已有测试用例所覆盖，没有任何价值。

(3) 书写实现代码。实现代码一定要本着"小步快跑"的原则，最多不超过7行代码。

(4) 测试通过。所书写的产品实现代码要让先写的那个测试用例通过，如果不能通过，则需要修改实现代码。

(5) 重构。审视刚刚写的实现代码，看看有无改进的机会。若有，则进行改进，改进后要保证测试依然能够通过。

5.2.5　演进式设计

从敏捷过程的"拥抱变化"能力看，需求的高度动态性使软件系统不再进行大量的预先架构设计(Big Up-Front Architecture，BUFA)。敏捷设计是涌现出来的(Emergent)，即在开发中不断地演进。

　　测试驱动开发实际上也是一个设计的过程，当开发人员思考并书写测试用例的时候，实际上就是在从代码的使用者角度对系统进行设计。如果开发团队严格进行真正的测试驱动开发，则在每个小循环中通过重构让系统的设计逐步演化。

　　让设计能够拥抱变化，是增量式开发成为可能的前提。如果我们只是简单地用已经拥有的功能特性数量来衡量所获得的业务价值，就会深深陷入"技术债"之中，添加新功能特性的成本会越来越高。重构的价值在于创造了程序员在未来修改代码的能力(即代码的可维护性)。

　　从经济学的角度看，重构就是一种投资，或是在偿还债务。是否值得进行重构，要看在一定时期内所获得的回报是否超过投资。判断应当投入多少精力进行重构，是一个无法精确量化的问题，需要开发人员积累经验。过度重构(投资)和重构不足这两种情况往往会在一个项目中的不同地方并存。

　　演进式设计要遵从下面一些基本原则：

- 不要故意去设计产品未来的适应性，让新的需求去拉动这种复杂设计。如预先设计方法中开发人员往往会将"可重用性好"的设计视为优点，而演进式设计只在重用真的发生时才会考虑可重用性的抽取(当然还是通过重构来完成)。

- 没有重构就没有演进式设计。没有重构的系统，就像是没有人清理的厨房，很快就会没有办法再容纳任何新的功能特性。

- 重构不仅仅发生在底层代码级。[Kerievsky 2004]指出重构是我们使用[Gamma et al 1995]中的设计模式的有效途径，而不是在预先设计中强行先将某个设计模式引入系统设计。通过设定一些基本的重构规则，设计模式会在重构的过程中自然涌现，即自然而然地"向着模式重构"(Refactoring to Patterns)。很多设计模式都有几种不同的实现(每种实现的深度不同)，通过重构所获得的设计模式实现是最符合当前应用场景的——其深度不多也不少。

- 小的重构积攒到一定程度需要"突破(Breakthrough)"[Shore et al 2007]。不论你是在哪个层面进行演进式设计，有时候都会突然发现一种新的设计方法，为此需要对现有代码进行一系列的重构，让系统的整个架构有一个质的提升。所有复杂系统都会经历很多次这种突破，每次突破都需要比通常情况大得多的重构努力，团队必须抓住这些突破的机会，否则后续设计的演进会遇到问题。

5.3　测　　试

　　敏捷项目中的测试，其目的是发现和减少缺陷，而不一定要追求纯粹的 100%代码覆盖率的目标，或者要测遍所有的边界条件。项目团队更多使用的是直觉、知识、过去的经验来指导自己进行测试活动。有很多种开发人员之外的测试可以用到敏捷软件开发过程之中，如单元测试、开发沙箱测试、集成测试、客户测试、性能测试、用户验收测试、回归测试、探索测试(Exploratory Test, ET)、Sanity 测试[4] (Sanity Test)、压力测试、冒烟测试(Smoke Test)
等，各种测试发生的时机可能如图 5-8 所示(其中各个英文字母的含义参见图 3-1)。

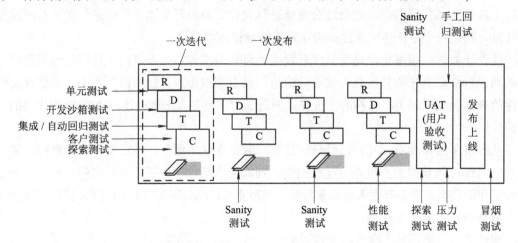

图 5-8   敏捷软件开发过程中可能会用到的测试种类

单元测试在测试驱动开发过程中完成(参见本书 5.2 节)；客户测试是一个故事完成其生
命周期的最后一道工序，客户测试及用户验收测试在本书第 3 章中已经介绍。本节只简单
地对开发沙箱测试、回归测试(自动化验收测试)、探索测试、Sanity 测试、冒烟测试作简单
介绍。

5.3.1　开发沙箱测试

当开发人员认为完成了一个用户故事的开发、提交质量分析师(QA)测试之前，业务分
析师(BA)在开发者环境中进行的快速故事验证，目的是判断开发人员是否完成了所有预期
的故事场景，主要流程是否存在缺陷。如果存在遗漏的故事场景没有实现，或者发现了明
显的缺陷，则可以快速反馈给开发人员立即修改，不让故事进入测试环节。

因为在进行开发沙箱测试时开发人员无法进行其他开发工作，所以要求这种测试一定
要快速，一般来说每个故事的开发沙箱测试工作不会超过 10 分钟。如果在测试中发现了问
题，也不用记录到缺陷跟踪系统，比如作者喜欢用记事帖记录并贴在开发人员的显示器上，
提醒开发人员解决这些问题后再让业务分析师测试一次。

有的项目组在这个阶段让 QA 参与甚至主持开发沙箱测试，作者认为这不是一个好的
实践，因为可能会有以下几个问题：

(1) 开发沙箱测试通过后，QA 还要在专门的测试环境下进行一轮测试，没必要同一个
角色连续两轮参加同一个故事的测试；

(2) QA 测试和 BA 测试的角度不同，会进行多种边界条件的测试、例外流程的测试等，
会让测试的时间过长，从而耽误开发人员的工作时间。而这个环节本来只应是一个快速判
断故事是否可以让 QA 测试的一种预先验证工作。作者曾经供职过的企业有过一个项目，

---

[4]: 有人翻译成"完备性测试"，作者认为不能准确表达其含义，故本书直接使用英文。

在开始的几次迭代中 QA 常常发现流转到质量分析这个环节的很多用户故事都还不能算作可测试，如会发生主流程崩溃、故事范围未完全实现等问题，于是项目团队在 QA 进行集成测试之前引入了开发沙箱测试环节，由客户代表、QA 和开发工程师一起进行。据项目组中的一位开发人员说，沙箱测试过程至少要持续半个小时以上，QA 往往会像集成测试那样对故事进行深入、全方位的测试，于是开发人员抱怨一个故事在沙箱测试环节要多种角色一起反复多次，严重影响开发效率。

5.3.2　自动化验收测试

传统的客户验收测试，是在软件最终交付之前进行的一种黑箱测试，即在已经完成的系统上手工运行一个测试用例包。这个测试用例包中包含多个测试或测试用例，每个测试用例包括了一个测试运行的步骤、必要的输入数据和预期的输出结果，测试用例的运行结果要么是通过，要么是失败。

在敏捷软件开发中，为了让客户验收测试更敏捷，将验收测试提前到每个用户故事完成的时候。验收测试用例可能是一种写在纸上的文字，也可能被放入自动测试工具中。所谓自动测试，就是指用代码来书写测试，从而这些测试可以一次次、很便捷地重复运行。自动测试有以下几点优势：

- 反复地运行测试并通过，能给项目团队信心去添加新功能。
- 反复地运行自动化验收测试，可以帮助团队更加清楚地认识到系统的哪些部分已经实现(即自动测试用例就是可运行的、已完成部分的需求文档)。
- 所有自动测试加在一起，就构成了一套自动化的回归测试包。手工的回归测试既费时又容易犯错，而且当进度压力很大时，手工回归测试往往被团队忽略不做。相比之下，自动化的回归测试则不会存在这些问题，因此广泛地被敏捷开发团队所重视。

在敏捷项目开发中，自动化测试的编码工作是整个团队的责任。不同项目团队有不同的做法，一般都是由团队中质量分析人员的编码能力和开发人员对需求的理解能力来决定具体的分工，如有些团队中是完全由开发人员编写，有些团队是由质量分析人员和开发人员一起书写自动化测试，甚至有些团队完全由质量分析人员独自书写。

决定是否编写自动化验收测试，需要考虑以下一些因素：

- 权衡投入与产出。自动化测试的书写很费时间，代价昂贵。书写一个自动化测试的时间，可能是手工执行一次测试所费时间的 2～10 倍，而且这些测试代码要像产品代码一样，需要团队的持续维护。
- 自动化测试框架的选择。如果所开发的应用是基于 Web 的，则 Selenium 是一款不错的、开源的验收测试框架。
- 是否将自动化验收测试的执行与持续集成整合。如果整合，团队就可以有规律地获得验收测试的执行结果，但是代价是构建周期将大大拉长。

5.3.3　探索测试

1. 什么是探索测试

前面所介绍过的测试，都是事先已经有了对产品的行为(或预期行为)的深入了解，而且对于如何测试已经有了一些设计，这一类测试我们不妨称之为预定义测试。如开发沙箱测试的主要执行者是熟悉用户故事详细需求的业务分析师，测试主要按照迭代用户故事的验收标准进行；自动化验收测试使用预先设计的脚本和输入数据进行测试，其编写者对于用户故事的需求也有深入了解。而探索测试正是与预定义测试截然相反的一种测试，模拟一个从来未使用过产品的用户来对系统进行测试，新用户会同时进行产品使用的学习，根据学习结果设计下一步的测试并执行这些测试。换句话说，探索测试就是由测试者主动设计和控制测试的进程和内容，测试者根据前面测试中所掌握的信息和测试结果不断设计新的、更好的测试，目的就是发现用预先设计的测试可能无法发现的缺陷。

测试者与待测试产品的不断交互，是探索测试的关键属性。自动化的单元测试、验收测试以及其他类型的预定义测试，在自动执行的过程中基本上无需测试者的干预；很多手工测试虽然由测试者人工执行，但实际上测试的内容和预期结果也都是事先用脚本(测试用例、测试数据等)书写好的，测试者无法根据测试结果对测试进行调整，还只是单向信息交流，算不上交互。探索测试的一个重要环节，就是测试者根据测试过程重新设计测试用例并即刻执行；手工预定义测试中一般都不鼓励这种测试用例动态重新设计的做法，而自动化的预定义测试没有任何智能，无法进行测试用例的适应性调整。

作者曾经参与过一个保险中介(代理)行业的业务系统开发过程，曾经进行过的一次探索测试的实际过程记录如下。(这里作者仅想表达自己的一次探索测试过程片断，并不表明作者的做法就是正确或很好的探索测试方法。注意作者当时只是刚进入项目组不到一周的新手，对产品的理解处于一知半解状态。)

(1) 我以系统管理员的身份登录系统，打开客户(被保险人)列表，选定一个客户，发现右键弹出菜单中有"事件通知"这样一个菜单。联想到我每次登录后的首页都有一个"事件"清单，其中列出了一些发给我的通知，我在猜想，是否这个菜单可以让我订阅该客户的一些事件？

(2) 我点击了"事件通知"菜单，系统打开一个对话框，让我先选择一个事件，我选择了"投保或续保"，猜想只要这个客户发生"投保或续保"的行为，我登录后的界面就应当能够产生新的事件通知。

(3) 系统接受我的选择后，并没有退出对话框，继续让我选择"订阅人"，备选项是"当前用户"、"介绍人"等。介绍人我懂，就是介绍该客户投保的人(一个保单可有0～3个介绍人)，会按照一定的佣金规则从保险经纪公司获得佣金(提成)。我在调整自己的理解，看来我不仅可以给自己订阅事件，还可以给其他用户订阅事件。

(4) 我选择了"介绍人"，并创建了一张该客户的保单，保单上设定了3个介绍人。我期望每个介绍人登录后，都能够看到一条新的投保事件。我逐一测试了3个介绍人，果然如此。

(5) 如何才能给系统出点难题，显我英雄本色呢？想起我在之前测试续保的时候，续保保单不再给介绍人提成，那么我让该保单续保后，是否不应当再通知原来的介绍人呢？我认为不应该不给人家提成还要馋馋人家。那就测测看吧。

(6) 我续保后再用其中一个介绍人的账户登录，意外的是系统发生了空对象的错误。后来开发人员告诉我，续保的过程是创建一个新保单对象，其中没有介绍人(默认为空对象)，而我给介绍人订阅了投保或续保事件，因此系统试图给空对象创建续保事件通知时出错了。

2. 为何需要探索测试

整体大于部分之和。敏捷软件开发项目将系统范围分割成一个个独立的用户故事后，并不是每个故事的功能之和就是整个系统的功能，也不是每个故事都经过功能性测试之后就无需对整个系统进行功能性测试了。为了保证每次迭代的开发结果都是一个添加了新的功能增量、准可发布(即可供广大目标用户群体使用)的系统，在迭代过程中除了对每个故事进行测试外，也必须对整个系统进行测试。探索测试是完成这一任务的非常有效的手段，主要的原因如下：

(1) 作为预定义测试的有力补充。探索测试不是要替代预定义测试，而往往是作为一种补充的测试方式，用以增加测试的多样性，进一步提高产品质量，降低最终用户在实际使用系统的过程中发现缺陷的机会。

(2) 更能模仿系统实际使用的场景。软件系统部署到生产环境后，不是(至少不仅仅是)参与开发过程的人使用，更多的是由项目外的用户来使用。这些用户的使用习惯和认知力都无法预见，其行为更多地受自身的知识、经验和直觉支配，会体现出高度的个性化特征。测试者每次可以刻意模仿背景不同的用户或 Persona 进行探索测试，这是预定义测试很难做到的事情。

(3) 帮助测试者快速了解整个系统的概貌。在前文提到的那个保险代理行业的项目中，作者曾经以业务分析师的角色参与其中。作者加入后便同时客串质量分析师的角色，为当时即将到来的一个正式 UAT 阶段做准备。当作者加入项目组的时候，该项目已经由 50 人左右的团队持续开发了近 2 年的时间，发布过不下 5 个版本。与作者一起工作的其他 7 名质量分析师加入项目的时间都超过 6 个月，这种情况下作者如何能够快速进入测试工作呢？作者当时就是采用了探索测试的办法，在 1 周后便对系统功能有了较为全面的了解。

(4) 进行针对性的测试。测试不是具体到某个故事的验收，也不是针对完整的系统，比如测试只针对一组用户故事之间的交互及交互时的某个质量属性(稳定性、可靠性、性能等)。

(5) 快速发现重要缺陷。探索测试是一种快速的软件测试实践，让测试者在高度的测试时间压力以及对产品只有有限的了解的情况下，能够进行有效的测试并提供快速反馈。这种方式下所发现的缺陷，往往是最终用户比较容易发现的、跨用户故事边界的缺陷，因此是比较重要的缺陷。在使用短迭代周期(如 1~2 周)的敏捷软件开发过程中，引入这种快速的探索测试是非常恰当的，因为每次迭代都不可能完成极其耗时的、完整的人工预定义测试。另一方面，由于敏捷开发过程中通过持续集成随时都能够提供可供测试的产品版本，测试者无需等待某个特定的时间段才能进行测试，因此探索测试可以让测试者抓住任何可支配的时间段进行快速测试。

(6) 应对快速变化的整体系统功能。所有的预定义测试，都是按照预定的场景、利用预定的输入数据设计进行的，只能反映设计测试用例时设计者的想法。敏捷开发项目能够快速接受新的、未曾预期的功能，不可能预先都确定详细的、稳定的测试流程，如果遵循测试用例设计者最初的想法，可能会造成误将功能变更当做缺陷的后果。凡是在需求快速变化的敏捷项目中写过自动化验收测试的人，恐怕都体会过自动测试脚本需要频繁维护的痛苦。软件系统不断地拥抱变化，测试者和测试流程也需要能够拥抱快速的变化，而探索测试应对需求变化的成本较低。

(7) 作为交叉测试的手段。作者在前面提到的那个项目组中，在 UAT 阶段每个质量分析师都划分了一定的功能范围进行详细的预定义手工测试，按照预先拟定的、详细的测试用例进行手工验收测试。为了降低测试者的影响因素，每个测试者还分配了一定的探索测试的任务。如作者承接了功能分类 A 和 B 的手工 UAT 测试，还承担了功能分类 C、D、E 和 F 的探索测试任务，目的是能够减少不同测试者的测试盲点，发现更多的缺陷。

3. 如何进行探索测试

要进行有效的探索测试，最重要的是测试者脑海里对测试结构的理解和设计，这很难用一套规范的流程来指导。要想成为一个杰出的探索测试者，下面是一些可供参考的基本原则：

● 善于进行测试设计。从根本上说，探索测试者是一个测试设计者。人人都能进行测试设计，但好的测试者能够拥有很好分析产品的能力和识别风险的嗅觉。预定义测试的执行者往往习惯于问自己："按计划下一步我该测哪个用例？"而探索测试者要问自己："测到现在，根据产品的实际执行结果，要想系统性地测试产品，下面该测试什么，如何测试会更好？"

● 善于仔细观察。预定义测试的执行者只需要按照测试用例和测试数据在产品上运行，并观察运行结果是否与预先设计好的结果一致。而探索测试者就像一个探险家一样，要注意观察产品所展现出来的所有不寻常或出乎自己预料的迹象，并能快速分析这是自己所用测试数据的结果，还是可能存在的漏洞所造成的结果。

● 具有批判性思维习惯。只有用批判性思维，才能设计出易于发现缺陷的测试用例。探索测试者要不断地问自己："就目前所掌握的最新产品知识来看，产品可能哪个地方最薄弱，最容易出现逻辑上的漏洞？为了测试这个漏洞是否存在，应该用什么数据和怎样的测试流程？"

● 不会迷路。探索测试开始时都是带着一个目的的，在进行测试的过程中，测试者因为不断地设计新的测试用例，往往很容易忘记当初确定的测试目的和当前所处的位置。为了避免这个问题，要记录一些关键的内容，就像去原始森林中探险一样，时刻注意设置醒目的标志，随时要能够找到回家的路。

● 善于产生不同的想法。好的探索测试者要比常人有更多的、不同的想法，要善于启发式思考。[Bach 2006]中列举了一些如何快速产生各种各样的测试想法的一般性技术；团队头脑风暴法也是获得不同想法的办法之一。[Shore et al 2007]认为找到边界测试用例也是一种最常见的办法，并给出了几种常用的、跨应用领域的边界条件。测试者也可以测试特定于应用领域的边界用例，如在 IPv4 网络软件中可以测试非法 IP(如 999.999.999.999)、特殊的 IP(127.0.0.1)以及 IPv6 格式的地址(如::1/128)等。

5.3.4　冒烟、Sanity 与回归测试

所谓的回归测试，就是对整个应用(包括此前已经测试过的功能)进行全面而深入的测试。一般来说，敏捷软件开发过程中很多回归测试都被自动化了，与持续集成结合后会成为一种迭代开发过程中例行的工作。

冒烟测试来自于硬件电器的测试，就是将一个新的或刚修理完的电器进行首次通电，看是否会冒烟，冒烟就说明有问题，不冒烟就说明电器可用。在软件测试中的含义，就是全面但浅浅地测试一个应用，看有没有明显的错误。敏捷软件开发过程中，在一次发布后、正式开放给最终用户使用前，往往会进行一次冒烟测试，在较短时间内判断系统能否正式使用。如作者曾经参加过一个互联网应用的开发，每当新的发布部署到产品环境后，都要用半个小时左右的时间在产品环境中进行冒烟测试。冒烟测试是一种粗略的、非正式的测试，不会花费测试者很长的时间。

对软件产品进行 Sanity 测试或 Sanity 检查(Sanity Check)，就是指对软件中特定范围的功能进行较为深入的测试，是一种正式的测试。Sanity 测试也是一种快速、粗略的测试。

这两种测试都可以作为后一轮全面而深入的、正式的回归测试的热身和准备工作，因此很多人对于冒烟测试和 Sanity 测试的区别并不清楚，甚至认为二者是同一种测试，交替使用这两个词汇。表 5-4 对冒烟测试、Sanity 测试和回归测试进行了简单的对比，从此表中可以看出，它们最本质的区别在于测试的功能范围(宽度)和测试的细致程度(深度)这两个方面。

表 5-4　冒烟测试、Sanity 测试和回归测试的简单对比

对比项	冒烟测试	Sanity 测试	回归测试
测试目的	看系统是否处于正常状态，可以提交使用或正式测试	看一个特定的(往往是最近发生变化的)功能是否完全符合需求	看所有功能是否完全符合需求
有无测试脚本	有手工或自动脚本	一般无脚本	有脚本，而且尽量自动化
测试范围	宽而浅	窄而深	宽而深
隐喻：将寻找缺陷比喻为在一条河流中捞沙子	在整个河面寻找，但只捞漂浮在水面的沙子	只在一小片河面寻找，但从水面到河底的沙子全捞	在整个河面寻找，从水面到河底的沙子全捞

第 6 章　软件开发企业的敏捷转型

6.1　采用敏捷与敏捷转型

敏捷转型(Agile Transformation)，是指整个企业范围的开发和管理模式向敏捷转化，尽管可能并不是每个项目都同时采用敏捷方法。

采用敏捷(Agile Adoption)，是指企业的某些内部部门、项目或产品线在局部范围内自主采用敏捷方法。这两种情况有本质的差别，后一种情况因为得不到整个公司的认同、支持与配合，鲜见能够长期坚持下去的，因为敏捷不仅仅是一种开发方法，更是一种指导思想和文化，正如有关人士所言："不要做敏捷，而要变敏捷(Don't Do Agile, Be Agile)。"本章所讨论的是敏捷转型的情况。

随着敏捷软件开发模型成为主流的开发模型，国内外很多软件开发企业都在向敏捷转型。然而敏捷转型并不是简简单单的开发方法更替，不可能一蹴而就，通常最快也需要3～5 年的时间。如诺西网络(Nokia Siemens Networks，NSN)从 2005 年上半年开始试验敏捷方法，到 2008 年下半年也只有 1/4 的产品研发使用敏捷开发实践[Vilkki 2008]；英国电信(British Telecom，BT)经过了两年的敏捷转型，还是没有完全实现，需要某种催化剂[McDowell et al 2007]。

很多文献也在讨论企业转型问题，有些仅仅是从技术层面讨论，而另外一些虽然也讨论了组织层面的一些影响因素，但并不系统。很少有从组织变革理论的角度来讨论。本章中，作者将从组织[1]变革的角度来分析企业敏捷转型的基本过程。

对于软件开发组织来说，开发方法和过程是组织的核心业务流程，而开发方法和过程中所涉及的很多实践活动，就是组织的核心技术。传统软件开发组织向敏捷软件组织的转型，既是组织核心业务流程的优化与重组，更是整个组织的全面变革，根据组织理论的研究成果，要转型的软件开发组织必须面对组织变革中的共性问题。要解决转型中的这些问题，注重核心业务流程变革(即采用敏捷软件开发过程)固然重要，但如果不从整个组织变革的实施角度去看待和处理，变革成功的机率就不大。

---

[1]：组织分为营利性组织和非营利性组织。本章只讨论营利性组织即企业，故会交替使用组织和企业这两个词汇。

6.2　企业转型决策分析

6.2.1　转型动因分析

1. 内外部因素的显著变化

一般来说，企业进行软件开发方法和体系转型的原因有以下几点：

1) 企业外部经营环境的变化

(1) 世界性经济危机，迫使企业寻求一种能够减少开发过程中浪费的新方法。

(2) 软件开发方法学的进步，使企业产生采用新方法学、改进生产质量和效率的诉求。

(3) 来自客户方的供应商选择标准的变化，如国外客户要求软件外包企业采取特定的、与目前企业所使用的方法不同的新方法。例如 21 世纪初期，很多软件开发企业争取通过更高的 CMM/CMMI 认证，从而可以在欧美的软件外包业务市场上谋求更大的订单和议价能力。

2) 企业内部条件的变化

(1) 组织战略的变化。如企业面向服务转型，采用一种横向式组织结构、小团队式管理方式，进而软件开发方法也必须适应组织结构的变化。

(2) 人员条件的变化。员工平均素质的变化也会直接影响软件方法的改变。方法总是要适应使用者的能力。

(3) 企业或其核心产品生命周期的变化。企业在成长的不同阶段，或者其核心产品处于不同的生命周期阶段，往往需要不同的软件开发方法。

2. 企业需要转型的征兆

当企业在面临上述的内外部因素的显著变化时，可能会因为企业的运转状况良好(尤其是对那些具有辉煌历史的企业来说)，而不去主动地寻求转型。随着时间的推移，会出现一些征兆，预示着组织必须进行变革。对软件开发企业来说，这些征兆包括以下这些(不是全部)：

(1) 开发过程不透明，客户或产品需求部门不了解实际进度。

(2) 需求分析不清，开发结果出乎客户或产品需求部门的意料。

(3) 项目常常延期，费用超出预算。

(4) 很多功能没人使用，很浪费。

(5) 客户需求或变更的响应时间总是很长，客户满意度差。

(6) 软件质量达不到客户要求。

(7) 不同部门之间的推诿和人事纠纷增多。

(8) 员工士气低落，不满情绪增加，离职率高。

6.2.2　判断敏捷是否是企业所需

虽然敏捷过程可以提高产品质量，缩短产品投入市场的时间，但并不是所有的企业都适合进行敏捷转型。例如具有以下这些特点的企业，可能更加愿意或适合采用非敏捷的重量级开发过程：

- 在重量级过程中已经有了大量的资金和人力投入，如具有长期按照 CMM 标准制定开发过程规范的历史的企业[Charette 2002]。
- 业务模型要求必须采取固定价格合同的企业。
- 开发关乎生命安全和其它关键性应用产品的企业[Boehm et al 2004]。
- 大型(如超过数百名开发人员协同开发一个产品)或分布式开发企业。
- 具有命令和控制式文化的企业。
- 开发人员能力普遍不高的企业[Boehm et al 2004]。
- 需求稳定、不常变化的企业[Boehm et al 2004]。

6.2.3　选择变革方式

一旦企业决定变革，就要确定采用哪一种策略。可用的策略如下：

(1) 改良式变革。这种变革方式主要是在原有的基础上修修补补，变动较小。它的优点是阻力较小，易于实施，缺点是缺乏总体规划，"头痛医头，脚痛医脚"，带有权宜之计的性质。

(2) 剧烈式变革。这种变革方式往往涉及公司组织结构重大的、根本性的改变，且变革期限较短。一般来说，剧烈式变革适用于比较极端的情况，除非是非常时期(如公司经营状况严重恶化)，一定要慎用这种变革方式，因为会给公司带来非常大的冲击。

(3) 渐进式变革。这种变革方式是通过对企业现状的系统研究，制定出理想的改革方案，然后结合各个时期的工作重点，有计划、有步骤地加以实施，是尽量优先采用的变革方式。这种方式的优点有：

① 有战略规划，适合公司组织长期发展的要求。
② 技术方法变革可以同人员培训、管理方法的改进同步进行。
③ 员工有较长时间的思想准备，阻力较小。

6.3　企业变革模型

确定要变革并选择了变革方式后，如何在企业中成功地实施变革？很多管理学家提出了不同的理论，其中使用比较广泛的是 Lewin 在 1951 年所提出的变革模型。在 Lewin 变革模型的基础上，哈佛商学院教授 J.Kotter 在 1995 年所著的论著《领导变革》中，提出了他的八步骤变革过程。本节简单介绍这两个模型，在 6.4 节将应用 Kotter 模型来分析软件开发企业的敏捷转型的实施过程。

6.3.1　Lewin 变革模型

Lewin 于 1951 年提出一个包含解冻、变革、再冻结三个步骤的有计划组织变革模型，用以解释和指导如何发动、管理和稳定变革过程。

(1) 解冻。这一步骤的焦点在于设定变革的动机。鼓励员工改变原有的行为模式和工作态度，采取新的、适应组织战略发展的行为与态度。为此，一方面需要对旧的行为与态度加以否定；另一方面，要使员工认识到变革的紧迫性。可以采用比较评估的办法，把本组织的总体情况、经营指标和业绩水平与行业标杆企业或竞争对手加以比较，找出差距和解冻的依据，帮助员工"解冻"现有态度和行为，使其迫切要求变革、愿意接受新的工作模式。此外，应注意创造一种开放的氛围和心理上的安全感，减少变革的心理障碍，提高变革成功的信心。

(2) 变革。变革是一个学习过程，需要给员工提供新信息、新行为模式和新的视角，指明变革方向，实施变革，进而形成新的行为和态度。这一步骤中，应该注意为新的工作态度和行为树立榜样，采用角色模范、导师指导、专家演讲、群体培训等多种途径。Lewin 认为，变革是个认知的过程，由获得新的概念和信息来完成。

(3) 再冻结。组织要知道如何度量变革的结果，判断何时已经达到阶段性的目标。当阶段性目标达成后，利用必要的强化手段使新的态度与行为固定下来，使组织变革处于稳定状态。为了确保组织变革的稳定性，需要注意使干部员工有机会尝试和检验新的态度与行为，并及时给予正面的强化；同时，加强群体变革行为的稳定性，促使形成稳定持久的群体行为规范。变革就像推着车上山，组织和员工都有一种回到原来所熟悉和习惯的工作状态的倾向，必须及时找一个平坦的地方停下来、歇息一段时间，以便为下一个阶段性变革休养生息。

6.3.2　Kotter 变革实施模型

Kotter 的变革模型由八个步骤组成：建立紧迫感，形成指导联盟，确立变革愿景，沟通变革愿景，排除障碍，夺取短期胜利，巩固成果并强化变革，将变革成果固化到企业文化之中。每一个步骤都是让员工经过"先看到、后感觉到、再变化"这样的响应和变革方法。另外，不难看出这八个步骤与 Lewin 的变革模型是一致的。

(1) 建立紧迫感。如果整个企业都意识到自己真正需要变革的时候，就会有助于变革的发生。围绕变革的动因营造一种全员紧迫感，有助于将初始的革新想法向前推进。

(2) 形成指导联盟。要让员工相信变革的必要性，往往需要强劲的领导力和来自组织内部关键人员的、可以明显感知的支持。最高管理者仅仅管理变革是不够的，需要领导变革。最高管理者要在组织内建立一个有效的变革领导小组，其成员未必要遵循企业传统的组织机构层级。为了领导变革，最高管理者要能够整合出一支有影响力的人员队伍，他们的影响力来自多个方面，包括职位头衔、身份地位、专家地位等。另外指导联盟成员要选择愿意全身心投入、具有各种技能和水平的人。

(3) 确立变革愿景。当一开始想到变革的时候，领导者的脑海里往往会有许多伟大的构想和方案。要将这些想法和概念转化成一个人们易于掌握和记忆的总体愿景。明晰的愿景能够帮助每一个员工理解为何要让他们干一件事情。如果员工能够自己看到将要达成的目标，才能理解领导给他们指明的方向和指派的任务。

(4) 沟通变革愿景。确立变革愿景后，领导人的做法将直接决定着变革能否成功。领导人必须经常性、高强度地在整个企业范围内宣传变革的愿景，并在领导人所做的任何一件事情上都能体现这种愿景。当每个员工的脑海里不断地被这一愿景宣传所冲刷后，他们就会记住愿景并积极响应。

(5) 排除障碍。如果领导者遵从上述步骤到达本步骤，则表明已经在公司内坚持宣传了一段时间的变更愿景，并已经建立公司不同层级对领导者的支持。此时需要排除变革中的阻力，以便给那些支持变革、执行变革的人以更大的信心和动力。

(6) 夺取短期胜利。任何东西都没有成功更能激励员工，要在变革过程的早期就让公司能够品尝到胜利的甜头。在很短的时间内，如一个月或一年(依变革的类型而定)，领导人要让员工能够看到成功的结果，否则变革的批评者和消极者就可能会危及变革进程。因此除了要确立一个长期的目标外，还要创建一些短期目标。

(7) 巩固成果并深化变革。Kotter 认为很多变革项目的失败原因，是过早地宣布了胜利。真正的变革需要深入地进行，快胜和短胜只是达到长期变革目标的起点。需要积累数十次小胜，可能才会取得变革的全面胜利。因此在每次获得小胜后，必须寻找机会，继续改进。

(8) 变革成果制度化。最后，当变革获得全面胜利后，要让变革结果成为组织的核心组成部分，一般来说都要通过公司文化来固化变革成果，而当初所制定的变革愿景其背后的价值观，必须能够在公司的日常工作中展现出来。Kotter 给出了成功进行此步骤工作的五个关键因素：

① 组织文化的变革最后进行，不是变革一开始就进行；

② 完全取决于变革的成果；

③ 需要大量的沟通与交流；

④ 可能伴随着一定的反复；

⑤ 后续决策以及能够将成果发扬光大的流程制定都至关重要，而且必须和新的组织文化相契合。

上述八个步骤并不一定是同等重要的，也不一定要花费企业同样的时间和精力。第(1)步至关重要，员工必须要相信企业存在亟待解决的问题，而且领导人还要帮助员工相信，通过变革员工将能有收获而不会有所损失。如果员工不接受需要变革的观点，而且认为他们将要承受变革的痛苦，则会产生变革阻力，"克服变革阻力"将成为整个变革过程中的重要步骤。下一节作者将根据变革实施八步骤，分析若干公司在实施敏捷转型时的一些做法或实践。

6.4　转型的实施过程

6.4.1　产生紧迫感

很多公司在决定进行敏捷转型之前，已经观察到了很多征兆。公开资料显示，这些公司包括 Borland、British Airways PLC、Adobe Photoshop 等。

- [Spagnuolo 2008]中介绍了 Borland 的敏捷转型的经验。Borland 之所以进行转型，原因是出现了需要转型的征兆：很多战略项目以前都是采用传统的瀑布方法，反应速度很慢。

- British Airways 的软件工程部领导 M.Croucher 表示，公司发现，一方面软件开发生产率不能满足需求，另一方面市场在不停地变化，必须寻求一种能够更快实现变化的过程。[Guglielmoa 2009]

- Adobe Photoshop 发现原来的开发过程至少存在两个问题[Nack 2007]。一个问题是，开发团队虽然往往能够在指定的日期交付一个功能繁多的 Beta 版，但即使在最好的情况下，交付成果的质量也十分脆弱，整个应用摇摇欲坠。正如 Photoshop 的联合架构师 R.Williams 所述，向公众发布的 Beta 版只是"那个日期我们能构建的东西[2]"，因为我们知道产品迟早会稳定。另一个问题是，开发团队外部的人员(如公司市场部)很早就想知道在 Beta 版发布的日期，产品到底能包括哪些功能，但开发团队不敢过早承诺。

领导层发现转型征兆后，必须能够让员工认识到转型的紧迫性，即如果不转型，就会影响到公司的生死存亡。领导层可以通过以下几种办法来帮助员工产生紧迫感：

- 用市场和竞争环境的真实数据来证明转型的必要性。
- 识别并讨论危机、潜在危机或公司的重要机会。
- 从组织外部获取转型必要性的证据，如行业报告、主要竞争对手的动态等。

6.4.2　建立强有力的领导联盟

1. 领导挂帅

因为许多转型组织是第一次接触敏捷方法，在敏捷转型的过程中会遇到阻力，领导层的支持对于转型的成功至关重要。与传统开发过程相比，敏捷过程是一种剧烈的变化，如果管理层缺乏承诺，则转型很难成功。

从公开资料来看，很多企业都声称自己敏捷转型成功，获得了很大的成果。由于敏捷转型是一个长期的过程，所以有些企业实际上离最后的胜利还有很长的路。不过，这些企业都有一个共同的特点，即高管直接领导转型工作。如：

- 英国电信的敏捷转型领导就是其 CEO(Chief Executive)A Ramji，在 18 个月内试图将

---

[2]：原文是"whatever build is ready on date X"。

大约 1.4 万名 IT 技术人员(其中 6000 名属于离岸开发团队)全面转向敏捷。[Borland 2007]

- IBM 软件集团敏捷转型的领导是 S.McKinney，IBM 软件集团开发转型副总裁(VP of Development Transformation within the IBM Software Group)。IBM 软件公司成功地将 2.5 万名技术人员由传统开发方法转向了敏捷开发。[Bharti 2009]

- Borland 公司的转型领导是 P.Morowski,其职位是 Borland 软件公司高级研发副总裁(Senior vice president of research and development at Borland Software Corporation)。[Morowski 2008]

- 英国航空公司(British Airways，BA)的转型领导是 M.Croucher,软件工程负责人(Head of software engineering at British Airways)。[Guglielmoa 2009]

- Yahoo!公司全面转向 Scrum 方法的领导之一是 G.Benefield，敏捷开发高级总监(Senior Director of Agile Development at Yahoo!)。Yahoo!的转型活动现在已经覆盖美国、欧洲国家和印度 200 多个项目团队的 1500 名员工。[Marchenko 2008]

通过以上这些案例，可以很明显地看出转型负责人大多是技术主管，尽管他们在软件开发类企业中的地位比较高，但毕竟对组织结构与文化层面的影响力有限。因此，这多少反映出很多企业还没有将敏捷上升到整个企业的管理思想层面，这也将是组织最终转型成功的一个很大的风险。

2. 组成转型领导小组

为了在组织内部全面推广敏捷转型工作，仅仅靠高层领导的参与还不足以顺利实施，必须组成一支由不同角色、不同技能的中层领导和各领域有影响力的专家所构成的转型领导小组。该领导小组自然应当由公司的领导挂帅，一般来说，还应当包括下属开发部门的负责人和从外部合作伙伴聘请的资深敏捷咨询师和教练团队。

转型领导小组的主要工作，是向全体员工宣传转型的必要性，以及员工如何通过转型获得收获或利益。如：

- Borland 指定了一个 ScrumMaster/敏捷过程专家来全程进行"Borland 敏捷"的推动工作[Morowski 2008]。

- 诺西网络公司的转型经验表明，如果没有对敏捷教练和培训进行投资，则组织根本谈不上做敏捷转型[Vilkki 2008]。

- 英国电信公司(BT)创建了一个敏捷教练模型和培训机制，该模型和机制包括三种活动：路演(Roadshows)、程序员日(Programme Days)和深度潜水活动(Deep Dives)。路演用来对大批员工进行敏捷价值观、原则和实践的教育；程序员日让特定的程序员根据自身团队或业务的情况，能够对敏捷有更加深入的了解；深度潜水活动则将敏捷教练派往各团队，直接参与团队的开发过程，以便帮助团队建立对敏捷的深层次理解。[Borland 2007]

- IBM 软件集团选择了 5 名富有经验的、具有强烈的组织转型欲望的敏捷实践者，组成一个小组，在全集团范围内进行指导、教练和培训工作。这 5 个人来自不同的下属部门，对各个部门的业务有深刻的理解。[Bharti 2009]

6.4.3　确立转型愿景

从目前情况看，很多企业进行敏捷转型时，都是采用一种从"草根"开始的方法。即让不同的团队自发地采用一种敏捷开发过程，然后再进行公司层面的转型。这种"自底向上"的方法固然有其好处，但并不很适合于企业的全面转型。

例如 Borland 公司开始转型时，发现很多下属团队已经在使用敏捷开发方法，形成了各种不同的"敏捷"亚文化，同时不同的团队其敏捷成熟状态和部门领导的投入与承诺程度差异很大[Morowski 2008]。显然，Borland 不得不将这些迥异的团队重新转变到统一的轨道上。

另外，从作者所接触的很多正在转型中的企业看，这种情况也比较普遍。这些企业大多采用传统的职能型软件开发组织结构，如需求、研发、质量保证、项目管理、市场等都是隶属于不同的部门，而敏捷实践往往都是从研发部门发动的居多。不过，敏捷转型将必然要涉及到整个组织结构的变化，实质上是要将传统的职能型软件研发组织结构向横向性(面向最终客户)、团队化演化，这是草根式敏捷团队所无法做到的。

每种变革发起时，员工的态度都会分为三类：积极支持、观望、反对和抵制。为了实现组织级的敏捷，转型领导联盟必须树立一个长期的(如 3 年)转型愿景，要给全体员工一个清晰的路线图，告知在大致什么时间点要达到怎样的目标，而且这些目标的实现对于员工来说有什么自身利益和价值的体现。如果不能让员工清楚地看到这种路线图并真正理解，态度积极的员工就会有对变革持续性的担心，而另两类员工就难以快速转变立场、积极投身敏捷转型的过程之中。敏捷极其强调个人的主观能动性，因此转型愿景的确立对敏捷转型尤为重要。

组织转型的愿景必须涉及以下七个方面：

(1) 愿景要提供一个大胆的目标，来解释和说明为什么要进行转型，从而使该目标能够引领组织打破现状，使之具有更高的抱负。

(2) 愿景要符合实际。即使它超越公司现有的认识水平，也必须包含现状中的某些因素，例如容易接受的价值观、原则或能力需求等。如果愿景离现实过远，员工会认为转型不够实际，从而对转型成功失去信心。

(3) 愿景要明确说明不转型会带来的痛苦，以及转型可带来的快乐，以吸引人们的加入欲望。

(4) 愿景要使人人都明白自己的职责以及愿景对自己的影响。愿景要与每个员工的自身利益相关。

(5) 愿景要能够晓之以理、动之以情。既能激发员工感情，又能启发员工思路。

(6) 愿景要具有"致命的吸引力"。愿景既能诱惑人、激发人，又能对人具有震撼作用。

(7) 愿景要以生动、强有力的语言来表达。

以下是一些公司在敏捷转型之初所构建的愿景。

(1) Adobe Photoshop 的愿景[Nack 2007]：

① 更好的工作与生活平衡，更少的"Photoshop 鳏寡人员"(即从来没时间与所爱之人相聚的员工)；

② 在产品特性不减的基础上，产品质量至上。

(2) 诺西网络的愿景[Vilkki 2008]：

① 增强实现变化的能力和灵活性；

② 面向客户和价值的开发；

③ 改进实际开发状态的可视性；

④ 通过自组织、自我授权的团队，获得更高的投入和激励；

⑤ 开发过程中全程注重质量(Build Quality In)。

6.4.4　沟通转型愿景

转型领导联盟要在各种场合高调宣传企业转型的愿景和路线图。常见的做法有四种。

1. 口号

例如 BT 希望成为网络化 IT 服务的领先供应商。为了与别的电信服务公司相区别，用这样一句口号来灌输自己的愿景："一站式 IT(One IT)"。而达成这一目标的关键，是不遗余力地专注于客户的端到端体验，主要方法就是降低客户响应周期，确保每位客户的体验满意度，而敏捷转型正是实施这种方法的基础[Borland 2007]。

2. 播种式培训

如 IBM 软件集团首先在一小部分对敏捷极其感兴趣的员工中进行敏捷培训，靠这些核心员工在各自的工作组织内宣传敏捷转型的愿景，逐步扩大影响和宣传力度。IBM 软件集团在 18 个月内举办了大约 200 场培训活动，累计有 7000 多人接受了培训[Bharti 2009]。

3. 反复谈话和协商

诺西网络认为过程变革都是关于交流的事情，并构建了一个如图 6-1 所示的愿景沟通模型[Vilkki 2008]。

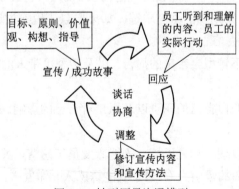

图 6-1　转型愿景沟通模型

IBM 敏捷转型的领导人 S.McKinney 也奔波于 IBM 全球 126 个不同的开发机构所在地。除做愿景宣传外，还带着敏捷教练进行跟进和回访[Bharti 2009]。

4. 专门的品牌 Logo

IBM 在敏捷转型的过程中，创建了自己的品牌 Logo，品牌含义是 Getting Agile at IBM 或 Being Agile at IBM[Bharti 2009]。

6.4.5　排除障碍

所有的变革，都一定要面对抵制的问题。敏捷转型也是一样。一般而言，大部分员工都要经历以下的心路历程：

(1) 在转型项目启动阶段，员工对转型了解甚少，并且认为这只是公司上层领导关心的事，对此毫不关心。之后，随着公司对转型愿景的反复宣传，员工意识到这个项目与自己的切身利益有关，就开始抱有好奇的态度。

(2) 当员工意识到转型可能会使他们失去现有的工作，或者要换一种方式来工作时，会产生各种疑虑，从而对项目产生抵制或拒绝的心理，表现出不合作的态度。此时转型领导联盟就要深入员工中做政治思想工作，消除大部分员工的顾虑。

(3) 当转型实施展示出一定的成效，尤其是对首先尝试变革并获得成功的团队进行显著的正向激励时，员工看到转型带来了巨大的好处，开始慢慢接受转型，通过一定的教育和培训，员工就会以高度的责任心和积极参与的态度加入到新工作之中。

1. 对企业转型的抵制因素

企业进行敏捷转型的过程中，必然要引起一定的组织结构、人员角色的变化，甚至企业的共同价值观也要向敏捷价值观靠拢。为此，必然会引起各种各样的抵制行为。本节从个人层面和组织层面这两个维度，来分别阐述企业敏捷转型中可能存在的阻力。

1) 个人层面的阻力

(1) 害怕失去既得利益。一般说来，组织的中高层管理者是企业敏捷转型的"死亡之区"，难以成为改革的力量。主要原因是：

• 中高层管理者已经获得了丰厚的既得利益，在转型前已经控制了企业的重要资源。如果进行组织转型，他们担心自己可能会失去现有的资源，成为转型的最大失利者。

• 中高层管理者最了解现有组织的升迁之道，组织转型可能会破坏这条路径。

(2) 对技能转型的恐慌。

• 传统的软件开发过程，强调高度的专业分工，每一个角色都只需要掌握一门很窄的专业技能。然而敏捷软件开发强调团队集体决策，责任共担，对于团队成员的技能要求也要做到一专多能，以便能够动态调整整个团队的工作负荷。用 S.W.Ambler 的话说，敏捷软件开发过程要求每个成员要变成"通用型专家(Generalizing Specialist)"[Ambler 2009]。通用型专家不但要具备一种或多种技术专长，还要不断地主动寻求获得本人专业内及其它领域的新技能。他们既要懂得软件开发的知识，也要对所工作的业务领域有较好的理解。很多开发人员意识到新的开发模式对其有通用型专家的要求之后，就会很担心自己能否快速适应该种需求，担心是否会因为技能的不足而失去工作。

- 对于管理人员(如项目经理)来说，其工作方式和技能也将发生重大变化。传统工作方式下的项目经理更多地行使计划与管控的职责，管理的细致程度往往很高。而敏捷转型后，团队内部的沟通与教练工作将占据很大的比例，细节的管理工作由团队成员自己完成。项目经理能否快速适应角色的转变，能否掌握教练技巧、放弃对下属工作细节的"微观管理(Micromanagement)" [Cohn et al 2003]，也存在着很大的疑问。

- 员工是否具备团队工作和协同的能力。传统开发过程中，不同项目成员之间的合作是通过严格的接口和文档来规范的。而敏捷开发过程要求团队紧密协作，对于项目成员的软技能要求甚高，有时候一个不合适的成员都会严重影响团队工作[Larman 2004]。

2) 组织层面的阻力

(1) 规章制度。

- 绩效考核制度。很多公司传统上都是对个人进行绩效考核，正向激励和反向激励都是建立在领导对下属个人的考核结果上，如提拔和末位淘汰机制。敏捷过程强调团队的绩效，共同的责任让不同的团队成员能够相互帮助。针对个人的绩效考核制度让同一团队的成员之间存在竞争关系，将会制约团队协作精神的培养。

- 跨职能部门的业务流程效率。传统开发方法中有很多业务流程，都是通过正式的会议、评审、审批等方式实现跨职能部门的业务流程，因为每个部门都只是从自身工作目标出发，造成业务流程效率低下。由于敏捷开发方法将原来主体上串行的开发活动变成了并行，跨职能的业务活动频率大大提高，对跨职能的业务流程效率要求也大大提高。

(2) 组织结构。

- 组织的横向化与扁平化趋势。敏捷转型后，由于混合团队式管理和工作进程的可视化，会让很多转型前存在的、组织的中间层级被压缩，会造成很多个纯管理岗位的消失，自然会带来这些岗位原来的从业者的强烈抵制。如 Catalina 营销公司(Catalina Marketing Corporation，CMC)因为敏捷转型而导致很多人失去了岗位，从而招致很多人的抵制，最终以失败收场[Guglielmoa 2009]。

- 组织的规模大。敏捷过程需要项目团队成员之间的紧密和频繁的沟通，项目的成功也严重依赖于相互信任和知识共享。如果组织中的团队规模较大，沟通的效率与成本都会急剧增长，即便将大团队分解成若干小的工作组，项目沟通和同步的困难也会很难解决。

(3) 组织文化。[Nerur et al 2005]中认为，组织文化对组织的社会结构有重要的影响，后者又会影响组织成员的行为。文化对决策流程、问题的解决策略、激励活动、信息过滤、员工关系、组织的计划和控制等机制都施加了显著的影响。因此传统软件开发组织的文化，如办公室政治，将给敏捷项目开发过程的实现带来很多麻烦[Boehm et al 2005] [Nerur et al 2005]。

(4) 工作习惯。有些组织在进行敏捷转型时，总是忘不了有些传统开发过程所要求的、企业做得还不错的一些开发实践，从而不能系统地引入敏捷开发过程。如[Grenning 2000]就描述了一个转向 XP 的软件开发企业，不愿意放弃详细需求文档和设计文档的撰写与评审活动。

2. 如何克服抵制

(1) 换位思考：要站在抵制者的立场上，考虑他们的担忧，预计可能的"抵制"行为。如转型领导联盟可以进行以下一些活动：

- 鼓励反馈。转型领导联盟可以准备一张有关这次转型的问答表，向抵制者表明组织上已经思考过他们可能会碰到问题。同时征询抵制者的建议，看组织还能够帮助抵制者解决哪些问题。

- 保证反馈通道的畅通。转型领导联盟可以建立专门的渠道，来获取抵制者那些敏感的、关乎个人利益的反馈(甚至是匿名反馈)。

- 对反馈进行回应。转型领导联盟收到抵制者的反馈后，要摆出认真听取和积极反应的姿态。如转型领导联盟可不断发布有关"最新关注"的布告，写上反馈内容及转型领导联盟的回答，至少让员工知道领导联盟已经知晓并关注这些反馈。

(2) 引起共鸣：争取能够以可引起大部分抵制者共鸣的方式，向他们阐述与过去的工作方式相比，转型成功会给他们带来怎样的好处。

(3) 对过去表示尊重：在强调现有工作方式存在问题的严重性时，要首先肯定这种方式在特定的历史时期和企业所处环境下曾经给企业做出的重大贡献，从而不让抵制者(尤其是中高层既得利益者)显得愚蠢，以免他们的抵制态度更坚定。即便转型前的工作方式有很多缺陷，也要尽量归咎于组织原因，避免将责任推到抵制者的头上。同时也要向抵制者表明哪些东西将是要保持不变，甚至要继续发扬光大的。

要强调转型并不是针对他们个人，完全是出自公司战略的需要(如为了更好地提供客户服务)。明确承认他们过去对公司的价值，并阐明在转型之后他们依然能做出很大的贡献。

(4) 指明何时能看到转型成果：根据转型的路线图，告知抵制者用多长时间就可以亲自体会和验证转型的好处，树立他们的信心，争取早日将他们吸引到转型过程中来。

(5) 表明公司转型的决心和能力：要表明公司有能力将转型进行到底，有决心度过一切难关。

(6) 帮助抵制者提升能力、发挥创造性：组织不仅要鼓励抵制者参与到转型过程中，还要创造条件，让他们发挥更大的作用。如帮助他们建立足够的能力，对他们进行敏捷思想和实践的培训，让他们到试点项目中锻炼等。

(7) 设计备选线路：如果企业转型失败，或者进展不如所期望的那样，组织是否有改变的余地？

6.4.6　计划并夺取短期胜利

企业敏捷转型时，往往都会规划一个示范项目(Pilot Project)，以便能够夺取短期胜利。如 Borland 公司在转型之初，将一个敏捷项目指定为官方的示范项目(称做"Borland Agile")，该项目开发一个将作为公司下一代产品套件之组成部分的、高优先级的新产品[Morowski 2008]。

1. 示范项目的选择

选择示范项目是一件具有挑战性的事情。Reed Elsevier 公司负责创新的副总裁 J.Honious，曾经领导该公司向 Scrum 转型。他和同事 J.Clark 曾经描述过他们在选择示范项目时所经历的痛苦挣扎[Cohn 2009]："选择正确的项目是最关键和最具挑战性的任务。我们需要一个值得研究、不会被别人视作特例而驳回的项目，又不愿意找一个到处充满挑战的项目——这样的项目要想成功负担太多。"

总体来说，转型组织所选择的示范项目，要满足如下这些条件(或具备如下这些属性)：

- 真实项目和正确的人。项目在转型组织内要有代表性，是一个真实的开发项目，不是仅仅为了学习敏捷方法与实践而虚构的一个试验项目，并且由正确的人(即愿意尝试，而且已经准备好进行敏捷开发的人)组成项目团队。如英国航空公司(BA)一开始选择公司网站改造项目作为敏捷示范项目，然而负责网站的业务小组那个时候还没有准备充分，不能积极地投身到项目开发过程中，最后该项目没有达成预期的目的。后来 BA 将一个常旅客项目作为示范项目，相关的业务人员带着很多需求设想积极参与项目过程，使得该项目大获成功[Guglielmoa 2009]。

- 项目历时合适。理想的示范项目既不能太短，也不能太长。太短的项目不足以让团队得到充分的学习，不具备代表性，更没有说服力；太长的项目不利于快速夺取敏捷转型的短期胜利。示范项目历时应当在 2～5 个月之间(最多不能超过 5 个月)，由 4～7 个迭代构成[Cohn 2009]。

- 团队大小恰当。理想的示范项目应当从一个单一的、在同一地点工作的小团队项目开始。分布式团队或者由多个小团队进行合作开发的项目，会增加不必要的复杂度，除非分布式团队或多团队开发是转型组织的开发常态[Cohn 2009]。如 Borland 的示范项目就是一个例外，那是一个低风险项目，由位于 4 个国家的 4 支开发团队共同完成，项目历时 10 个月，按计划、在预算范围内成功交付了产品[Spagnuolo 2008]。

- 重要性适中。对于转型组织不重要的项目，高层会重视不够，即便成功也不具代表性和说服力。但是顶级关键或优先的项目，又会带来过多的压力，不适于项目团队边干边学。理想的示范项目必须在重要项目和非关键项目之间找到一个平衡点，即要中等重要，但对于企业来说具有实实在在的业务价值[Cohn 2009]。如 Catalina 营销公司(CMC)选择了一个前端向客户提供服务、后端连接各种既有系统的 Web 网站项目作为示范项目，因其业务重要性不高，项目组中的内容专家(Subject-matter Expert)常常因为别的工作繁忙，没有时间在项目中投入精力，结果该公司转型失败[Guglielmoa 2009]。

- 业务主管的参与。理想的示范项目要有一位转型组织的业务主管全身心参与其中。此主管对项目的承诺是排除各种障碍的关键，同时也是推进敏捷这项新技术的最好的大使[Cohn 2009]。

- 敏捷教练的指导。理想的示范项目必须要有一个经验丰富的敏捷教练全程参与示范项目，教练最好来自转型组织外部。

2. 示范项目成功后的表彰和激励

当示范项目成功后，转型组织必须以一定的形式对项目团队和团队成员进行表彰和激励[Boehm et al 2005]，以便在组织的全体员工中起到模范作用，进一步推进转型过程的实施。这一激励措施与采用传统过程的企业应当有所不同，要能够褒奖敏捷行为[Koch 2005]。

将示范项目中的团队成员作为核心成员甚至代替外部教练的内部敏捷教练，分散安置到后续的多个不同敏捷项目中，也是一种精神奖励。如 Borland 公司在几个示范项目获得成功后，开始扩大使用 Scrum 的项目数量，并将转型推广到另一个地理位置上的机构。于是最初的那位 ScrumMaster 便被任命为"敏捷传道士"，负责监督下一步的转型过程，并承担整个组织的导师职责。

另外一种精神奖励，就是管理层对示范项目的公开表扬。如 Adobe Photoshop 的敏捷转型领导联盟就这样评价其示范项目 Photoshop CS3[Nack2007]："……Photoshop CS3 是 Adobe 第一次得到并如此大范围地发布一个具有完整、全新特性集合的旗舰产品。"

6.4.7　巩固成果并深化变革

1. 扩大转型规模

敏捷转型过程本身，也是一种敏捷和迭代式过程，如图 6-2 所示[Vilkki 2008]。

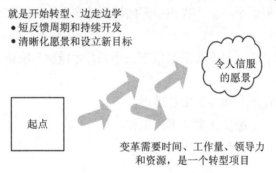

图 6-2　敏捷和迭代式敏捷转型过程

为了巩固敏捷转型成果和深化转型活动，转型领导联盟要采取如下行动：

(1) 奖励变革积极分子：对那些能够执行转型愿景规划的员工进行聘用、晋升和重点培养，带动其他观望员工更加积极地投入到敏捷转型过程中。

(2) 规划和实施更多敏捷项目：可以逐步增加同时进行的新敏捷项目，从而在组织内部更大的范围内开始实施敏捷开发过程，再次激活整个夺取转型过程中的短期胜利的过程。另一方面，根据这些项目的实施过程和结果，转型领导联盟要进一步清晰化转型愿景并设立新的短期目标。在这个循环往复的过程中，内部教练团队将逐步替代外部敏捷教练，不断地以他们的咨询能力来促进组织的深层文化变革。

(3) 赢得怀疑者的信任：强制执行的软件过程往往会失败。让对转型成功持怀疑态度的人参加到实际项目中，对他们提供敏捷指导。让他们学会敏捷开发文化，逐步接受敏捷过程，而不能强迫他们服从某个过程标准。这样，他们就会逐步建立起协作和相互信任等敏捷开发文化。

(4) 组织设计优化：利用示范项目所获得的日益提高的信誉，改变与愿景规划不相适应的体制、组织结构和管理制度等。

2. 转型成功的标准

由于敏捷思想强调团队主动承担责任，而不是被动接受责任，转型实施过程与传统的组织变革还有明显的差别，如在转型实施过程中更多地强调"拉(Pull)"模式，而不采用强势的"推(Push)"模式。也就是说，转型企业一般不强求某个产品线或业务部门在何时必须开始采用敏捷开发过程，而是通过大量宣传和培训成功的示范项目等举措，逐步让各个下属开发机构自己产生转型的需求。

如何判定一个企业的转型已经取得决定性胜利，可以进入 Kotter 8 步骤变革模型的最后一个步骤了呢？下面是几个公司的经验之谈：

(1) 不能按照敏捷项目比例是否达到100%来判定。很多企业都将敏捷转型作为一件持续进行的工作，因此需要最高领导层更多的主观判断，如英国电信公司就是如此[Borland 2007]。Borland 的 P.Morowski 也是这样总结公司的转型结果的[Morowski 2008]："……转型的故事还在继续，我们仍然有许多东西需要学习。而这正是敏捷之美的部分体现，作为一种经验式过程，敏捷给实践者留下了持续发现、成长和改进的空间。Borland 会有一天做到100% 敏捷吗？可能，但似乎不会。我相信开始转型的企业中，大部分都会发现他们处于和我们一样的境地。"

(2) 诺西网络公司认为，只有在满足以下三条后，才能认为敏捷转型这一组织变革工作已经完成[Vilkki 2008]。

① 所有涉众都已经"选择"了敏捷转型；
② 所有涉众都致力于敏捷转型的推广工作；
③ 敏捷转型在公司的日常活动中随处可见。

6.4.8 变革成果制度化

1. 构建组织文化

敏捷软件开发项目只能在适合敏捷的组织文化氛围下才能欣欣向荣，这种文化氛围下项目团队成员感到舒适并拥有许多自由度[Boehm et al 2003]。这种组织文化还是一种协作的文化，与传统的等级文化恰好相反[Koch 2005]，[Reifer et al 2003]中称之为"基于高带宽、面对面交流的口头文化"。另外，如果整个组织广泛使用敏捷方法，敏捷项目就会更容易成功[Karlstrom et al 2005]。

Borland 公司在进行敏捷转型后，项目团队的士气获得了指数式增长[Spagnuolo 2008]。另外，组织也变得透明很多[Morowski 2008]。

2. 后勤敏捷化改造

组织的办公设备与环境，要适应敏捷方式工作的需要，如建立结对编程工作站、公共交流区、空间足够大的墙面、没有隔断或封闭办公间、分布式团队开发所必需的电话会议设备等[Koch 2005]。如 Borland 公司在实施敏捷转型后,将隔断工作间改造成团队工作房间,房间中没有隔挡,所有项目成员不分角色坐在一起,到处都是白板,家具下面都安装了轮子(便于挪动)。所有东西都是可以重新配置的,完全是一个目的驱动的工作空间[Spagnuolo 2008]。

3. 构建统一的敏捷支持体系

建立组织级的统一支持体系,为全公司提供敏捷支持服务。如诺西网络(NSN)构建了一个敏捷和精益开发的集中支持系统,面向全公司的各个产品和业务线提供服务。该系统包括以下内容[Vilkki 2008]:

- NSN 敏捷书谱(Agile Cookbook):由度量(Metrics)、工具、过程、质量管理、运营模式(Mode of Operation)、HR 事项(HR Issues)等几部分组成。
- 能力开发(Competence Development,CoDe):包括 CoDe 的概念和培训、报告和研究。
- (内部)敏捷转型咨询。
- 向团队提供现场(Hands-on)支持和教练。

第7章　分布式环境下的敏捷实践

7.1　分布式敏捷和案例项目简述

全球外包和分布式软件开发已经成为一个普遍的商业模式；另一方面，经济的全球化加剧了企业间的竞争，从而要求软件能够快速响应市场的变化。敏捷软件开发方法在集中式、小团队开发的情况下，已经被很多成功的项目证明在拥抱变化方面有较大优势，因此很多软件开发企业自然希望能够将敏捷方法也应用于分布式的软件开发项目中。

从本质上讲，敏捷软件开发和分布式软件开发具有很大的差异：敏捷方法主要建立在项目团队成员之间、软件开发方和客户之间大量非正式、面对面的沟通机制之上，而分布式软件开发通常都需要一系列正式的管理和合作机制来保证项目的成功。作者的一个前同事曾经表示过"分布式开发不存在敏捷"这样一种观点，虽然看起来有些绝对，但至少在分布式开发环境下很多敏捷实践往往不能直接使用，即使辅助其他手段也无法达到所预期的效果，其结果便是很多做法甚至整个开发过程都更像传统的重量级方法。

在本章中，首先介绍作者所亲身经历的两个典型分布式案例项目的简单状况，然后分析在分布式开发环境下使用敏捷开发方法所面临的困难，最后介绍一些特定于分布式开发环境的实践，这些实践可以在一定程度上减轻(但远远谈不上消除)这些困难的程度。

分布式开发方面现有的名词比较多，为了读者阅读方便，这里先列举本章中所要使用的相关词语。

* 现场：指客户企业的所在地。
* 现场团队：指在现场参与项目过程的团队，包括客户方的项目经理、业务负责人等，也包括开发团队(若有的话)。
* 异地：除现场外的所有其他地理位置。
* 异地团队：在异地参与到项目过程中的团队。有些项目可能有多个异地团队，分布在全球各个不同的地域。
* 分布式开发：不管是纯粹的外包，还是多地区协同开发，我们都统称为分布式开发。因为敏捷方法强调"统一团队"，即客户也是项目团队中的重要一员，因此即便是纯粹的外包项目，现场团队也一定存在(由客户方的项目经理和业务负责人等团队成员组成)。

作者曾经先后参与过四个分布式敏捷开发项目，时间较长的有两个，本章中大部分内容都是结合这两个项目进行描述。这两个项目的简单情况如表 7-1 所示。

表 7-1　两个案例项目的简单情况

	项目 A	项目 B
客户位置	英国 B 市	美国 N 州
初始产品阶段[1]	已经发布 R1.7.1，同时在开发 R1.7.5(主应用需求)、R1.7.6(后续新需求)	R1 刚发布，R2 由美国团队现场完成了 1 次迭代
客户简况	一家软件产品开发和服务商，具备较强的软件开发、服务和维护技能	一家传统行业的企业，基本上没有软件开发和维护的能力
团队组成	英国 B 市(现场)团队：客户方开发团队，20 人左右，开发 EDI 服务器；客户方业务和项目管理团队，10 人左右　印度 B 市(异地)团队：50 人左右，分为 5 个小组，实现不同业务分类；每隔 2～4 周，有 1 名客户代表从英国 B 市抵达印度 B 市，与供应商开发团队一起工作 2～4 周	R2 中，美国 N 州(现场)团队：2 名客户方产品负责人，1 名客户方 PM，2 对开发工程师，1 名 QA，1 名 UI 设计师，1 名 PM/IM；中国 B 市(异地)团队：3 对开发工程师(其中 1 对来自美国 R1 团队)，1 名 BA(来自美国 R1 团队)，1 名 BA/QA，1 名 BA/QA/UI Designer，1 名 PM/IM　R3[2]中，美国 N 州(现场)团队：2 名客户方产品负责人，1 名客户方 PM，1 名 BA(美国 R1 团队中的 BA)；美国 C 市(异地)团队：1 名 50%利用率的 QA；中国 B 市(异地)团队：3 对开发工程师，1 名 BA/QA，1 名 BA/QA/UI Designer，1 名 PM/IM
团队间时差	5.5 小时	美国 N 州和 C 市时差 1 小时；美国 N 州和中国 B 市时差 13 小时
迭代长度	1 周	2 周
所用开发技术	现场团队：C#开发提供远程调用的服务器程序　异地团队：4 个小组用 C#开发 C/S 结构的主应用系统；1 个小组用 C#.Net 开发互联网服务	用 Ruby on Rails 开发互联网应用
业务复杂度	高，涉及大量的应收应付账、业务实体，与政府管理部门存在一些电子数据交换(EDI)	较低，只有一两处业务逻辑较为复杂
团队间工作耦合度	较低。现场团队与异地团队之间不共享代码库，不统一进行持续集成，前者不定期向后者提供客户端调用的动态链接库组件(接口规格预先设计并确定)；异地团队中的不同小组共享代码库，统一进行持续集成，但制定独立的迭代计划	极高。R2 中现场团队与异地团队共享代码库，各自使用本地持续集成服务器进行持续集成。共享迭代计划，只是各自实现同一迭代中的不同迭代故事
合同类型	固定期限，固定价格	期限约束低，按时间计费

---

[1]：指作者加入项目时，目标系统的状况。

[2]：团队组成有过变化，这里只给出 R3 大多数时间内的团队组成情况。

7.2　敏捷方法面临的困难

7.2.1　沟通障碍

1. 难以发起沟通活动

敏捷开发过程强调频繁的、非正式沟通与交流。在分布式开发项目中，很多非正式沟通无法进行，只能更多地采用正式会议(电话会议)的方式。安排电话会议的难度比发起非正式、面对面的沟通要困难得多。

在分布式开发项目中，大量使用电子邮件。然而电子邮件发出后，很难及时获得反馈，沟通活动难以立即启动。如在 B 项目中，有几次不同地域的团队尝试用即时通信工具、群聊的方式讨论需求问题，往往一个很小的问题都要讨论 1 小时左右，还时常因为某个人连不上线而作罢。

在同一个地点开发的团队，很多沟通都是在不经意间进行的。如原本只在两个人之间、办公桌上发生的谈话，可能被全体成员听到并受益。[Braithwaite et al 2005]认为，"偷听技术讨论"的能力使得团队能够保持凝聚力和获取知识。当团队分布在不同地域时，就无法在两个团队间发起这种偷听式的沟通。

2. 时差

由于团队之间、团队与客户之间存在时差，当项目中出现需要立即进行沟通解决的问题时，对方可能还没有上班或者已经下班，严重影响到沟通的效率。时差问题也是难以发起沟通活动的重要原因之一。

在 A 项目中，由于异地团队与现场团队之间只有 5 个多小时的时差，异地团队时间下午 2 时之后现场团队的人员往往就陆续上班。两边采用 Skype 进行网上沟通，每天还有几个小时的沟通机会。在 B 项目中就比较痛苦，比如中国 B 市的异地团队周五有事找现场团队，因为现场团队是周四夜间，只能用长长的邮件来描述问题，赶在下班前发出去。异地团队等到周一收到现场团队的回复后，往往希望在电话会议上就回复内容再确定一下，那么就还得等一天，直到晚上九十点钟才行。

3. 时常误解或无效沟通

人与人之间的沟通，要依靠很多视觉、听觉和肢体语言来增进双方的理解。当双方面对面进行交流时，往往同时在观察对方的反应。如果不能面对面交流，这种没有用语言直接表达出来的沟通信息，到目前为止没办法重现，虽然用视频会议也不行。距离自然就会造成沟通质量下降。

在 B 项目中发生过几次这样的情况：用电子邮件解释需求经过了几个来回，但双方还是难以达成共识，后来又用电话聊了很多次，异地团队才发现曲解了业务负责人的想法，造成多次无效的邮件沟通。

4. 沟通频率急剧下降

时差是造成沟通频率急剧下降的重要原因。如在 A 项目中，异地团队下午 2 时之前发生的所有沟通需求，都必须等到 2 时之后才能沟通；B 项目中，客户方的业务负责人要求异地团队每天尽量只给他发一封邮件，记得他有一次还对半夜被骚扰大为光火，因为他的黑莓手机自动接收邮件且新邮件到达后动静不小。

还有其他因素会造成沟通频率下降。如因为邮件的回复周期太长，很多情况下就用本方的理解和猜测代替沟通。

5. 沟通成本急剧上升

(1) 时间成本增加。沟通双方在一起，只需要几分钟就能够解决的问题，在电话上、邮件里可能需要多花上数倍的时间。更不用说启动电话会议、等待邮件回复(往往一个来回还不够)所浪费的时间。比如在 B 项目中，有一段时间作者(角色是 BA/QA)的工作很规律：上午 7 时多到公司，看大约 1 小时前现场团队的邮件，分析其中的新问题或对昨天异地团队邮件的回复，在本地团队上班前准备好相关的卡片(用 Mingle 管理)；下班前准备一个 Wiki 页面和(或)一封邮件，描述当天在异地工作过程中有关 BA、QA 需要沟通的信息。这两件事情平均每天都要花费 2 小时左右(包括异地 PM/IM 帮助作者纠正英语表达方面的错误)。

(2) 通信费用上升。无论使用电话还是网络视频会议，都需要额外的费用支持。

(3) 参加沟通的人员数量增多。如果在一起工作，很多沟通都在办公空间内就完成了，参与沟通的人只需要暂时停止手头的工作便可。但如果用电话会议讨论问题，很多人都必须同时离开工作。例如在 B 项目中，异地时间每天早晨都会有一个与现场团队的需求电话沟通会议。为了预备应对有关开发的问题，常常也有一名开发人员参与。

7.2.2　语言与文化背景差异

两个团队的多数成员如果来自不同文化背景的国家、拥有不同的母语，则双方的协作就会产生一些问题。因为文化差异的问题，致使双方团队成员不能更好地在工作之外找到共同话题，因而不能建立很好的个人关系，这也会在很大程度上影响团队之间的合作。

在 A 项目中，这一问题不是很严重，因为异地团队中大多是印度人，与现场团队的英国人在语言和文化上有很深的历史渊源。只有作者和一位原同事来自中国，受语言限制难以深度融入团队。B 项目则是一个语言和文化冲突比较典型的情况，异地项目的多数成员缺乏美国文化背景，加上让美国人费解的英文，深怕稍不注意而冒犯了客户。即便客户不深究，沟通的效率也是大受影响。

A 项目中，我们两位来自中国的项目成员几乎没有和印度同事一起进行过业余活动。B 项目 R2 中曾经有三位来自 R1 现场团队的外国同事，也很少能够和中国同事自由交流(除了那位在美国呆了很多年的异地 PM/IM 外)。每天工作期间中国同事习惯性地用中文相互讨论，常常引起来自美国的业务分析师的"抗议"。这些都会影响团队的沟通。

[Fowler 2006a]中提到，东方国家的团队更加容易接受"命令与控制"式管理及对领导唯唯诺诺的文化差异，这会导致高度自治的自组织敏捷团队难以形成。不过，由于项目组成员大多具有多年的分布式敏捷开发经验，这一问题并没有困惑 A 项目和 B 项目。

7.2.3　缺乏控制

在分布式开发环境中，由于客户方的项目经理和业务负责人不能时常和异地开发团队在一起，往往会产生对项目的控制力不够的感觉，因此会要求更加正式或繁琐的流程来加强其影响力。

项目 A 中，每天下午异地团队的 PM 和客户方 PM 都有一次例行电话会议，沟通项目进展情况。项目 B 中异地的项目经理每天都要将当天的进展汇总报告用邮件发给客户方；每次迭代的展示会议上都要回顾上一迭代的过程管理改进目标完成情况、原因分析，并确定下一迭代的过程管理改进目标，等等。

7.2.4　缺乏信任

1. 不在一起的团队间缺乏互信

处于不同地理位置的团队，往往感觉不到相互之间是一个紧密的团队。由于缺乏面对面的沟通，尤其是两个团队的成员之间素未谋面，各个团队不能有效分享对项目目标(如发布目标、迭代目标等)的认识。加之无法看到对方的工作场景，在遇到问题(如开发进度不尽如意、缺陷数量较多等)的情况下，往往容易将责任推卸到另一方，造成相互的不信任。

缺乏非正式的沟通，会使现场团队对异地团队的工作进展了解不足，并产生对异地团队开发能力的不信任[Layman et al 2006]。

2. 团队士气不足

分布式环境下，受很多因素的制约，如语言障碍、缺乏对客户实际工作场景和上下文的直观感受等，异地团队难以快速理解客户的业务价值、顺利进入开发过程之中，这些对于异地团队的士气影响很大。作者在几次进行敏捷软件开发培训中，采用过分布式开发的模拟训练，扮演异地团队的小组在第一次迭代后普遍的感觉就是帮不了太大的忙、开发进度不快，都很气馁。

[Bharti 2009]中给出了一个 IBM 分布式产品开发的例子。中国团队只能从功能测试开始介入，工作了一个发布后才逐渐将一些开发工作放到中国团队。尽管当时中国团队只能做一些入门级的工作，但需要让中国团队感到自己是能够解决问题的大团队的一部分，被纳入迭代计划之中。不难想象，早期中国团队很可能会感受到来自别的团队的不信任和士气的低迷。

7.2.5　现场业务分析师的强势

现场 BA 会因为离客户很近，与客户有很多的面对面交流，掌握了详细的需求上下文，往往对需求理解会更精确一些。当现场 BA 将需求转述给异地 BA 时，受需求沟通渠道和效率的影响，加上与客户沟通需求的上下文缺失，使得异地 BA 对需求的理解程度不够。如果异地团队成员的母语与客户不同，这种理解程度上的差异会更大。

异地团队对需求理解的不准确，也是造成现场团队对异地团队不信任的重要原因之一。如现场团队的 BA 会逐渐采取强势的命令式方式，强行将自己理解的需求灌输给异地团队，认为异地团队缺乏对客户的了解并轻视异地团队对需求的反馈意见，严重挫伤异地团队的士气。这种情况并没有在作者所亲历的项目中发生过，但作者见过一个似乎出现了这一问题的项目，异地团队成员有时会说"都是某某某(现场 BA)说了算"。

为了避免这一问题，分布式开发团队普遍都会用客户确认后的、更加详细的需求文档作为中介，其缺点是将文档重新视作供需双方的一种契约，用户故事实现的过程中开发人员往往重视看文档，忽略与业务人员之间口头的沟通和交流，某种意义上又回到了传统开发方法的老路上。

7.3　一些改进性实践

7.3.1　沟通改进

1. 制定详细的沟通计划

为了保证沟通的频率、降低建立沟通渠道的成本、提高沟通的效率，很多分布式开发项目在启动阶段就制定了明确的沟通计划，规定好在何时、以何媒介、就何种事项进行沟通。在沟通计划的执行过程中，根据实际情况调整和改进沟通计划。表 7-2 是 B 项目迭代开发中 R2 发布的某段时间所采用的沟通计划。

表 7-2　分布式开发项目的沟通计划示例

沟通事件	参加人员	开始时间	历时	沟通方法和结果
迭代计划准备	异地项目经理、客户项目经理	隔周周二异地时间晚上 10 时前/现场时间上午 9 时前		方法:异地 PM/IM 将制定好的计划会议展示稿(PPT)用电子邮件发送给客户 PM 结果:客户收到迭代计划会议用的展示稿
迭代演示	全体项目成员	隔周异地时间周三上午 7 时/现场时间下午 6 时	1 小时	方法:电话会议、网络会议，客户代表逐个演示上一迭代完成的用户故事 结果:更多涉众提出的反馈被记录

沟通事件	参加人员	开始时间	历时	沟通方法和结果
迭代回顾	全体项目成员	紧接着上一事件	30 分钟	方法：电话会议、网络会议 结果：做得好的和不好的都用电子文档记录下来
迭代计划会议	全体项目成员	紧接着上一事件	1.5 小时	方法：电话会议、网络会议 结果：开发团队对下一迭代需求没有疑问，所有用户故事分解到任务
现场团队每日站立会议	现场团队全体成员、异地 PM/IM	每个工作日现场时间上午 9 时/异地时间晚上 10 时	15 分钟	方法：电话会议 结果：异地 PM/IM 了解现场团队的工作状况
异地团队每日站立会议	异地团队全体成员、现场 PM/IM	每个工作日异地时间上午 10 时/现场时间前一日晚上 9 时	15 分钟	方法：电话会议 结果：现场 PM/IM 了解异地团队的工作状况
需求分析	全体异地 BA、现场 UI 设计师、现场业务负责人	迭代计划会议后的第一个周一，异地站立会议后	1 周	方法：电子邮件、电话会议、即时聊天工具 结果：得到业务代表确认的详细需求文档和 UI 设计
项目状态跟踪	全体项目成员	随时		方法：通过互联网访问项目管理工具 Mingle(故事墙、燃烧图) 结果：根据最新项目状态更新
其他沟通	依需要而定	随时	依需要而定	方法：主要用电子邮件、Mingle 中的各种 Wiki 页面和即时聊天工具，必要时预约电话会议

2. 使用尽可能多的沟通方式

在分布式开发环境中，沟通工具可能是最重要的因素之一。支持异地协作、促进异地交流的沟通工具是必不可少的设施。由于不同的沟通工具有各自的优缺点，因此一个分布式敏捷开发项目不应当仅限于一两种沟通工具，应当尽量使用各种工具，每次沟通时依据需要选用最便捷的方式。

即时聊天(单聊和群聊)、电话会议、视频会议、网络桌面共享工具、电子邮件、Wiki 页面和能够管理分布式项目的项目管理工具等，都可以用来改进沟通。比如作者发现比较有效的沟通方式，是一边通过网络共享某个人的计算机画面，一边通过电话就计算机画面上的内容进行沟通。

项目 B 将每个成员的详细通信信息(如手机、IM 账号等)都放在一个 Wiki 页中，并在项目管理工具的首页放置一个显眼的链接，这个办法比较好，尤其是当项目团队成员发生变化时。

3. 安排共同参加的会议

虽然安排跨区域的会议成本较高，但为了保持整个项目团队的整体性，一般都要安排一些会议，甚至要每天都保持至少同步(如电话、即时聊天等)沟通一次。

1) 每日跨区域站立会议

在 A 项目中，每天异地时间下午 3 时(现场时间上午 9 时 30 分)，都会有一个两地站立(实际上是坐在会议室)会议式的电话会议。现场一方参加会议的人是客户 PM、业务负责人团队、客户方开发团队的经理；异地参加会议的人除异地 PM 是固定的外，其余的人(主要是 BA 和 QA)根据自己的沟通需要，自愿参加会议。

在 B 项目中，现场和异地团队通过由一两名参加对方站立会议的成员，实现双方项目状况的沟通和同步。

作者还以跟队学习[3]的方式参与过一个离岸开发项目，在那个项目中，异地团队每天上班后先与现场 PM 在即时聊天工具上(辅助以麦克风和耳机)群聊，相当于起到一种站立会议的作用。

2) 迭代计划会议

A 项目中迭代计划会议完全由异地团队中的每个小组自主进行，没有与现场团队同步进行。而 B 项目通过电话会议，让现场和异地团队全体成员都能够参加。B 项目在迭代会议开始之前，异地团队和现场业务负责人已经就下一迭代要实现哪些用户故事、这些故事的详细需求是什么进行过多次沟通，并形成相应的文档。异地团队开发人员也已经对这些用户故事的大小进行了必要的重新评估。这些准备工作可以缩短迭代计划会议的持续时间，在迭代计划电话会议上，异地开发人员主要和现场业务负责人确认对需求的理解。

3) 迭代演示会议

A 项目虽然没有跨地域的迭代启动会议，但每次迭代(每周)的迭代演示会议是定时开始的。由于异地有 5 个小组在并行开发，迭代演示会议上无法逐一演示每个小组完成的每一个故事，一般由项目经理在演示会议开始前到每个小组中收集准备展示的故事列表。开发小组往往都挑选最不确定、最希望获得现场业务负责人和其他客户方涉众反馈的用户故事。有时候某些小组都没有在这个演示会议上展示用户故事，这倒不是因为这些小组一次迭代内什么也没有完成，而是开发过程中与现场业务负责人团队已经充分沟通，不需要再进行专门的展示。

B 项目的迭代演示会议与下一迭代的迭代计划会议一起进行，也是现场团队和异地团队全体参加。偶尔一两次主持产品演示的甚至是没有参加需求分析的客户方代表，以显示产品的易用性。

4. 建立异步沟通渠道

共同参加的会议，是一种正式的同步沟通渠道，往往用来沟通一些重要的事项。为了拓宽不同地域团队之间的沟通带宽，整个项目中还要建立尽可能多的异步沟通渠道。

---

[3]：Shadowing，即以客户不买单的资源身份参与到一个项目中，目的是学习或者无偿帮忙。

最常用的沟通形式可能是电子邮件。但电子邮件往往不能将各种沟通的结果聚焦到一个地方，所以现在很多人更喜欢使用 Wiki 网页。如 B 项目中大量使用了 Wiki 网页，每日 BA、QA 的工作进展都使用 Wiki，用户故事描述使用 Wiki，发布之前的工作计划使用 Wiki，等等。不过 Wiki 也有其缺点，就是当内容很多、又没有人维护时，很快就会结构混乱，好在 B 项目所使用的工具可提供搜索功能。

专业的、支持分布式开发的敏捷项目管理软件也很重要，A 项目和 B 项目分别使用了不同的项目管理软件。相比较而言，B 项目中使用的软件功能更加丰富，除了能够进行敏捷项目管理外，对 Wiki 的支持非常强，只是速度较 A 项目所用系统稍慢。

不同地域的团队成员之间利用异步沟通渠道随意讨论问题时，往往会导致过多噪声或者发生误解，尤其当不同地域的团队成员之间存在文化和语言隔阂的情况下。为此项目组可以指定特定的沟通联络人，这个人一般是团队中的 PM。如 B 项目中异地团队，每日 BA 和 QA 工作状况的 Wiki 描述，或者项目组中发给客户方业务负责人的邮件，都要先经过异地 PM 的审核。

5. 交换队员

敏捷方法强调面对面的人际交流。分布式开发项目中，如果定期、不定期在不同地域的团队之间互派代表一起工作一段时间，将会增进人际关系的建立，并大大改善双方的沟通。[Layman et al 2006]将这种代表称做桥头堡(Bridgehead)，而[Fowler 2006a]则将其称为大使。

一般来说，代表要在另一个团队中工作适当长的时间(如几周到几个月)，太短不足以和新团队建立足够的相互了解，太长则会对其原团队的状况失去准确的感知。

A 项目中，现场团队派一名业务负责人到异地，与异地团队一起开发并进行迭代用户故事的验收测试。这一名业务负责人不是固定的，而是在客户方的两名业务负责人中轮流派遣。在发布前的 UAT 阶段，异地团队派三四名成员(由 QA 和开发人员组成)到现场，与现场团队一起进行整个发布的用户验收测试，其间所建立的关系有助于后续发布开发过程中的团队间交流。

B 项目中更进一步，在异地团队进入开发状态的开始阶段，现场团队派来由业务分析师、开发工程师组成的小组，与异地团队一起完成一个完整的发布(历时两个多月)，从而将业务场景、领域知识、开发规范等都传播到异地团队。B 项目的现场业务负责人也短期造访过异地团队。与 A 项目所不同的是，异地团队并没有交换队员到现场团队。

[Fowler 2006a]中认为项目经理作为大使交换到另一个地域的团队很重要，不过，不论是 A 项目还是 B 项目，没有一位项目经理作为大使被交换过。

6. 安排重叠的工作时间

为了能够增加同步沟通的机会，不同地域团队的工作时间最好能够有一定的重叠。对于时差不大的项目，各自调整一下工作时间就可以做到这一点；但若时差很大，双方团队成员难免经常要起五更、睡半夜，才能找到共同的工作时间。

A 项目中的异地时间比现场时间早 5.5 小时。项目组中的印度同事往往上午 10 时多才上班，下午 7 时左右才下班，每日站立会议往往上午 10 时半才开始。或许这是他们的工作习惯(因为我发现整个办公室都是如此，不像是项目组刻意为之)，不过客观效果是下午能够有 4 小时左右的重叠工作时间(现场时间上午 9 时半到下午 1 时半)。

B 项目就没有那么幸运了，异地的 PM、现场的 PM 和业务负责人经常半夜开会，每当在新的发布上线前后，异地团队还要派人值夜班。当项目结束时，客户方的一名业务负责人感触良多，意译过来就是一句"从来没当过这么辛苦的甲方"。

7.3.2　保持项目状态可视

在分布式开发项目中，由于项目团队和客户涉众之间的空间距离，用一个物理的作战墙已经无法满足在整个项目团队、客户涉众之间快速同步项目状态信息的目的。而这些信息对于管理层和项目投资人评估项目风险、进行投资决策十分重要。为此，分布式开发项目必须采用一些特别的措施来保持项目真实状态的及时更新，并对全体涉众可见。

支持分布式敏捷软件项目开发的项目管理工具(如 Mingle)，都能够支持类似有物理墙效果的电子故事墙、项目管理图表(如燃烧图、燃尽图、缺陷状况报告等)，而且这些信息可在跨区域团队间实时自动同步。有些团队曾经尝试在每个地区的办公空间内均放置一个大尺寸的液晶屏幕，显示项目管理工具中项目状态信息的最新更新。

然而，与物理墙相比，电子墙有两个缺点：一是不够环保、耗费能源，对团队成员健康有害；二是将信息"推"给团队的冲击力不够，因为没有物理墙尺寸大，也不是由项目成员手工绘制的(项目成员手工绘制各种项目状态报表的一个好处是让该成员更清楚地了解项目状态)。

同时使用项目管理工具和一面真实的墙面(物理墙)是一种比较好的办法，每个办公地点的团队仍然在自己的工作空间维护物理墙，墙上用图表和卡片的方式展现与本地团队相关的近期项目计划、用户故事的状态、缺陷情况及其他待办事项。很多人担心物理墙的更新工作既重复又不能保证其及时性，但这种付出完全值得，物理墙能够更加强烈地向团队成员传递项目状态信息。物理墙的维护工作可由所有团队成员在完成每项工作后随时进行，这对于刚刚完成一项任务的团队成员也是一种精神鼓励。

7.3.3　增进信任

前面所介绍的交换队员的办法，可以很好地增进信任。除此之外，还有其他一些增进信任的办法。

1. 贴出团队照片

在各个地域的团队工作空间里，贴出全体项目组成员的大头照，有利于建立对远方未曾谋面的团队成员的直观认识，有助于拉近双方的距离、增强相互信任。B 项目中就是采用的这种方法。

2. 项目投资人访问异地团队

项目投资方高级经理访问异地开发团队的方式可在沟通项目合约、项目进度的同时，增进双方高层之间的相互信任。如 A 项目中客户方的项目经理——一位副总经理就曾经到印度 B 市，与开发方首脑就后续的一个新版本的合约进行洽谈。

3. 维护此前合作过的关系

在不同地域的团队中包含一些此前曾经建立过工作友谊的团队成员，有助于建立整个团队级的相互信任。如 A 项目中在完成 1.7.6 版的发布后，经过数月的休养生息后，双方继续合作 1.8 版的开发，虽然现场和异地团队有所调整，但保留了几名从项目开始就相互合作的团队成员。B 项目 R3 中客户也坚持要求全程参与了项目前期工作的 1 名业务分析师和 1 名质量分析师继续留在团队中。

7.3.4 减少转手工作

转手工作(Handoff)指由一个地域的团队完成任务的一部分，然后交给另一个地域的团队继续完成。在分布式项目开发中，要尽量减少各种任务在不同地域团队之间的转手工作或任务跨地域切换。这样既有利于提高工作效率，也有利于每个地域的团队建立自己的责任感。

[Fowler 2006a]建议按照依赖关系松散的功能分类来进行跨地域团队的分工，而不是按照阶段性开发活动来划分团队(如需求在一个地方完成，而设计和开发又在另一个地方完成等)，也是出于减少转手工作的目的。一般来说，最好能够在现场和异地都建立对等角色组成的团队，尽量保证一项工作(如用户故事的完成)可以在一个地域的团队内部完成。

有一段时间，B 项目中曾经由中国 B 市的异地团队实现需求，另一异地团队 QA 写自动化功能测试，效果不是很理想。

7.3.5 额外的客户联系

A 项目从一开始就相当于现场没有开发团队(因为现场的客户开发团队可以认为是另一个独立的应用[4])；B 项目进入 R3 发布以后，现场团队中也不再有开发人员。与 B 项目的 R2 发布中现场和异地都有开发团队的情况相比，这种情况下需要和客户之间建立额外的、有效的联系通道。

1. 额外的需求联络人

对于现场没有开发团队的离岸式开发项目，[Layman et al 2006]建议要在客户和异地开发团队之间建立一种"文化联络人(Cultural Liaisons)"，软件开发服务方在客户身边和开发团队中都要有这种联络人，以便让开发团队和客户保持紧密联系，保证开发团队对用户需

---

[4]：客户方开发团队负责开发 EDI 产品，只是以动态链接库的方式向 A 项目组不定期提交新的版本(功能调用接口已经事先约定)，并不参与 A 项目的相关开发工作。实际上 A 项目中客户方只有一个需求团队，承担需求确定和 UAT 工作。

求理解的准确性。客户身边的联络人(现场联络人)一般要更富有需求分析与沟通的经验、与客户的文化融合度更高；而开发团队中的联络人(异地联络人)最好要能够熟悉客户与开发团队各自不同的两种文化与两种语言。另外最好的方式是由现场联络人主导项目的需求分析工作，而异地联络人更多地只是承担需求和开发之间的桥接工作。

A 项目中没有在客户身边设置现场联络人，而开发团队中有 3 位经验丰富的业务分析师充当开发异地联络人。或许是因为印度和英国之间的语言和文化差异小，故项目也得以较为顺利地进行。

虽然 B 项目 R3 发布也算成功完成，也设置了"文化联络人"，但总体来讲这种"文化联络人"的设置存在一些不完善之处，造成了一些 R3 发布实施过程中的困难。B 项目 R3 中，全程参与项目全过程的、来自美国的一位业务分析师专门陪同客户，作为客户身边的现场联络人。作者总结出来 B 项目 R3 发布的不完善之处有以下两点：一是中国 B 市的开发团队中缺乏既富有需求分析经验，又能够通晓两种文化和语言的联络人，实际上主要是由一名业务分析师和一名通晓两种文化和语言的 PM 联合充当异地联络人的角色，这样做降低了效率；二是用户故事的需求分析工作主要由异地联络人完成，而不是由现场联络人完成，异地联络人将需求写成详细的需求文档传递给现场联络人，然后由现场联络人与客户沟通需求，这样给现场联络人的工作增加了难度，有时候出现了现场联络人和异地联络人之间对需求理解不一致的问题。

2. 业务负责人对异地团队的经常性访问

敏捷软件开发强调"现场客户"的重要性，即理想状况下客户方的业务负责人能够长期和开发团队在一起，随时准备回答开发团队在业务领域知识和需求方面的疑问。分布式开发环境中很难保证能够有这样的"现场客户"，但异地开发团队与客户代表或业务负责人的面对面接触仍然十分重要，尤其是当所开发系统的应用领域对于开发团队来说是全新的邻域的时候。

A 项目设置了常态的业务负责人与异地开发团队一起工作的制度，平均每月有一名业务负责人在印度 B 市工作半个月左右。这种制度在增进个人感情、建立相互信任方面的确起到了很大的作用。另一方面，可能是因为当作者加入项目组时，该项目已经经过了近两年的开发，异地开发团队对于领域知识和系统业务需求的了解已经比较深入，作者并没有感受到在知识转移方面对异地开发团队有太大帮助。

B 项目 R2 中客户的业务负责人曾经对异地开发团队进行过一次短暂访问，就后续项目的整体需求发展动向进行了全面的探讨，起到了一定的作用。由于访问频率低，领域知识和业务规则主要是靠异地开发团队组建时从美国来的业务分析师和开发工程师进行转移。作者认为 R3 中客户的业务负责人对异地开发团队在需求沟通方面存在一定的不信任，也与缺乏对异地团队的经常性访问有较大的关系。

3. 设置现场质量分析师

由于客户无法时时与开发团队在一起，如果所有的质量分析人员也都在异地，与开发人员在一起，则客户对于所交付产品增量的质量总是存在将信将疑的念头。因此，客户往往都希望能够有一个质量分析人员在自己的身边，以便时时进行质量的掌控[Ramesh et al 2006]。

A 项目经过两年时间的磨练，客户方已经有一支 10 人左右的业务团队，另外客户本身就是提供软件产品开发与服务的公司，具备足够的技术能力，因而自己能够很好地充当验收测试的角色。

B 项目的 R2 发布中，现场团队中有一位经验丰富的质量分析师。进入 R3 中，客户还是希望能够有一个"独立于开发团队"的质量人员来帮助他们把握质量，于是该质量分析师继续以"兼职"(50%的时间在 B 项目上)的身份参与。但出于对成本的考虑，该质量分析师并没有真正地长期驻留客户现场，而是在美国的另一个城市，阶段性地去客户现场，与业务负责人一起工作。

7.3.6　更详细的需求文档

由于无法随时随地和客户方的业务负责人面对面沟通，加上不同地域之间存在时差，分布式开发中经常使用极为详尽的故事需求描述来加强需求沟通。虽然这有违于敏捷宣言和原则，也会花费更高的成本，而且多次低效的文档来往也很烦人，但这是分布式开发必须付出的代价。如[Ramesh et al 2006]给出了一个分布式开发的案例，一开始项目组按照敏捷原则，鼓励在分布式团队之间进行非正式的沟通，但与客户不在一起的异地团队发现效果不佳，于是采用了一些需求描述文档。

A 项目中有一种约定俗成的用户故事需求描述的文档模板，一般一个用户故事要撰写五六页的 Word 文档。该文档中包括故事总体业务描述、与其他用户故事的关系、用户操作步骤及界面设计、测试用例(含输入数据、期望产生的交易数据及界面结果)等。作者一般上午花三四个小时完成一个用户故事的文档，然后发给英国的业务负责人，下午待业务负责人在 Skype 上露面后，约定在几个小时后、作者下班前通过 Skype 进行沟通，确定修改意见。第二天作者会完成修改，撰写另一个故事的详细需求文档并一起发给业务负责人，如此往复。A 项目的迭代长度是 1 周，作者和另一个业务分析师一起，每次迭代大约需要完成 6~8 个用户故事的分析工作。偶尔遇到业务规则复杂，或者难以快速与业务负责人在 Skype 上达成共识的用户故事，异地业务分析师们会一起讨论，有了一致意见后再预约业务负责人进行电话会议沟通。在用户故事被实现、客户验收之前，业务分析师要维护需求文档的准确性，此后便不再维护。

B 项目中的需求文档也大致如此，但也有几点差别：一是因为所开发系统是互联网应用，对于易用性的要求更高一些，加上有专职的 UI 设计师，往往文档中要包括高分辨率的界面设计；二是增加了对故事不包括哪些内容进行了专门的说明；三是用 Given-When-Then 格式的用户故事验收标准，而没有使用测试用例。

尽管需要撰写较为详细的需求说明，这种做法还是有别于传统的文档驱动式开发方法。无论如何，需求文档只是需求沟通过程中的一种辅助媒介，远非唯一媒介。为了权衡文档成本和沟通目标对细节描述的需要，需求文档模板可以随着开发进程逐步修改。

[Fowler 2006a]中给出了两条有关文档的建议：一是找到"刚刚够用"的平衡点，可以在每次迭代后与业务负责人一起回顾，争取找到并消除文档中的浪费。二是使用文档但不要完全依附于文档，也不要幻想永远让文档保持更新。所有的文档都有其特定的目标，目标达成后就去干更重要的事情，不要再更新这些文档。

有些客户出于对传统开发方法的习惯，坚持要求开发方提供正规的需求规格说明书，即使是在开发的后期提供也无妨，这只能算作是维护客户关系的一种投资[Ramesh et al 2006]。要尽量在项目启动阶段对客户进行敏捷宣传和教育，说服客户不要产生这种浪费。

7.3.7　持续的过程调整

分布式开发的特点，使得很多敏捷实践不能简单照搬，要借鉴一些传统的、重量级开发过程中的实践。这些实践在应用时要把握"够用就好"这一敏捷理念，需要根据实际效果，通过迭代式的回顾活动，在极端敏捷(轻量级、低管理成本投入)和极端传统(重量级、高管理成本投入)之间获取动态平衡(即项目和团队的不同阶段平衡点会动态漂移)。如[Ramesh et al 2006]中给出的分布式开发项目案例中，用前两三次迭代专门进行需求分析和确定工作以及高层架构的预先设计工作，这些都是向传统重量级开发方法靠拢的做法。

参 考 文 献

[Abrahamsson 2002] Abrahamsson Pekka, Salo Outi. Agile Software Development Methods[M]. VTT Publications, 2002.

[Agilemanifesto 2001] http://agilemanifesto.org/history.html. 访问日期：2009-09-05.

[Ambler 2002] S W Ambler. Examining the Agile Cost of Change Curve. http://www.agilemodeling.com/essays/costOfChange.htm. 访问日期：2009-10-28.

[Ambler 2005] S W Ambler. The Agile Edge: Great Leaders Are Made. http://www.ddj.com/architect/184415429. 访问日期：2009-09-23.

[Ambler 2005a] S W Ambler. The Agile Unified Process (AUP). http://www.ambysoft.com/unifiedprocess/agileUP.html. 访问日期：2009-09-27.

[Ambler 2006] S W Ambler. Has Hell Frozen Over? An Agile Maturity Model? http://www.infoq.com/news/Agile-Maturity-Model. 2009-11-22.

[Ambler 2007] S W Ambler. Agile/Lean Documentation: Strategies for Agile Software Development. http://www.agilemodeling.com/essays/agileDocumentation.htm. 访问日期：2009-07-02.

[Ambler 2008] S W Ambler. DDJ's 2008 Modeling and Documentation Survey. http://www.ambysoft.com/surveys/modelingDocumentation2008.html. 访问日期：2009-11-11.

[Ambler 2009] S W Ambler. Becoming Agile. http://www.agiledata.org/essays/becomingAgile.html. 访问日期：2009-07-01.

[Ambler 2009a] S W Ambler. Rethinking the Role of Business Analysts: Towards Agile Business Analysts? http://www.agilemodeling.com/essays/businessAnalysts.htm. 访问日期：2009-11-17.

[Ambler 2009b] S W Ambler. Agility at Scale: Become as Agile as You Can Be. http://www.internetevolution.com/ebook/ebookibm7/index.html. 访问日期：2009-11-22.

[Anderson 2004] D J Anderson. Agile Mnagement for Software Engineering[M]. NJ, USA: Prentice Hall, 2004.

[Bach 2005] J Bach. Rapid Software Testing. http://www.satisfice.com/. 访问日期：2009-10-25.

[Bach 2006] J Bach. Heuristic Test Strategy Model. http://www.satisfice.com/tools/satisfice-tsm-4p.pdf. 访问日期：2009-11-21.

[BCS 2009] BCS Institute. http://archive.bcs.org/BCS/Products/publishing/itnow/OnlineArchive/jan00/professionalpractice.htm. 访问日期：2009-10-15.

[Beck 1999] K Beck. Extreme Programming Explained: Embrace Change[M]. MA, USA: Addison-Wesley, 1999.

[Beck 1999a] K Beck. Embracing Change with Extreme Programming[J]. IEEE Computer，1999，32(10)，72.

[Beck 2004] K Beck. Extreme Programming Explained: Embrace Change[M]. 2nd ed. MA, USA: Addison-Wesley, 2004.

[Beck et al 1999] K Beck, Dave Cleal. Optional Scope Contracts. http://www.xprogramming. com/ftp/Optional+scope+contracts.pdf. 访问日期：2009-09-05.

[Bharti 2009] N Bharti. Exclusive Interview: VP Sue McKinney on IBM's Agile Transformation. http://agile.dzone.com/videos/sue-mckinney-agile-2009?utm_source=feedburner&utm_medium =feed&utm_campaign=Feed%3A+javalobby%2Ffrontpage+(Javalobby+%2F+Java+Zone). 访 问 日期：2009-11-27.

[Boehm 1988] B W Boehm. A Spiral Model for Software Development and Enhancement[J]. IEEE Computer, 1988, 21(5): 61-72.

[Boehm et al 2003] B Boehm, R Turner. Using Risk to Balance Agile and Plan-driven Methods. IEEE Computer, 2003, 36(6): 57-66.

[Boehm et al 2004] B Boehm, R Turner. Balancing Agility and Discipline: A Guide for the Perplexed[M]. MA, USA: Addison-Wesley, 2004.

[Boehm et al 2005] B Boehm, R Turner. Management Challenges to Implement Agile Processes in Traditional Development Organizations[J]. IEEE Software, 2005, 22(5): 30-39.

[Borland 2007] Borland. Agile Transformation at BT, Creating Understanding of Agile Values and Principles. http://www.borland.com/resources/en/pdf/case_studies/bt-agile-transformation. pdf. 访问日期：2009-11-28.

[Braithwaite et al 2005] K Braithwaite, T Joyce. XP Expanded: Distributed Extreme Programming. Proceedings of the 6th International Conference of Extreme Programming and Agile Processes in Software Engineering (XP 2005), Lecture Notes in Computer Science. Sheffield, UK: Springer, 2005.

[Brooks 1995] F P Brooks. The Mythical Man-Month: Essays on Software Enginerring[M]. Anniversary ed., MA, USA: Addison-Wesley, 1995.

[Campbell 2009] B Campbell. Agile Project Management. http://it.toolbox.com/blogs/agile-pm/ agile-adoption-across-the-organization-31698. 访问日期：2009-11-22.

[Charette 2002] R Charette. The Decision Is In: Agile Versus Heavy Methodologies. Cutter Consortium Vol. 2 No. 19. http://www.cutter.com/freestuff/epmu0119.html. 访 问 日 期：2009-07-05.

[Chrissis 2003] M B Chrissis, M Konrad, S Shrum. CMMI: Guidelines for Process Integration and Product Improvement[M]. SEI Series in Software Engineering, MA, USA: Addison-Wesley, 2003.

[Cockburn 2002] A Cockburn. Agile Software Development[M]//A Cockburn, J Highsmith. The Agile Software Development Series. MA, USA: Addison-Wesley, 2002.

[Cockburn 2008] A Cockburn. The Declaration of Interdependence for Modern Management. http://alistair.cockburn.us/The+declaration+of+interdependence+for+modern+management. 访问日期：2009-09-23.

[Cohn 2004] M Cohn. User Stories Applied: For Agile Software Development. MA, USA: Addison-Wesley, 2004.

[Cohn 2005] M Cohn. Agile Estimating and Planning. NJ, USA: Prentice Hall, 2005.

[Cohn 2008] M Cohn. Non-functional Requirements As User Stories. http://blog. mountaingoatsoftware.com/non-functional-requirements-as-user-stories. 访问日期：2009-10-17.

[Cohn 2009] M Cohn. Four Attributes of the Ideal Pilot Project. http://blog.mountaingoatsoftware. com/four-attributes-of-the-ideal-pilot-project. 访问日期：2009-11-28.

[Cohn et al 2003] M Cohn, D Ford. Introducing an Agile Process to an Organization[J]. IEEE Computer, 2003, 36(6): 74-78.

[Derby et al 2006] E Derby, D Larsen. Agile Retrospectives: Making Good Teams Great[M]. US: Pragmatic Programmers, 2006.

[DeLuca 2002] J DeLuca. FDD Implementations. http://www.nebulon.com/articles/fdd/ fddimplementations.html. 访问日期：2009-11-03.

[DeMarco 1978] T DeMarco. Structured Analysis and Systems Specifications[M]. NJ, USA: Prentice Hall, 1978.

[DeMarco et al 2003] T DeMarco, T Lister. Waltzing with Bears: Managing Risk on Software Projects[M]. NY, USA: Sorset House Publishing Co., 2003.

[Dijkstra 1972] E W Dijkstra. Notes on Structured Programming[M]//O J Dahl, E W Dijkstra, C A R Hoare. Structured Programming. Acad. Press, 1972.

[DOI 2005] Declaration of Interdependence. http://pmdoi.org/. 访问日期：2009-09-23.

[Duong 2008] L Duong. Is Your Project Dead before It's Begun? http://luuduong.com/blog/archive/ 2008/01/09/is-your-project-dead-before-its-begun.aspx. 访问日期：2009-09-23.

[Elssamadisy et al 2007] A Elssamadisy, J Mufarrige. Theory of Constraints, Lean, and Agile Software Development. 2007, http://www.agilejournal.com/articles/ columns/column-articles /271-theory-of-constraints-lean-and-agile-software-development. 访问日期：2009-09-05.

[Fowler 2002]　M Fowler. The XP2002 Conference[C/OL]. http://www.martinfowler.com/articles /XP2002.html. 访问日期：2009-09-30.

[Fowler 2004]　　M Fowler. New Methodology. http://www.martinfowler.com/articles /newMethodology.html. 访问日期：2009-09-05.

[Fowler 2006] M Fowler. Continuous Integration. http://martinfowler.com/articles/ continuousItegration.html. 访问日期：2009-09-15.

[Fowler 2006a] M Fowler. Using an Agile Software Process with Offshore Development. http:// martinfowler.com/articles/agileOffshore.html. 访问日期：2009-09-15.

[Franklin et al 2009] C Franklin, R Campbell. Scott Ambler on the Agile Process Maturity Model. http://perseus.franklins.net/dotnetrocks_0460_scott_ambler.pdf. 访问日期：2009-11-22.

[Gaiennie 2009] B Gaiennie. Book Your Next Ski Vacation in Hell…The Agile Process Maturity Model is Rearing It's Head Once Again. http://theagileadvisors.com/tag/agile-maturity-model/. 访问日期：2009-11-22.

[Gamma et al 1995] E Gamma, R Helm, R Johnson, et al. Design Patterns: Elements of Reusable Object-Oriented Software[M]. MA, USA: Addison-Wesley, Reading, 1995.

[Glazer et al 2008] H Glazer, J Dalton, D Anderson, et al. CMMI or Agile: Why Not Embrace Both[R]! PA, USA: SEI, 2008, CMU/SEI-2008-TN-003.

[Goldratt 1997] E M Goldratt. Critical Chain[M]. MA, USA: North River Press, 1997.

[Grenning 2000] J Grenning. Using XP in a Big Process Company: A Report From the Field. Object Mentor, Incorporated.

[Grosjean 2009] J C Grosjean. Agile Risk Board. http://www.agile-ux.com/2009/07/23/ agile-risk-board/.访问日期：2009-10-26.

[Guglielmoa 2009] K Guglielmoa. Adopting Agile Development Methodology Is a Stretch, But the Exercise Pays off. http://searchcio.techtarget.com.au/articles/.访问日期：2009-11-27.

[Gujral et al 2008] R Gujral, S Jayaraj. The Agile Maturity Model. http:// whattodoweare-likethatonly.blogspot.com/2008/08/agile-maturity-model.html. 访问日期：2009-11-22.

[Highsmith 1997] J Highsmith. Messy, Exciting, and Anxiety-Ridden: Adaptive Software Development[J]. American Programmer, 1997, 10(1).

[Highsmith 2002] J Highsmith. Agile Software Development Ecosystems[M]//A Cockburn, J Highsmith. The Agile Software Development Series. MA, USA: Addison-Wesley, 2002.

[Highsmith et al 2001] J Highsmith, A Cockburn. Agile Software Development: The Business of Innovation[J]. IEEE Computer, 2001, 34(9): 120-122.

[Hoare 1972] C A R Hoare. Notes on Data Structuring[M]//O J Dahl, E W Dijkstra and C A R Hoare. Structured Programming. Acad. Press, 1972.

[Huawei 2009] http://www.huawei.com/cn/publications/view.do?id=5807&cid= 11119&pid=87. 访问日期：2009-07-01.

[Humble et al 2009] J Humble, R Rossell. The Agile Maturity Model Applied to Building and Releasing Software. http://www.thoughtworks.com/pdfs/build-release-white-paper.pdf. 访问日期：2009-11-22.

[IBM 2009] http://www-01.ibm.com/software/info/sdp/agile/index.jsp. 访问日期：2009-07-01.

[IEEE 1990] IEEE. IEEE Standard Glossary of Software Engineering Terminology[S]. IEEE Std. 610.12—1990.

[Jeffries 2001] R Jeffries. What Is Extreme Programming? http://xprogramming.com/xpmag/whatisxp. 访问日期：2009-09-23.

[Jeffries 2004] R Jeffries. Big Visible Charts. http://xprogramming.com/xpmag/BigVisibleCharts. 访问日期：2009-11-06.

[Karlstrom et al 2005] D Karlstrom, P Runeson. Combining Agile Methods with Star-Gate Project Management. IEEE Software, 2005, 22(3): 43-49.

[Kerievsky 2004] J Kerievsky. Refactoring to Patterns[M]. MA, USA: Addison-Wesley Professional, 2004.

[Kerth 2001] N L Kerth. Project Retrospectives: A Handbook for Team Reviews[M]. NY, USA:

Dorset House Publishing, 2001.

[Koch 2005] A S Koch. Agile Software Development: Evaluating the Methods for Your Organizations[M]. MA, USA: Artech House, 2005.

[Kotter 1990] J P Kotter. What Leaders Really Do[J]. Harvard Business Review, 2001, 79(11). Reprint of article first published in 1990.

[Krafcik 1988] Krafcik John F. Triumph of the Lean Production System[J]. Sloan Management Review, 1988, 30(1): 41-52.

[Larman 2004] C Larman. Agile and Iterative Development[M]. MA, USA: Addison-Wesley, 2004.

[Larman et al 2003] C Larman, V Basili. A History of Iterative and Incremental Development. IEEE Computer[J], 2003, 36(6): 47-56.

[Layman et al 2006] L Layman, L Williams, D Damian, et al. Essential Communication Practices for Extreme Programming in a Global Software Development Team[J]. Information and Software

Technology, 2006, 48: 781-794.

[Leveson 1995] Nancy Leveson. Software: System Safety and Computers[M]. Addison-Wesley, 1995.

[Lindvall et al 2004] M Lindvall, D Muthig, A Dagnino, et al. Agile Software Development in Large Organizations[J]. IEEE Computer, 2004, 37(12): 26-34.

[Lycett et al 2003] M Lycett, R D Macredie, C Patel, et al. Migrating Agile Methods to Standardized Development Practice[J]. IEEE Computer, 2003, 36(6): 79-85.

[Mahoney 2004] M S Mahoney. Finding a History for Software Engineering[J]. IEEE Annals of the History of Computing, 2004, 26(1): 8-19.

[Marchenko 2008] A Marchenko. Lessons from the Yahoo!'s Scrum Adoption. http://agilesoftwaredevelopment.com/blog/artem/lessons-yahoos-scrum-adoption. 访问日期：2009-11-28.

[Martens 2009] R Martens. Does Agile Need Its Own Process Maturity Model? http://www.rallydev.com/agileblog/2009/06/does-agile-need-its-own-process-maturity-model/.访问日期：2009-11-22.

[Martin 2003] R C Martin. Agile Software Development: Principles, Patterns, and Practices[M]. NJ, USA: Prentice Hall, 2003.

[McConnell 1996] S McConnell. Rapid Development: Taming Wild Software Schedules[M]. WA, USA: Microsoft Press, 1996.

[McDowell et al 2007] S McDowell, N Dourambeis. British Telecom Experience Report: Agile Intervention-BT's Joining the Dots Events for Organizational Change[C]//G Concas et al. XP 2007, LNCS 4536: 17-23, 2007.

[Measey 2009] P Measey. RADTAC Agile Maturity Model. http://www.agileconference.org/Presentations%202009/Day_2/RADTAC%20Agile%20Maturity%20Model%20-%20Pete%20Measey.pdf. 访问日期：2009-11-22.

[Miller 2003] C Mille. Stand-up Meeting Antipatterns. http://fishbowl.pastiche.org/2003/11/19/standup_meeting_antipatterns/. 访问日期：2009-10-31.

[Miller 2005] G Miller. MSF for Agile Software Development. http://blog.excastle.com/2005/11/09/msf-for-agile-software-development/.访问日期：2009-10-11.

[Mills 1971] H Mills. Top-down Programming in Large Systems[M]//R Rustin. Debugging Techniques in Large Systems. NJ, USA: Prentice-Hall, 1971.

[Morowski 2008] P Morowski. The Borland Agile Journey-An Executive Perspective on Enterprise Transformation. http://www.agilejournal.com/content/view/823/193/. 访问日期：

2009-11-27.

[Nack 2007] J Nack. Agile Development Comes to Photoshop. http://blogs.adobe.com/ jnack/2007/ 03/agile_development.html. 访问日期：2009-11-27.

[Naur et al 1969] P Naur, B Randell. Software Engineering: Report on a Conference sponsored by the NATO Science Committee, Garmisch, Germany, 7th to 11th October 1968, Brussels, Scientific Affairs Division, NATO, January 1969.

[Nerur et al 2005] S Nerur, R Mahapatra, G Mangalaraj. Challenges of Migrating to Agile Methodologies[J]. Communication of the ACM, 2005, 48(5): 73-78.

[North 2006] D North. Introducing BDD. http://dannorth.net/introducing-bdd. 访问日期：2009-11-14.

[Ogunnaike et al 1992] B A Ogunnaike, W H Ray. Process Dynamics, Modeling, and Control[M]. UK: Oxford University Press, 1992.

[Palmer et al 2002] S R Palmer, J M Felsing. A Practical Guide to Feature-driven Development[M]. NJ, USA: Prentice-Hall, 2002.

[Pettit 2006] R J Pettit. An "Agile Maturity Model?" http://www.agilejournal.com/content/view /52/76/. 访问日期：2009-11-22.

[Pettit 2008] R J Pettit. Agile Made Us Better, But We Signed up for Great. http://www. thoughtworks.com/what-we-say/presentations/AgileMadeUsBetter.pdf. 访问日期：2009-11-22.

[Poppendieck et al 2003] M Poppendieck, T Poppendieck. Lean Software Development: An Agile Toolkit[M]. MA, USA: Addison-Wesley, 2003.

[Ramesh et al 2006] B Ramesh, L Cao, K Mohan, et al. Can Distributed Software Development Be Agile?[J]. Communications of ACM, 2006, 49(10): 41-46.

[Rasmusson 2006] J Rasmusson. Agile Project Initiation Techniques—The Inception Deck and Boot Camp[C]//J Chao, M Cohn, F Maurer, et al. AGILE 2006 MN, USA: IEEE Computer Society, 2006.

[Reel 1999] J S Reel. Critical Success Factors in Software Projects[J]. IEEE Software, 1999, 16(3): 18-23.

[Reifer et al 2003] D J Reifer, F Maurer, H Erdogmus. Scaling Agile Methods[J]. IEEE Software, 2003, 20(4): 12-14.

[Rother et al 1999] M Rother, J Shook. Learning to See: Value Stream Mapping to Add Value and Eliminate Muda[M]. MA, USA: The Lean Enterprise Institute, Inc., Brookline, 1999.

[Royce 1970] W W Royce. Managing the Development of Large Software Systems: Concepts and Techniques[C]//IEEE WESTCON. CA, USA: IEEE Computer Society Press, 1970: 1-9.

[Schatz et al 2005] B Schatz, I Abdelshafi. Primavera Gets Agile: A Successful Transition to Agile Development[J]. IEEE Software, 2005, 22(3): 36-42.

[Schwaber 2004] K Schwaber. Agile Project Management with Scrum[M]. Microsoft Press, 2004.

[Shingo 1981] S Shingo. Study of "Toyota" Production System from Industrial Engineering Viewpoint[M]. Tokyo, Japan: Japan Management Association, 1981.

[Shore et al 2007] J Shore, S Warden. The Art of Agile Development[M]. CA, USA: O'Reilly Media, 2007.

[Spagnuolo 2008] C Spagnuolo. ADP'08: Driving Agile Transformation from the Top. http:// edgehopper.com/adp-08-driving-agile-transformation-from-the-top/. 访问日期：2009-11-20.

[Standish 2001] Standish Group. Extreme Chaos, http://www.standishgroup/sample_ research/ PDFpages/extreme_chaos.pdf. 访问日期：2009-09-05.

[Stapleton 1997] J Stapleton. Dynamic Systems Development Method[M]. London, England: Pearson Education, 1997.

[Stapleton 2003] J Stapleton. DSDM: Business Focused Development[M]. London, England: Pearson Education, 2003.

[Thekua 2006] Anonymous. http://www.thekua.com/rant/2006/03/the-retrospective-starfish/.访问日期：2009-11-07.

[Vilkki 2008] K Vilkki. Juggling with the Paradoxes of Agile Transformation. http://www.lero. ie/download.aspx?f=Juggling+with+the+Paradoxes+of+Agile+Transformation.pdf. 访问日期：2009-11-20.

[Wake 2003] W C Wake. INVEST in Good Stories, and SMART Tasks. http://www.xp123.com/ xplor/xp0308/index.shtml. 访问日期：2009-11-11.

[Wake 2005] W C Wake. Twenty Ways to Split Stories. http://www.xp123.com/xplor/xp0512/ index.shtml. 访问日期：2009-11-11.

[Wikipedia 2009a] http://en.wikipedia.org/wiki/History_of_software_engineering. 访问日期：2009-07-01.

[Wikipedia 2009b] http://en.wikipedia.org/wiki/Agile_software_development. 访问日期：2009-07-01.

[Womack et al 1990] J P Womack, D T Jones, D Roos. The Machine That Changed the World—The Story of Lean Production[M]. NY, USA: Rawson Associates, 1990.

[Yip 2007] J Yip. It's Not Just Standing up: Patterns for Daily Stand-up Meetings. http:// martinfowler.com/articles/itsNotJustStandingUp.html. 访问日期：2009-09-15.

[波特 2005] 迈克尔·波特. 竞争优势[M]. 北京：华夏出版社，2005.

[福勒 2003] 马丁·福勒. 重构：改善既有代码的设计[M]. 侯捷，熊节，译. 北京：中国电力出版社，2003.

[斯莱沃斯基 2006] 亚德里安·斯莱沃斯基. 微利时代的成长[M]. 北京：北京师范大学出版社，2006.